国家出版基金项目
NATIONAL PUBLICATION FOUNDATION

中国药用植物病害图鉴

王铁霖　黄璐琦　郭兰萍　主编

中国农业出版社
北　京

图书在版编目（CIP）数据

中国药用植物病害图鉴/王铁霖，黄璐琦，郭兰萍
主编．—北京：中国农业出版社，2023.12
ISBN 978-7-109-31474-0

Ⅰ.①中… Ⅱ.①王…②黄…③郭… Ⅲ.①药用植
物－病虫害防治－中国－图谱 Ⅳ.①S435.67-64

中国国家版本馆CIP数据核字（2023）第219883号

中国农业出版社出版

地址：北京市朝阳区麦子店街18号楼
邮编：100125
责任编辑：阎莎莎 宋美仙 杨彦君
版式设计：王 晨 责任校对：吴丽婷 史鑫宇 责任印制：王 宏
印刷：北京中科印刷有限公司
版次：2023年12月第1版
印次：2023年12月北京第1次印刷
发行：新华书店北京发行所
开本：880mm×1230mm 1/16
印张：23.25
字数：950千字
定价：298.00元

中国药用植物病害图鉴

编委会 AUTHOR LIST

主　编：王铁霖　黄璐琦　郭兰萍

副主编：周如军　关　巍　贺　振　苗玉焕

参　编（按姓氏音序排列）：

白庆荣	陈　宸	陈美兰	陈子林	池秀莲	戴　维
杜用玺	段玉玺	范素素	葛　阳	蒋靖怡	康传志
孔志强	李晓琳	李　颖	李自博	刘大会	刘　娟
卢宝慧	卢　恒	吕朝耕	罗　碧	马维思	马晓晶
麦合木提江·米吉提	孙嘉惠	孙　楷	陶　姗	万修福
汪奕衡	王　萍	王　蓉	王瑞杉	王　升	王　艳
徐　扬	鄢洪海	闫滨滨	严婉荣	杨　健	杨玉文
袁庆军	詹志来	张岑容	张　超	张小波	张　燕
张智慧	赵　丹	赵　梅	周修腾		

随着中医药事业的发展和健康中国战略的实施，对中药材产量和品质的需求不断提升，野生资源已经远远不能满足市场需求，中药材人工栽培种类和面积急剧增加。随着栽培规模的不断壮大，中药材病虫害发生日趋严重，病害高发造成的中药材减产甚至绝收损害了药农的积极性，而在生产实践中由于缺乏准确有效的药用植物病害诊断与综合防控措施，导致"乱施药、用猛药""重效益、轻质量"的现象普遍发生，危害了人民用药安全。因此，药用植物病害的准确诊断和综合防控是当前药用植物栽培中一个亟待解决的关键问题。

药用植物病害研究基础薄弱、病原种类繁多、分布及发生规律不详，中药材植保人才匮乏，种植者普遍缺乏植物保护知识，给病害鉴定诊断和监测造成极大困难。因此，生产和科研上迫切需要一本系统全面、图文并茂、直观易查的实用性药用植物病害图鉴，为中药材优质安全生产和中药产业绿色健康发展保驾护航。针对这一现状，2019年，由中国中医科学院黄璐琦院士团队牵头部署，依托国家中药材产业技术体系，联合植保及中药材相关领域专家共同开展了"第一次全国药用植物病害普查"工作，首次对全国各主产区的药用植物病害发生情况进行了摸底调查，并将项目成果总结编撰为《中国药用植物病害图鉴》一书。

本书立足于"第一次全国药用植物病害普查"成果，利用大量田间第一手资料，结合实验室科学鉴定等工作，全面客观系统地阐述了常见大宗药用植物全国范围内病害发生的种类和为害特点、病原特征及防控方法，兼具学术性、工具性和实用性，为药用植物病害的快速诊断和科学防控提供了权威参考，对指导实际生产、稳步提高中药材质量具有重要作用。

本书涵盖的药用植物种类全，具有代表性和普遍性；描述的范围覆盖全国产区，兼具地区特点和全局性；介绍的病害系统翔实，包括侵染性病害和非侵染性病害等，具有全面性和时效性。

　　本书是学科交叉的成果，将为药用植物病害监测预警、准确诊断、科学防控、精准施药等绿色发展技术提供理论支持，为中药材生态种植提供强有力的科技支撑，对中药材产业可持续发展具有重要意义。本书将成为药用植物病害诊断和综合防控领域的参考读物，为广大从事药用植物生产的农民、科研人员和相关从业人员提供有益的指导和帮助。同时，也希望本书的出版能够促进药用植物病害防治的研究和应用，为保障人类健康和药用植物资源的可持续利用作出贡献。

2023 年 12 月 19 日

药用植物病害的诊断与综合防控是中药材现代化进程中最薄弱的技术环节之一。药用植物病害种类多、研究基础薄弱、防治难度大。病害症状多样，病原种类繁多，发生规律复杂，给病害鉴定诊断和检测监测造成极大困难。生产上大多数药农对药用植物病害的辨别能力有限，难以准确诊断病害种类和确定科学的防控措施，导致药材质量下降。为了摸清全国药用植物生产中病害的发生情况，为药用植物病害的诊断和综合防控提供科学指导，由中国工程院院士、中国中医科学院院长黄璐琦牵头，依托国家中药材产业技术体系和全国中药资源普查工作专家指导组，组织中国农业科学院植物保护研究所、中国医学科学院药用植物研究所、中国农业大学、沈阳农业大学、青岛农业大学、扬州大学、湖北中医药大学等多家科研单位的植保及中药材专家开展了"第一次全国药用植物病害普查"工作，重点对40余种药用植物的病害发生与为害情况、症状、病原和发生规律等进行摸底，系统全面地调查了栽培中常见的侵染性病害及非侵染性病害对药用植物的影响，并将项目成果总结编撰为《中国药用植物病害图鉴》一书。

为更好地展示生态环境中病害的田间症状，四年时间里，团队成员足迹踏遍祖国大地。通过深入田间地头的实地调查，精挑细选了第一手实地拍摄照片，多维度还原了每一种病害的田间症状。同时，对每种病害的病原进行了详细的考察研究和实验室鉴定，用尽可能详细的图文资料展示在书中。需要说明的是，本书介绍的每种病原形态相关数据均为实际测量获得，为广大植保工作者及科研人员提供了新的视野。在此，感谢项目团队成员在采样和本书编撰过程中付出的艰辛劳动！

本书编写体量大、难度高，每种病害都需要在田间实地采集和实验室科学验证的基础上形成资料，依靠一个团队的力量无法完成这样体量的任务。在此，感谢国家中药材产业技术体系多个岗站专家团队的帮助和付出，感谢吕国忠教授对病原菌学名和分类地位的审定，感谢蒋有绪院士为本书作序，还有很多为

本书付出的老师和学生，在此一并表示诚挚的感谢！

本书是一系列项目成果的总结，相关研究得到了财政部中央本级专项（2060302）、国家重点研发计划（2023YFC3503801)、中国中医科学院科技创新工程项目（CI2023E002、CI2021A03905)、国家自然科学基金（82104341）、财政部和农业农村部国家现代农业产业技术体系（CARS-21）、国家中医药管理局中医药创新团队及人才支持计划——道地药材生态化与资源可持续利用项目（ZYYCXTD-D-202005）等项目的支持，同时，本书出版得到了国家出版基金的资助，在此一并表示感谢！

我国药用植物资源丰富，本书仅以"第一次全国药用植物病害普查"范围内常见药用植物的病害调查成果为主编撰而成，期望随着药用植物病害普查工作的深入，本书能补充修订，惠及更多读者。同时，本书在编撰过程中虽力求科学性和真实性，但书中难免存在疏漏及错误之处，恳请读者不吝指正，以便进一步修正。

编　者

2023 年 8 月

序言
前言

百 合 病 害

中药材百合为百合科百合属植物的干燥肉质鳞叶。常见植物种类有卷丹（*Lilium lancifolium* Thunb.）、百合（*L. brownii* var. *viridulum* Baker）及山丹（*L. pumilum* DC.）。

百合为多年生草本，产于河北、山西、河南、陕西、湖北、湖南、江西、安徽和浙江。有养阴润肺、清心安神的功效。

百合主要病害有枯萎病、炭疽病、黑斑病、灰霉病和病毒病等。

第一节　百合枯萎病

百合枯萎病也称为百合茎腐病、根腐病，是一种严重的土传病害。该病害在全国百合种植区皆可发生，发病率一般为10%～30%，个别地区可达80%以上。

【症状】

病原菌从百合肉质根或鳞茎盘基部伤口侵入，造成肉质根和盘基部变褐腐烂，逐渐向上扩展，鳞叶产生褐色凹陷病斑，进一步发展后鳞叶从盘基部散开掉落。感病的鳞茎长出的植株明显矮化，植株一侧叶片由下而上产生水渍状病斑，继而凋萎下垂，进一步发展表现为黄化或变褐变紫，经日光暴晒后枯萎而死。纵切病茎，可见内部维管束变褐。重病株茎基部缢缩，易折断。百合贮藏和运输过程中病害可继续发展，致使大量鳞茎腐烂。潮湿时病部可见粉红色或粉白色霉层（图1-1）。

图 1-1　百合枯萎病症状

a～e.兰州百合田间发病症状　f.兰州百合根茎发病症状　g、h.龙牙百合田间发病症状　i.龙牙百合鳞茎发病症状

【病原】

百合枯萎病病原菌为子囊菌无性型镰孢菌属（*Fusarium* spp.）真菌。主要包括尖孢镰孢菌百合专化型（*F. oxysporum* Schltdl. ex Snyder et Hansen f. sp. *lilii* Imle）、腐皮镰孢菌 [（*F. solani* (Mart.) Appel et Wollenw. ex Snyder et Hansen)]、芬芳镰孢菌（*F. redolens* Wollenw.）等。

腐皮镰孢菌在PDA培养基上25℃培养5d，观察到菌株气生菌丝少，黄白色至浅灰色，呈同心轮纹状，中央有土黄色黏孢团。大型分生孢子镰刀形，稍弯曲，两端稍圆钝，基细胞足状不明显，无色，3 ~ 5个分隔，大小为（11 ~ 40）μm×（2 ~ 6）μm；小型分生孢子椭圆形，单胞，大小为（5 ~ 14）μm×（2 ~ 6）μm；厚垣孢子近圆形，单胞，大小为（7 ~ 28）μm×（5 ~ 10）μm（图1-2）。

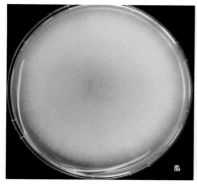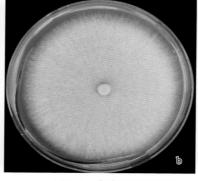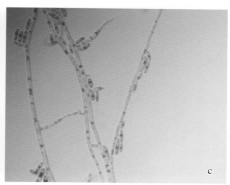

图1-2 腐皮镰孢菌形态

a、b.培养性状 c.分生孢子

尖孢镰孢菌百合专化型在PDA培养基上25℃培养5d，观察到菌落气生菌丝棉絮状，菌丝多，紧实，白色、暗红色、紫色、粉红色、蜡黄色，颜色不一，生长后期部分菌落会出现菌丝球。产孢细胞自气生菌丝上侧生或在短的分枝上形成小梗。小型分生孢子数量较多，椭圆形或卵圆形，一般为1个分隔，大小为（5.65 ~ 9.03）μm×（1.30 ~ 1.89）μm；大型分生孢子镰刀形或椭圆形，中部膨大，两端渐尖，基细胞足状明显或不明显，1 ~ 4个分隔，大小为（5.64 ~ 23.29）μm×（1.69 ~ 3.66）μm（图1-3）。

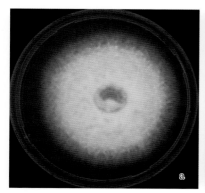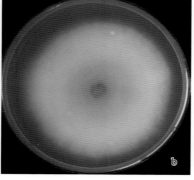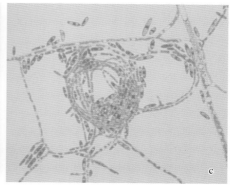

图1-3 尖孢镰孢菌百合专化型形态

a、b.培养性状 c.分生孢子

芬芳镰孢菌在PDA培养基上25℃培养5d，可观察到菌落呈蛛网状，苍白色、淡灰色、青色等，培养基不变色。小型分生孢子多卵圆形、肾形，0 ~ 1个分隔，大小为（4.93 ~ 10.78）μm×（1.70 ~ 2.85）μm；大型分生孢子比尖孢镰孢菌的稍宽，基细胞足状不明显，3 ~ 5个分隔，大小为（6.97 ~ 25.77）μm×（1.78 ~ 3.07）μm（图1-4）。

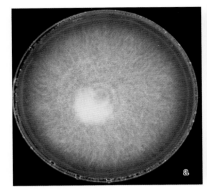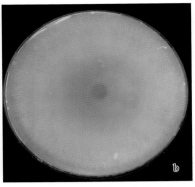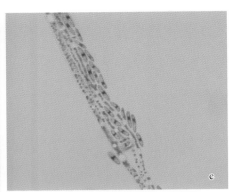

图1-4　芬芳镰孢菌形态

a、b.培养性状　c.分生孢子

【发生规律】

百合枯萎病病原菌主要以菌丝体在病残体上越冬，成为翌年的主要初侵染源。翌年春天条件适宜时，病原菌活动加剧，受侵染的植株生长缓慢，不能向上运输养分。一般在4月中下旬各地百合开始陆续发病，5月上中旬左右发病数量急剧上升，6月中旬达到高峰期，6月至7月下旬植株大量枯萎和死亡，采收后的百合鳞茎也可继续发病。百合为喜光耐旱作物，一般在雨量充沛的年份发病较重，高温多湿、通风不畅、排水不良、土壤偏酸等均有利于该病发生。

【防控措施】

1.农业防治　选择利于排水的地块种植，实行水旱轮作，减少氮肥的使用，增加有机肥投入。一旦发现田间病株立即拔除，停止浇水，并对周围土壤进行消毒处理。

2.药剂防治　种植前可将百合鳞茎先用39℃温水处理2h后再浸入50%苯菌灵可湿性粉剂2 000倍液中30min。发病初期，可选用50%多菌灵可湿性粉剂500倍液、70%甲基硫菌灵可湿性粉剂800倍液、50%多·霉威可湿性粉剂800倍液、50%咪鲜胺锰盐可湿性粉剂100倍液、30%噁霉灵可湿性粉剂800倍液交替使用，每7d左右浇根（喷雾）1次，连续3～4次。

第二节　百合炭疽病

百合炭疽病是百合生产中重要的真菌性病害，在百合生长期和种球贮藏期均可发生。该病害发生分布广泛，发病率较高，一般发生区域百合产量损失10%～20%，严重发生区域甚至达到40%以上。

【症状】

百合炭疽病可为害鳞茎、茎秆、叶片、花梗和花。鳞茎感病先从外侧鳞片开始产生病健交界明显的淡红色不规则病斑，进一步变成暗褐色并硬化，最后整个鳞片干缩呈黑褐色。茎秆感病出现长条形黑褐色病斑，后期湿度大时会产生小黑点。叶片感病产生不规则或椭圆形病斑，中央灰褐色，稍凹陷，天气潮湿时病斑上会长出很多黑色散生的小点，发病严重时病叶干枯脱落。花梗感病后呈现褐色软腐状，花瓣感病后出现数个卵圆形或不规则形的浅褐色病斑，病斑进一步扩展后花组织变薄腐烂（图1-5）。

【病原】

百合炭疽病病原菌为子囊菌无性型炭疽菌属（*Colletotrichum* spp.）真菌，种类主要有百合炭疽菌[*C. lilii* Plakidas ex Boerema et Hamers]、灰白炭疽菌（*C. incanum* H. C. Yang, J. S. Haudenshield, et G. L.

图1-5 百合炭疽病症状

Hartman）以及白蜡树炭疽菌 [*C. spaethianum* (Allesch.) Damm, P. F. Cannon et Crous] 等。在PDA培养基上菌落初为淡黄色，后期变为淡褐色至黑褐色，菌丝绒毛状，灰白色。分生孢子短圆柱形或镰刀形，表面光滑，薄壁，单胞，无色，有时含有油球，顶端钝圆。附着胞淡褐色至褐色，扁圆形，边缘平滑（图1-6）。

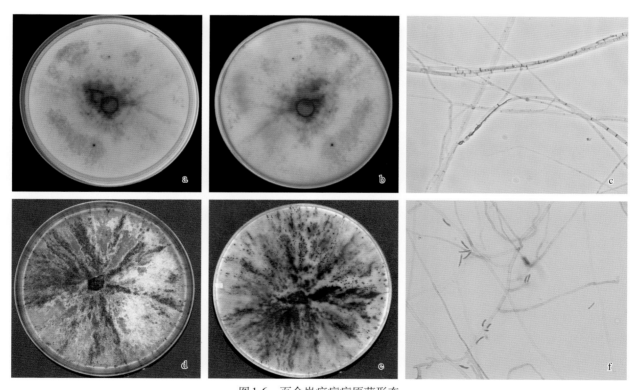

图1-6 百合炭疽病病原菌形态
a、b.灰白炭疽菌培养性状 c.灰白炭疽菌菌丝
d、e.白蜡树炭疽菌培养性状 f.白蜡树炭疽菌菌丝

【发生规律】

病原菌的菌丝体可存活在植物组织内，以病残体方式在土壤中越冬，种球带菌也是重要的侵染

来源。病原菌在病残体上可以存活10～15个月，条件适宜时产生分生孢子，分生孢子经风雨传播，通过伤口或自然孔口侵染，或产生附着胞直接进行侵染。在5—6月病害高发期，病组织上形成的分生孢子可进行再侵染。病害流行的关键因素是温湿度和光照条件，湿度较高和持续光照可加重侵染。

【防控措施】

1.种苗消毒　选用无菌鳞茎，并做好消毒处理。

2.加强田间管理　及时清除病残体，集中销毁或深埋，减少初侵染源。种植地采用水旱轮作可降低病原菌侵染概率。

3.药剂防治　25%咪鲜胺乳油1 500倍液、50%咪鲜胺锰盐可湿性粉剂800倍液、25%苯醚甲环唑乳油1 600倍液、30%苯甲·丙环唑乳油1 600倍液等交替轮换用药，对炭疽病防治效果均较好，施药间隔一般为7～10d，视病情发展决定施药次数。

第三节　百合黑斑病

百合黑斑病是百合上普遍发生的一种真菌性病害，分布广泛，发生严重区域植株枯萎率达到50%～70%，严重影响百合的正常发育，降低产量和品质。

【症状】

百合黑斑病主要侵染百合叶片，早期病斑水渍状，进一步发展后病斑近圆形、椭圆形或不规则形、褐色、灰褐色或深褐色，有些病斑周围有黄色晕圈。病斑表面有黑色霉状物产生，具轮纹。后期病斑扩展到整个叶片，严重发病的植株叶片会脱落，整个植株全部变黄枯萎（图1-7）。

图1-7　百合黑斑病症状

【病原】

百合黑斑病病原菌为子囊菌无性型链格孢属链格孢菌 [*Alternaria alternata* (Fr.) Keissl.]。病原菌在培养基上培养3～5d，菌落背面呈白色至褐色，具浅褐色晕圈，绒状或粉状；培养7d后，菌丝灰色至黑色,生长速度快。分生孢子梗单生或簇生,褐色,直立或弯曲,具隔膜。分生孢子链生或单生,卵形、倒棍棒形或近椭圆形,褐色,具横隔3～6个、斜或纵隔1～4个,分隔处稍缢缩,分生孢子大小为(22.5～40)μm×(8～13.5)μm,喙短柱状或锥状,淡褐色,无隔膜或具1个隔膜,大部分可转变为假喙(产孢细胞),形成次生孢子(图1-8)。

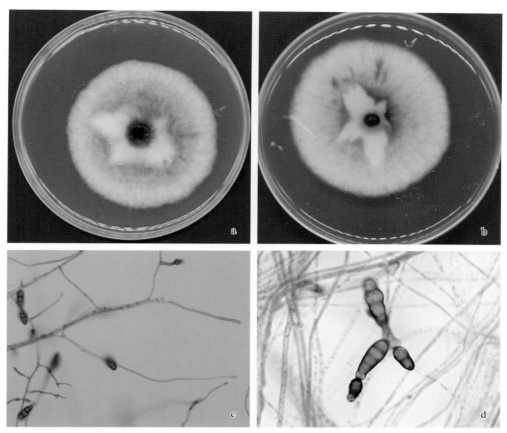

图1-8 百合黑斑病病原菌形态
a、b.培养性状 c、d.分生孢子及菌丝形态

【发生规律】

病原菌以菌丝体和分生孢子在土壤或病残体上越冬,翌春产生分生孢子借风雨传播,随雨水溅落侵入下部叶片。病原菌的潜育期很短,侵染植株后2～3d就可以发病并迅速向上蔓延。发病后病部又产生分生孢子,传播进行再次侵染。进入雨季或空气湿度大、缺肥发病重。

【防控措施】

1.加强田间管理 有条件的地区实行轮作。合理密植,及时清理及销毁病叶。

2.药剂防治 发病初期,可喷洒40％百菌清悬浮剂400～500倍液、50％异菌脲可湿性粉剂1 000倍液或80％乙蒜素乳油1 500倍液,隔10d左右施用1次,共防治3～4次。

第四节 百合灰霉病

百合灰霉病是百合生产中重要的真菌性病害之一。该病发生分布广泛,一般发病率为5％～20％,严重发生区域可达到40％以上。

【症状】

百合灰霉病主要为害百合茎和叶。茎部发病出现椭圆形病斑，被害部位变褐色和缢缩，可倒折，生长点变软腐败，严重时全株死亡。叶部发病叶尖和叶缘形成黄色或黄褐色斑点，病斑圆形至卵圆形，周围呈水渍状，气候适宜时病斑快速扩大，有同心轮纹，病斑中央开始发白、变薄，但不裂开。天气潮湿时病部产生灰色霉层。天气炎热干燥时病斑干燥且薄，浅褐色，逐渐扩大造成整个叶片枯死。部分花和个别鳞茎染病，引致腐烂。后期均可见病斑上产生黑色细小颗粒状菌核（图1-9）。

图1-9 百合灰霉病症状

【病原】

百合灰霉病病原菌为子囊菌无性型葡萄孢属椭圆葡萄孢 [*Botrytis elliptica* (Berk.) Cooke]。菌落初期白色至灰白色，有轮纹，棉絮状菌丝，后期产生黑色小菌核，生长速度快。菌核萌发后产生孢子梗，孢子梗直立，顶端简单分枝，灰白色，产孢细胞膨大，分生孢子单胞，透明，椭圆形或倒卵形，表面褶皱，分生孢子大小为（18.1～38.4）μm×（16.4～27.2）μm，长宽比为1.31（图1-10）。

【发生规律】

病原菌主要以菌丝体和菌核在病株和病残组织上越冬。种用的鳞茎也可带菌传病。翌年春天，在环境条件适宜时，菌丝体和菌核产生分生孢子，在温度16℃左右、湿度95%以上时，分生孢子萌发最快，通过风雨传播，形成初侵染。当温度在22℃、湿度在90%以上时，病害极易流行。冷凉、多湿的环境有利于分生孢子产生，每年4月左右开始发病，5月中下旬病害开始流行。

【防控措施】

1.科学选地 选择上茬作物未种过百合、番茄、洋葱、香葱、大蒜、甘薯等灰霉病易发作物且

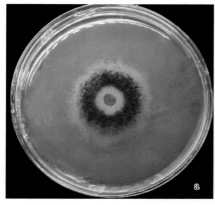

图1-10 百合灰霉病病原菌形态
a.培养性状 b.分生孢子形态

排水良好的地块。不宜种植在含锰、磷、钾高的土壤中。应选择土壤肥沃、土质疏松透气的地块。

2.农业防治 适时深耕晒垡，翻耕深度达25cm以上，晒干过白后再粉碎耙平。

3.药剂防治 药剂可选用500g/L异菌脲悬浮剂600倍液、10%苯醚甲环唑水分散粒剂1 000倍液、50%腐霉利可湿性粉剂1 500倍液、43%戊唑醇悬浮剂1 500倍液、64%噁霜·锰锌可湿性粉剂500倍液等轮换喷雾处理。用药间隔7～10d，连用2～3次。

第五节 百合病毒病

随着百合种植面积日益扩大，病毒病发生越来越重，自然发病率一般为20%～30%，发病严重的地块可达到80%～90%，给百合种植业造成巨大的经济损失。

【症状】

百合病毒病症状有叶片黄化、褪绿、斑驳、碎色、花叶、明脉、坏死斑点、畸形，植株矮缩，花变形或出现碎色，有些花蕾不开放等（图1-11）。

【病原】

目前报道可侵染百合的病毒有20多种，分布广泛的主要有百合无症病毒（*Lily symptomless virus*，LSV）、黄瓜花叶病毒（*Cucumber mosaic virus*，CMV）、百合斑驳病毒（*Lily mosaic virus*，LMoV）。LSV属香石竹潜隐病毒属（*Carlavirus*），专性寄生于百合。LSV粒体结构为细长弯曲的棒状，长约640nm，直径17～18nm，轴线有一明显沟状结构。CMV是雀麦花叶病毒科黄瓜花叶病毒属（*Cucumovirus*）的代表性成员。病毒粒体为等轴对称二十面体的球状结构，没有包膜，直径29nm，为单链正义RNA。LMoV为马铃薯Y病毒科马铃薯Y病毒属（*Potyvirus*）成员，病毒粒体为弯曲线状，大小为740nm×14nm（图1-12）。

【发生规律】

在自然界中，LSV可通过桃蚜和百合西圆蚜进行非持久性传播，可通过棉蚜进行持久性传播，也可以通过叶片接触和机械摩擦传播。该病毒传播非常迅速，而且广泛存在于商品百合种球中。LSV主要在6—7月进行传播，5月和8—9月传播速度较慢。CMV可通过蚜虫和机械摩擦传播，有60多种蚜虫可传播该病毒，每年春季瓜菜发芽后，蚜虫开始活动和迁飞，成为CMV的主要传播媒介。发病适温为20℃，气温高于25℃多表现隐症。主要在越冬蔬菜、农田杂草及多年生树木上越冬。LMoV主要通过植株汁液和蚜虫传播，其中桃蚜为最主要的传毒介体，鳞茎也能传播。

图1-11　百合病毒病症状

【防控措施】

1.**严格实行检疫**　对进境的百合种球进行追踪监测，加强入境后的检疫监管。防止国外带毒种球进入我国。同时，在国内已发生和未发生区域，要加强调运和产地检疫。严格控制封锁发生区。对

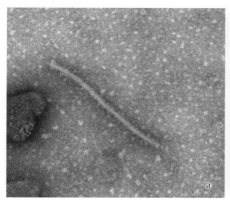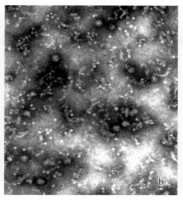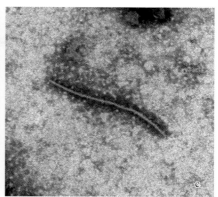

图1-12　百合病毒病病原病毒形态
a.LSV粒子　b.CMV粒子　c.LMoV粒子

未发生区加强检疫，防止通过种球进行传播扩散。

2.**生产无毒苗**　建立脱毒种苗生产线，选用健康的百合鳞茎进行繁殖，解决农户自繁造成的病毒积累。将百合幼苗置于38℃光照16h和25℃黑暗8h热空气处理15d，取茎尖大小0.8～1.2mm，接种于病毒唑浓度为6mg/mL的培养基中进行脱毒处理，达到脱毒效果。

3.**农业防治**　在有条件的情况下，可用防虫网栽培，阻断传毒昆虫的扩散，避免与易感染病毒的蔬菜、果树混合种植。及时清除周边带毒杂草。做好农事操作工具的消毒，防止交互侵染。农事操作避免对植株造成伤口。

4.**药剂防治**　药剂防治主要包括防治传毒媒介和预防病毒病。在病毒病发生前或发生初期，可选用5%氨基寡糖素水剂700倍液＋50%烯啶虫胺可溶性粉剂4 000倍液、2%宁南霉素水剂800倍液＋50%吡蚜酮水分散粒剂2 000倍液、6%寡糖·链蛋白可湿性粉剂1 000倍液等，根据发病情况，每隔7～10d喷施1次，连续喷2～3次。

贝母病害

百合科贝母属植物是我国传统医学中常用的贵重药材，药用历史悠久。《中华人民共和国药典》收载的有川贝母（*Fritillaria cirrhosa* D. Don）、平贝母（*F. ussuriensis* Maxim.）、伊贝母（*F. pallidiflora* Schrenk）、新疆贝母（*F. walujewii* Regel）、浙贝母（*F. thunbergii* Miq.）和湖北贝母（*F. hupehensis* P. K. Hsiao & K.C.Hsia）。

贝母为多年生草本植物，以地下干燥鳞茎入药。在我国主要分布在长江中下游地区、青藏高原及其毗邻的横断山脉地区、新疆以及东北地区。喜生于河滩、草坡、砾石缝或林下，有清热润肺、止咳化痰的功效。

贝母主要病害有锈病、根腐病、灰霉病等，对贝母产量和品质造成的影响较为严重。

第一节　平贝母锈病

平贝母锈病又称黄疸病，是为害平贝母较重的病害之一，发生分布广泛，常年发病率为40%～70%，严重的地块发病率可达90%以上。该病主要侵染平贝母茎部和叶部，造成地上部分提前枯萎死亡，严重影响平贝母的产量和品质。

【症状】

平贝母锈病主要为害茎、叶，造成植株早期枯萎。发病初期在叶片背面和茎下部出现黄色长圆形病斑，随后在病斑上出现金黄色锈孢子堆，破裂后有黄色粉末状锈孢子随风飞扬。被害部位组织穿孔，茎、叶枯黄，后期发病茎、叶布满暗褐色小疱，即病原菌的冬孢子堆，叶片和茎秆逐渐枯萎，提早枯死（图2-1）。

【病原】

平贝母锈病病原菌为担子菌门单胞锈菌属春孢器状单胞锈菌 [*Uromyces aecidiiformis*（F. Strauss）Rees][异名：*U. lili*（Link.）Fuck.]。性孢

图2-1　平贝母锈病症状

子器球形，黄褐色，位于锈子腔间。锈子腔主要生于叶背、叶柄及茎上，黄色，成熟时开裂。锈孢子近球形，黄色，有瘤，直径24～32μm。冬孢子椭圆形、长椭圆形，单胞，褐色，顶端有乳头状突起，有小瘤，大小为（24～45）μm×（19～28)μm，冬孢子柄无色，易脱落（图2-2）。

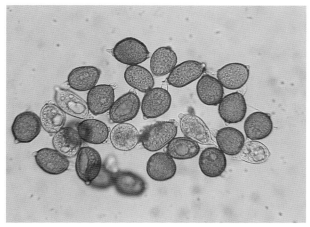

图2-2　平贝母锈病病原菌冬孢子形态

【发生规律】

病原菌以冬孢子在病残体上越冬，成为翌年初侵染源。冬孢子萌发后侵染平贝母，产生性孢子器和锈子腔，形成锈孢子后仍然侵染平贝母，在平贝母上不出现夏孢子。病害发生与温度、湿度、降水量及土壤质地、栽植密度以及栽种年限等均有一定关系。一般在东北地区，5月上旬气温达15～18℃时开始发病，5月中下旬为发病盛期。

【防控措施】

1.注意清洁田园，降低越冬菌源基数　秋冬销毁病残体，减少越冬冬孢子。

2.加强栽培管理，提高植株抗病性　栽培密度要适宜，不要过密栽培。雨后及时排水，降低田间湿度。合理增施磷、钾肥，控制氮肥，提高植株抗病力。适时除草，可减轻发病。

3.药剂防治　发病初期及时选用15%三唑酮可湿性粉剂300～500倍液、70%甲基硫菌灵可湿性粉剂800倍液、20%萎锈灵乳油400～600倍液。每隔7～10d喷1次，共喷3次。

第二节　浙贝母灰霉病

浙贝母灰霉病俗称早枯、眼圈病、青塌腐，是浙贝母上的主要病害之一。该病发生范围广，为害严重，叶、茎、花、果实均能受害，往往给种植者造成严重损失。每年因灰霉病而使浙贝母减产10%～30%。

【症状】

浙贝母的叶、茎、花、果实均能受到灰霉病病原菌侵染，以叶片的症状最为显著。叶片初发病时产生暗绿色小点，病斑扩大后，中央黄褐色，外围暗绿色，病斑周围有黄色晕圈，叶缘和叶尖有时出现长椭圆形或不规则形水渍状病斑，并不断扩展。后期病斑上有灰色霉状物。茎部发病初为暗绿色病斑，病斑扩大后绕茎，使全株枯死。花受害时呈黄灰色，干缩不开放。幼果受害时变为暗绿色，较大果实受害在果皮上有深褐色小点，不断扩大，湿度大时也产生灰色霉状物。鳞茎在贮藏期也可能被灰霉病病原菌侵染，病部初为水渍状，呈白色至褐色，软腐，有霉味，后期产生灰白色霉层（图2-3）。

【病原】

浙贝母灰霉病病原菌为子囊菌无性型葡萄孢属椭圆葡萄孢 [*Botrytis elliptica*（Berk.）Cooke]。病原菌分生孢子梗直立，浅褐色至褐色，具有3个或多个隔膜，顶端有3个至多个分枝，分枝的顶端簇生许多分生孢子。分生孢子单胞，无色至淡褐色，椭圆形，个别球形，一端具尖突，大小为（16～35）μm×（10～24）μm，菌核较小，直径为0.5～1mm（图2-4）。

图2-3 浙贝母灰霉病症状

【发生规律】

病原菌以菌核随病残体或在土壤中越冬，翌年开春萌发，产生分生孢子，成为初侵染源。4月上旬气温达19～23℃时，如遇雨天，有利于孢子的萌发和传播，则病情迅速发展。4月下旬温度达20℃左右时，倘若连续数天阴雨，天气闷热，5月上旬发病株率可达100%，严重影响浙贝母的产量。

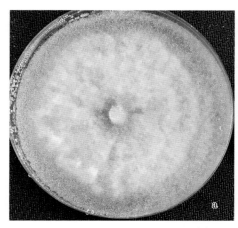

图2-4　浙贝母灰霉病病原菌形态
a.培养性状　b.分生孢子

【防控措施】

1.农业防治　适当深耕，采用轮作的方式，并选用无病鳞茎作种，建立无病种子田。在炎热夏季地面覆盖地膜，利用太阳能进行杀菌。

2.药剂防治　在发病初期用40%嘧霉胺悬浮剂800～1 000倍液、50%乙烯菌核利可湿性粉剂1 000倍液、50%腐霉利可湿性粉剂1 500倍液或50%多菌灵可湿性粉剂1 000倍液等喷雾防治，每隔7～10d防治1次，连续防治2～3次，可有效控制灰霉病。

第三节　浙贝母根腐病

浙贝母根腐病又称干腐病，是一种土传病害，主要通过土壤水分流动、地下昆虫和线虫传播。该病在浙贝母主产区均有发生，发病率一般为10%～30%。发生严重时，秋季播种后的9—11月，鳞茎在土壤中腐烂，造成缺苗率高达40%～60%。翌年5—8月越夏期根部腐烂，致使无法留种，造成毁灭性损失。

【症状】

浙贝母根腐病主要为害根部，致部分或全部腐烂；茎、叶因根部腐烂无法得到水分而萎蔫下垂，最后整株枯死。根腐病主要发生在幼苗期，成株期也能发病。发病初期，个别支根和须根感病，并逐渐向主根扩展。主根感病后，早期植株不表现症状，病情进一步发展后，在午间光照强时植株上部叶片出现萎蔫，但夜间又能恢复。发病后期，萎蔫状况夜间也不能再恢复。此时，被害鳞茎呈蜂窝状，鳞茎基部或侧面表现青黑色病斑，或腐烂成黑褐色至青色大小不等的空洞，最后全株死亡（图2-5）。

【病原】

浙贝母根腐病病原菌为子囊菌无性型镰孢菌属腐皮镰孢蓝色变种 [*Fusarium solani* (Mart.) Appel et Wollenw. ex Snyder et Hansen var. *coeruleum* Sacc.]。在PDA培养基上培养2～3d后，菌丝旺盛，呈灰白色绒毛状，菌落背面呈毡状，深紫蓝色，一般产生大、小型两种分生孢子。小型分生孢子卵圆形，0～1个分隔，着生于伸长的分生孢子梗上；大型分生孢子两头稍弯，较钝，3～5个分隔，大小为（25～30）μm×（3.8～4.9）μm；厚垣孢子近球形，淡黄色（图2-6）。

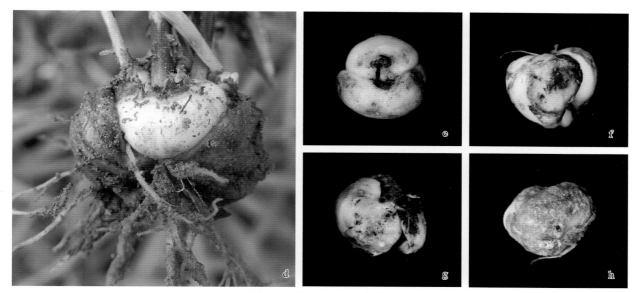

图2-5　浙贝母根腐病症状
a、b.田间症状　c.叶片症状　d.鳞茎症状　e～h.受害鳞茎不同角度

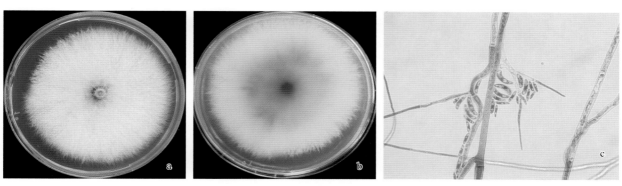

图2-6　浙贝母根腐病病原菌形态
a、b.培养性状　c.分生孢子

【发生规律】

病原菌以菌丝、分生孢子或厚垣孢子在土壤和病残体上越冬，一般多在3月下旬至4月上旬开始发病，5月进入发病盛期。发病与环境气候条件关系很大，多发生在低洼高湿之地。苗床低温高湿和光照不足，是引发此病的主要因素。育苗地土壤黏性大、易板结、通气不良致使根系生长发育受阻，也易发病。另外，根部受到地下害虫、线虫为害后，伤口多，有利于病原菌的侵染。

【防治措施】

1.合理轮作，切忌重茬　轮作间隔3年以上为好，改良地势、高畦排水、深翻土壤可减轻发病。

2.加强栽培管理，提高植株抗病性　秋冬季节收获后要注意彻底清洁田园，病残体要集中深埋或销毁，减少翌年初侵染源。选择土质肥沃、疏松通气的土壤，最好是沙壤土做苗床，要做高床，以防积水，并注意雨季排水。可用21%过氧乙酸水剂500倍液进行土壤消毒处理。适量增施磷、钾肥，如用磷酸二氢钾叶面喷雾2～3次，增加植株抗病性。

3.药剂防治　发病初期可用50%多菌灵可湿性粉剂500倍液、2.5%噁霉灵·甲霜灵水剂300倍液、50%甲基硫菌灵可湿性粉剂500倍液浇灌根部，或用30%噁霉灵水剂1 500～3 000倍液浇灌病区土壤。

黄 精 病 害

百合科黄精属植物全世界有60余种，我国是该属植物的分布中心，约有40余种。2020年版《中华人民共和国药典》收载黄精药材的基原植物有3种，包括滇黄精（*Polygonatum kingianum* Collett & Hemsl.）、黄精（*P. sibiricum* Red.）和多花黄精（*P. cyrtonema* Hua）。黄精以根茎入药，是药食同源植物，性甘、平，具有补气养阴、健脾、润肺、益肾功效，用于治疗脾胃气虚、体倦乏力、胃阴不足、口干食少、肺虚燥咳、劳嗽咳血、精血不足、腰膝酸软、须发早白、内热消渴等。

滇黄精（*P. kingianum*）因其块大，习称"大黄精"，主产云南、四川、贵州；黄精（*P. sibiricum*）根状茎细长，习称"鸡头黄精"，主产东北、华北及陕西、宁夏、甘肃、河南、山东、江苏、安徽、浙江、福建、广东、广西、湖南、江西、贵州等地；多花黄精（*P. cyrtonema*）习称"姜形黄精"，主产湖南、湖北、安徽、江苏、浙江、江西、福建、四川、贵州等地。

黄精主要病害包括根状茎腐烂病、炭疽病、灰斑病、白绢病等，以根状茎腐烂病为害最严重。

第一节　黄精根状茎腐烂病

根状茎腐烂病是黄精最严重的病害，各种植省份普遍发生。对云南、贵州等地田间调查发现，黄精作为多年生宿根植物，随着种植年限的延长，根状茎腐烂病逐年加重，相较于使用种子实生苗作种苗，使用成熟根状茎分株繁殖的地块更易发病。该病的发生还与土壤质地、气候条件以及田间管理水平等相关。由于黄精种植较为分散，因此不同基地病害发生率差异大，通常情况下，三年生以下的种子实生苗地块发病率低于5%，部分土壤质地黏重、使用根状茎切块繁殖的地块种植5年后发病率达75%以上。

【症状】

黄精根状茎腐烂病为土传病害，发病初期，根状茎病部出现褐色水渍状病斑，植株地上部分无明显症状。随着病害加重，根状茎病部形成凹陷、溃疡、龟裂、腐烂，颜色由黄白色变为红褐色，病部表面有黑色霉层，为病原菌的分生孢子堆。当地上茎着生的根状茎顶端节受害较为严重时，造成水分运输障碍，致使植株地上部分出现萎蔫、发黄、枯萎（图3-1）。

【病原】

黄精根状茎腐烂病病原菌为子囊菌无性型炭疽菌属（*Colletotrichum*）真菌，马维思等（2021）将其命名为滇黄精炭疽菌（*C. kingianum*）。病原菌在PDA培养基上生长较快，25℃培养10d，菌落直径约8.5cm，菌落边缘菌丝初为白色，后加深呈灰褐色，菌落上能产生黑色刚毛，刚毛具2～4个隔，长142.1～243.1μm。病原菌在PDA培养基上易产孢且量大，分生孢子萌发形成1至数个细胞即开始

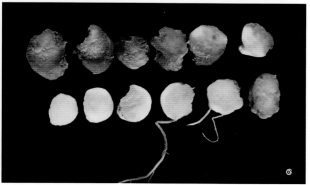

图3-1　黄精根状茎腐烂病症状

a.根状茎腐烂病造成植株大量死亡　　b、c.腐烂的根状茎

产孢，形成肉眼可见的菌落时，菌落表面即覆盖橘色、黏质的分生孢子团，菌落中部或大部因布满分生孢子而呈橘色。分生孢子梗密集、不分枝，产孢细胞圆柱状或长安瓿瓶状，顶端产1个分生孢子。分生孢子略弯，新月形，两端锐尖，无隔，中部具1个油球，分生孢子大小为（8.3 ~ 31.1）μm ×（5.2 ~ 7.0）μm，长/宽=3.9。孢子萌发形成的附着胞暗褐色，球形、椭圆形、卵圆形，大小为（8.5 ~ 20.2）μm ×（6.6 ~ 12）μm，菌丝形成的附着胞常呈边缘有裂的不规则形（图3-2）。

【发生规律】

黄精根状茎腐烂病全年均可发生，黄精出苗前即可发生侵染，一般在出苗后地上植株出现症状时才易被发现。6—9月雨季表现最为严重，局部种植年限较长、发病重的地块植株发病率超过70%，造成大面积死亡。

种苗带菌是该病异地传播的主要途径，采用根状茎切块繁殖的种苗较种子实生苗易发病。病部表面产生大量的分生孢子，借助雨水、灌溉水等进行近距离传播。土壤黏重、透水透气性差的地块易发病。病原菌在黄精根状茎上或土壤中越冬。

【防控措施】

黄精根状茎腐烂病作为地下病害，病害发生初期不易被发现，当植株地上部分出现萎蔫、发黄等症状时，地下部分受害已经比较严重，此时进行治疗，效果常不理想，该病应以预防为主。

1.科学选地　宜选择有一定坡度、排水良好、土质较为疏松的地块种植，根据坡向理墒以利于雨季排水。地势较为平坦的地块，应理高墒避免积水。种植过黄精的地块应实行1年以上轮作，发生过根状茎腐烂病的地块应实行2年以上轮作。

2.使用健康种苗　黄精可以通过根状茎切块和种子繁殖，种苗一般首选种子实生苗，购买种子、种苗应实地调查种源情况，选择没有根状茎腐烂病发生的基地购买。种苗运输、储藏过程中忌堆捂。

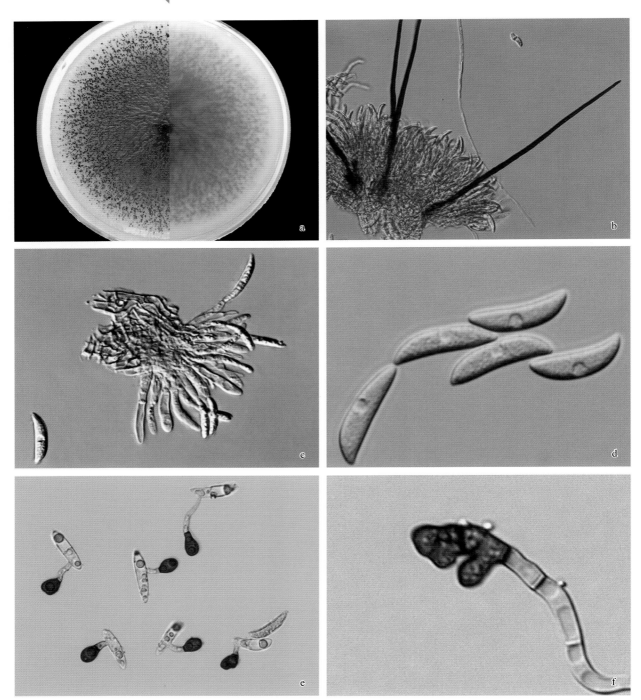

图3-2　黄精根状茎腐烂病病原菌形态

a.培养性状　b.刚毛及分生孢子梗　c.分生孢子梗及分生孢子　d.分生孢子

e.孢子萌发形成的附着胞　f.菌丝形成的附着胞

移栽前进行种子、种苗分拣，剔除病、弱株，并进行消毒。

　　3.生物防治　黄精种子播种前，使用10亿活芽孢/g枯草芽孢杆菌可湿性粉剂，按1∶（10～15）药种比拌种。黄精种苗移栽前，使用10亿活芽孢/g枯草芽孢杆菌可湿性粉剂600～800倍液对根状茎均匀喷雾，晾干表面水分后栽种。田间病害发生初期开始清除病株，使用10亿活芽孢/g枯草芽孢杆菌可湿性粉剂600～800倍液进行穴塘消毒和灌根，10～15d 1次，连续使用2～3次。使用枯草芽孢杆菌进行病害防治，不能与含铜离子的药剂、乙蒜素等混用。

　　4.化学防治　移栽前，选用高效低毒的1种保护性杀菌剂和1种内吸性杀菌剂复配后，通过喷雾、浸种、拌种等方式进行种苗消毒，后置于阴凉、通风的地方，待种苗表面药剂晾干后再种植。

保护性杀菌剂及其使用浓度可选：50%福美双可湿性粉剂600 ～ 800倍液、75%百菌清可湿性粉剂600 ～ 800倍液、80%代森锰锌可湿性粉剂1 200倍液、50%克菌丹可湿性粉剂600 ～ 800倍液等；内吸性杀菌剂及其使用浓度可选：15%噁霉灵可湿性粉剂1 000 ～ 1 500倍液、45%敌磺钠可湿性粉剂200 ～ 500倍液、50%多菌灵可湿性粉剂800 ～ 1 000倍液、37%苯醚甲环唑水分散粒剂3 500 ～ 4 500倍液、25%吡唑醚菌酯乳油2 000 ～ 2 500倍液等。

田间病害零星发生时，及时清除病株根状茎，在远离大田的地方深埋或用生石灰销毁，切忌将病株随意丢弃在田间引起病害传播。使用15%噁霉灵可湿性粉剂800倍液、45%敌磺钠可湿性粉剂200倍液或50%福美双可湿性粉剂500倍液，对病株穴塘及周围植株灌根处理3次，间隔期为7d。田间发病范围较大时，使用噁霉灵、敌磺钠、福美双单剂或复配制剂全田灌根3次，间隔期为7d。若病害仍不能有效控制，应及时采挖黄精以减少损失，挖出的根状茎不能再用作繁殖材料。

第二节　黄精炭疽病

炭疽病是黄精的主要病害之一，在云南、四川、贵州、湖南、湖北、安徽等各黄精主产省份普遍发生。该病的发生率受气候条件、种植年限以及田间病害管理水平等影响，不同基地病害发生率差异大，通常在入秋后容易发生，部分地块发病株率70%以上，部分单株叶发病率达100%。该病会降低黄精叶片光合作用能力，使叶片脱落，植株提前倒苗，影响黄精药材生产。

【症状】

该病发生在黄精叶片上，在叶尖、叶缘或叶中部形成半圆、圆形或椭圆形病斑，病斑凹陷，红褐色，边缘明显，病斑外有黄绿色晕圈。随着病害的发展，病斑中央的叶组织死亡，颜色变淡，易形成穿孔，病斑上生黑色小点，为簇生的刚毛、分生孢子等。发病轻的地块，株发病率低于10%，发病重的地块，植株生长后期株发病率50%以上，叶发病率70%以上。病害严重时造成叶片枯萎、脱落，植株倒伏（图3-3）。

【病原】

黄精炭疽病病原菌为子囊菌无性型旋卷炭疽菌（*Colletotrichum circinans*）。叶片上的分生孢子盘为暗褐色，突破叶表皮后产生大量暗褐色刚毛。刚毛具隔，表面光滑，基部膨大，顶端尖，长106 ～ 257μm，放射状排列于分生孢子盘上。分生孢子梗棒形或圆柱形，密生于分生孢子盘上。分生孢子新月形，色浅，单胞，大小为（20.4 ～ 28.5）μm×（6 ～ 8.5）μm，内含1个油球。在PDA培养基上菌落边缘整齐，菌丝体较发达，绒毛状，初期白色，后期变为灰褐色。紧贴培养基表面产生暗褐色的分生孢子盘，上着刚毛、分生孢子梗和分生孢子，气生菌丝上无分生孢子（图3-4）。

【发生规律】

黄精炭疽病从7月开始出现，持续至植株倒苗均可发生，8—9月为发病的高峰期。病原菌在病斑上形成分生孢子，分生孢子通过气流、降雨、农事操作等进行传播，雨季高温高湿的环境条件利于该病发生。

【防控措施】

1.加强栽培管理　合理密植，配合搭架、拉线、绑枝、扶苗等措施，促进黄精立体生长，避免倒伏，同时利于田间通风排湿。零星发病时摘除病叶销毁。冬季清洁田园，清除残枝落叶集中销毁，以减少越冬病原。

2.药剂防治　使用1种保护性杀菌剂复配1种内吸性杀菌剂喷雾防治，保护性杀菌剂可选80%代

图3-3 黄精炭疽病症状

a～c.叶片上形成红褐色病斑 d.病部簇生的病原菌刚毛、分生孢子

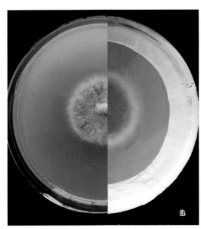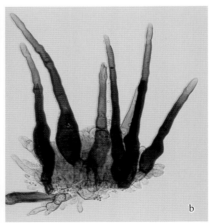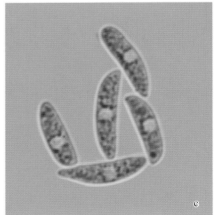

图3-4 黄精炭疽病病原菌形态

a.菌落 b.刚毛 c.分生孢子

森锰锌可湿性粉剂1 200倍液、75%百菌清可湿性粉剂600～800倍液等，内吸性杀菌剂可选25%溴菌腈可湿性粉剂或乳油500～600倍液、37%苯醚甲环唑水分散粒剂3 500～4 500倍液、50%苯菌灵可湿性粉剂800～1 000倍液、25%吡唑醚菌酯乳油2 000～2 500倍液等。发病轻时喷施1～2次，

发病重时喷雾3次，间隔期为7d，用药后遇降雨应适当补喷，每次喷雾需交替使用上述内吸性杀菌剂，以防止病菌产生抗药性。

第三节　黄精灰斑病

灰斑病是黄精生长期主要的叶部病害之一，在以云南为核心的贵州、四川、广西等西南各省滇黄精（*P. kingianum*）产区普遍发生，部分地块发病株率达100%，病原菌与黄精抢夺营养，降低黄精叶片光合作用能力，造成叶片脱落、植株早衰，影响药材生产。

【症状】

病原菌常从黄精叶尖、叶缘部位侵染形成暗褐色病斑，病斑半圆形或近圆形，直径11～23mm，具同心圆轮纹，边缘明显，具黄色晕圈，叶正面、背面病斑表面均可见灰褐色霉层（背面居多）。单片叶上可形成多个散生病斑，随着病害的加重，病斑可连接成片，病斑外叶组织发黄，叶片逐渐枯萎、脱落，当叶片凋萎严重时，可造成黄精植株提前倒苗（图3-5）。

图3-5　黄精灰斑病症状

【病原】

黄精灰斑病病原菌为子囊菌无性型尾孢属（*Cercospora* sp.）真菌，病原菌在PDA培养基上生长缓慢，25℃培养30d菌落直径约5cm，绿色，菌丝体埋生，致密，菌落近圆形，有辐射状沟纹，菌落背面暗褐色，有7～8条裂纹。病原菌在PDA培养基上不易产孢，新分离出的病原菌初代转接的菌落上可见少量分生孢子，多次转接后的菌落不产生分生孢子。

病原菌在黄精叶背面病斑表面形成密集、黑色的分生孢子座，其上的分生孢子梗30～50余根簇生于子座上，分生孢子梗大小为（42.2～183.6）μm×（3.1～9.6）μm，褐色，无分枝，具1～3个隔膜，有0～6个膝状曲折，孢痕明显加厚，孢痕直径为1.1～3.2μm。分生孢子单生，大小为（26.3～86.3）μm×（4.4～8.0）μm，无色或浅褐色，多弯曲，圆柱形至倒棍棒形，具3～9（多为6～8）个隔膜，基部平截，脐点明显加厚，直径为1.2～2.9μm，顶部渐细至钝圆（图3-6）。

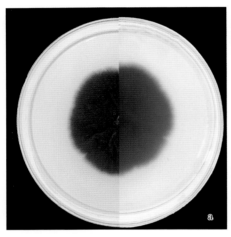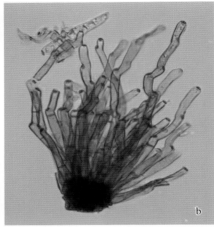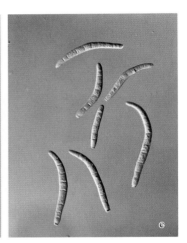

图3-6　黄精灰斑病病原菌形态
a.培养性状　b.分生孢子梗　c.分生孢子

【发生规律】

黄精灰斑病在6—10月雨季容易发生，高温、高湿条件是诱发该病发生的环境条件。病原菌在黄精叶片表面产生大量分生孢子，分生孢子通过气流、雨水、灌溉水、人、昆虫等媒介传播。该病发生后若不及时喷药防治，可在短期内造成大面积发病，局部地块植株发病率达100%，叶片发病率达90%以上。

【防控措施】

1.加强栽培管理　合理密植，及时拔除杂草，雨季加强田间通风，降低空气湿度；发现病株、病叶，应及时销毁或深埋；冬季清洁田园，清除残枝落叶集中销毁，以减少越冬病原。

2.药剂防治　药剂防治是控制该病的主要有效手段，病害发生后可交替选用50%多菌灵可湿性粉剂800～1 000倍液、25%三唑酮可湿性粉剂1 500～2 000倍液、37%苯醚甲环唑水分散粒剂3 500～4 500倍液、25%吡唑醚菌酯乳油2 000～2 500倍液等内吸性杀菌剂，复配80%代森锰锌可湿性粉剂1 200倍液喷雾2～3次，喷雾时要保证叶背面覆盖药剂。

第四节　黄精白绢病

黄精白绢病常见于我国南方各省份，寄主范围很广，已知为害60多科200多种植物。近年来6—

10月的高温多雨季节，湖南等部分黄精道地产区种植基地易暴发严重的白绢病，发病率约为30%，一旦病害流行成灾，会导致黄精大面积成片枯死，严重影响药材产量和质量。

【症状】

田间症状主要表现为发病植株茎基部出现水渍状褐色病斑，且周围密布白色菌丝及大量的白色至棕褐色菌核，菌丝体可扩展至土壤表面。地上部分萎蔫，叶片掉落，最终枯死；地下部腐烂，皮层易脱落（图3-7）。

图3-7　黄精白绢病症状

【病原】

黄精白绢病病原菌为担子菌无性型小核菌属翠雀小核菌（*Sclerotium delphinii* Welch）。菌丝体呈白色，气生菌丝，呈放射状向四周扩散生长，平均生长速率为（20.54±0.52）mm/d。培养基中接种5d后可观察到白色的小菌核，14d后可观察到棕色的成熟菌核。每皿产生的成熟菌核数为8～23个，菌核大小为（5.95±2.34）mm×（7.51±2.88）mm。菌丝有横隔且能观察到锁状联合，未见孢子。最佳生长温度为25～30℃，最适生长pH为5～9（图3-8）。

【发生规律】

病原菌以菌丝体或菌核在土壤中或病根上越冬，第二年温度适宜时，产生新的菌丝体。病原菌在土壤中可随地表水流进行传播，菌丝依靠生长在土中蔓延，侵染黄精根茎部。病害多在高温多雨季节发生，高温高湿是发病的重要条件。此外，在酸性至中性的土壤和沙质土壤中易发病。土壤湿度大有利于病害发生，特别是在连续干旱后遇雨可促进菌核萌发，增加对寄主侵染的机会。连作地由于土壤中病菌积累多，发病较重。在黏土地，排水不良、肥力不足、密度过大的地块发病重。

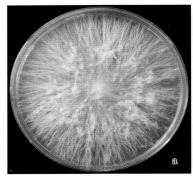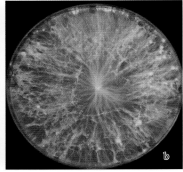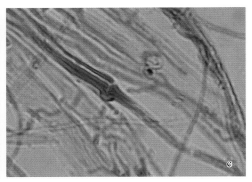

图3-8　黄精白绢病病原菌形态
a.培养3d后性状　b.培养7d后性状　c.菌丝

【防控措施】

1.实行轮作　病株率达到10%的地块应该实行轮作，一般实行2～3年轮作，重病地块轮作3年以上。

2.加强栽培管理　及时清除病残枝，收获后深翻土地冻垡，减少田间越冬菌源。适当调整种植密度，避免密度过高通风不畅造成种植基地高温高湿。雨季期间降雨后及时疏通沟渠，保证排水通畅。适当调整种植密度，避免密度过高通风不畅造成种植基地高温高湿。雨季期间降雨后及时疏通沟渠，保证排水通畅等。

3.药剂防治　可使用30%噁霉灵水剂500倍液、29%石硫合剂水剂400倍液、10%氟硅唑水乳剂8 000倍液，也可使用枯草芽孢杆菌等生物制剂。

第五节　黄精偶发性病害

黄精偶发性病害有镰孢菌属（*Fusarium* spp.）引起的根腐病，叶点霉属（*Phyllosticta* sp.）、链格孢菌属（*Alternaria* sp.）、拟茎点霉属（*Phomopsis* sp.）、棕榈拟盘多毛孢（*Pestalotiopsis trachicarpicola*）等真菌引起的叶斑病，葡萄孢属（*Botrytis* sp.）引起的灰霉病（表3-1）。

表3-1　黄精偶发性病害

病害（病原）	症　状	发生规律
根腐病［腐皮镰孢菌（*Fusarium solani*）、尖孢镰孢菌（*F. oxysporum*）］	根状茎上首先出现不规则黑色病斑，病斑逐渐扩大连成一片，随着病情加重，根状茎成为焦炭状腐烂，地上茎秆枯萎	病原菌为土壤习居菌或由其他途径传入，黏性重、易积水的地块易发病，老化或受损的黄精根状茎易受病原菌侵染。全年均可发生，以6—9月发病最为严重，病原菌在病部产生孢子，通过雨水或灌溉水在土壤内传播，病原菌在黄精根部或在土壤中营寄生或腐生生活越冬
叶斑类病害［叶点霉属（*Phyllosticta* sp.）］	从叶尖开始出现椭圆形或不规则形，外缘呈棕褐色、中间淡白色的病斑，后病斑蔓延，扩大成近圆形或不规则形、水渍状、黄褐色的病斑，后期病斑中心呈灰白色，边缘棕褐色，当湿度大时，病斑两面生有灰色霉层，为分生孢子器，严重时整株叶片枯死	高温多雨季节易发生，病部产生的分生孢子主要通过气流或雨水等进行传播，病原菌以菌丝等形式在寄主残体上越冬，翌年生长条件适宜时萌发产生新的分生孢子进行侵染

（续）

病害（病原）	症　状	发生规律
叶斑类病害［链格孢属（*Alternaria* sp.）］	叶片染病后产生圆形或近圆形至不规则形、暗褐色病斑，四周具锈褐色轮纹状宽边，病斑扩展后数个病斑相互融合，致叶片干枯	高温多雨季节易发生，病部产生的分生孢子主要通过气流或雨水等进行传播，病原菌以菌丝等形式在寄主残体上越冬，翌年生长条件适宜时萌发产生新的分生孢子进行侵染
叶斑类病害［拟茎点霉属（*Phomopsis* sp.）］	叶片病斑圆形，黄褐色，边缘紫红色，多个病斑融合形成大病斑，中间散生黑色小点，即病原菌的分生孢子器。病斑中心易破碎形成穿孔，严重的叶片脱落	
叶斑类病害［棕榈拟盘多毛孢（*Pestalotiopsis trachicarpicola*）］	病斑呈圆形或不规则形，边缘棕褐色至暗褐色，中间淡褐色并着生黑色小点（子实体），带有黄色晕圈。发病严重时，病斑中央组织坏死，呈薄膜状或穿孔，多个病斑能汇合形成大面积枯死斑，最终导致植株地上部分枯死	
灰霉病［葡萄孢属（*Botrytis* sp.）］	发病部位枯萎下垂，表面产生大量灰白色霉层，为病原菌的菌丝和分生孢子	冷凉湿润的气候利于灰霉病发生，一般在雨季发病较重，病部产生分生孢子随着气流等进行传播。病原菌寄主广泛，可营腐生或寄生生活，在黄精及其他植物活体或残体上以菌丝或菌核越冬，环境适宜时形成分生孢子开始新的侵染

麦冬病害

麦冬 [*Ophiopogon japonicus*（Thunb.）Ker Gawl.] 属百合科沿阶草属多年生草本植物，主要药用部位为干燥块根。最早记载于《山海经·中山经》中："其木多槐、桐，其草多芍药、虋冬"，句中的"虋冬"就指麦冬。东汉的《神农本草经》中其名记载为"麦门冬"。"麦冬"之名始现于明代杜文燮的《药鉴》中，在2015年版的《中华人民共和国药典》中将"麦冬"作为正名。麦冬道地药材以四川三台的川麦冬和浙江杭州的浙麦冬为主，其中浙麦冬具有较高的高异黄酮含量，川麦冬具有较高的甾体皂苷含量。

麦冬属多年生常绿草本植物，根较粗，中间或近末端常膨大成椭圆形或纺锤形的小块根，茎很短，叶基生，成丛，禾叶状，苞片披针形，先端渐尖，种子球形。夏季采挖后洗净，反复暴晒、堆置，至七八成干，除去须根，干燥制成。麦冬分布于全国大部分地区，商品药材主要来源于栽培。长江流域大部分地区均适宜其生产，主产于四川三台，浙江杭州、余姚，江苏无锡、镇江等地区。具有养阴生津、润肺清心功能。用于肺燥干咳、阴虚痨嗽、喉痹咽痛、津伤口渴、内热消渴、心烦失眠、肠燥便秘。

麦冬主要病害分叶部病害与根部病害，叶部病害包括叶枯病、黑斑病、炭疽病等，根部病害主要为根结线虫病。一般情况下麦冬叶部病害较少出现大规模暴发的情况，而根结线虫病的发生会大大影响麦冬的产量。

第一节　麦冬叶枯病

麦冬叶枯病是常见的叶部真菌性病害，致病因素复杂，发生严重时病叶率可达25%～40%。发生地广泛，在沿阶草属植物的种植地均有发生，如福建、浙江、湖北、四川。

【症状】

麦冬叶枯病主要为害麦冬的外层边叶，发病初期叶尖部分变黄枯萎，后叶面逐渐变黄，并向叶基部蔓延，产生褐、黄等不同颜色的病斑，直至出现枯黄色，伴随萎蔫。一般植株外围叶片易受害，被害叶片逐渐卷缩枯萎，影响生长（图4-1）。

【病原】

麦冬叶枯病主要由子囊菌无性型镰孢菌属（*Fusarium* spp.）真菌侵染引起，可以由单株或多株菌引发，主要包括尖孢镰孢菌（*F. oxysporum* Schltdl. ex Snyder et Hansen）、木贼镰孢菌（*F. equiseti*）、轮纹镰孢菌（*F. concentricum*）、层出镰孢菌（*F. proliferatum*）、禾谷镰孢菌（*F. graminearum* Schwabe）、藤仓镰孢菌（*F. fujikuroi*）、三线镰孢菌（*F. tricinctum*）、厚垣镰孢菌（*F. chlamydosporum*）、拟轮枝镰孢菌（*F. verticillioide*）、变红镰孢菌（*F. incarnatum*）。根据川麦冬叶枯病病害取样调查，发现尖孢镰孢

菌、木贼镰孢菌、层出镰孢菌为优势菌株，分别占37%、23%、17%。尖孢镰孢菌气生菌丝棉絮状，中间较为密集，外侧较稀疏，生长后期中心显现为红色或者浅黄色。不同菌株孢子形态、大小差异较大，形状有镰刀形、椭圆形、卵圆形等。木贼镰孢菌菌落形状圆形，米白色至淡黄色，气生菌丝较短，棉絮状，大型分生孢子似月牙形，3～6个分隔，分隔明显，顶胞呈锥形。层出镰孢菌气生菌丝生长茂盛，呈现羊毛状，菌丝初期为白色，后变为淡黄色，大型分生孢子呈细镰刀状，顶端弯曲，3～5个分隔，大小为（2.4～4.2）μm×（32～52）μm，分生孢子梗分枝或不分枝，聚生或散生，小型分生孢子以链状或假头状着生于散生或聚生的孢子梗上（图4-2）。

图4-1 麦冬叶枯病田间症状

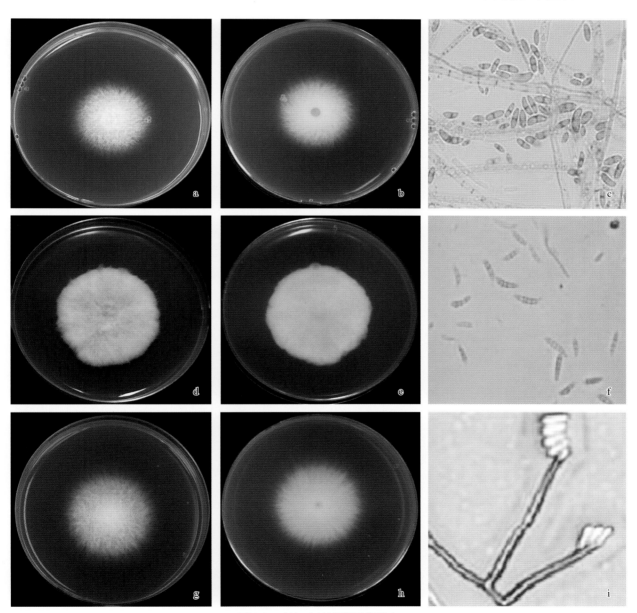

图4-2 麦冬叶枯病病原菌形态

a、b.尖孢镰孢菌培养性状 c.尖孢镰孢菌分生孢子 d、e.木贼镰孢菌培养性状
f.木贼镰孢菌分生孢子 g、h.层出镰孢菌培养性状 i.层出镰孢菌分生孢子

【发生规律】

病原菌随病叶遗留在土壤中越冬，成为第二年的初侵染源，4月中旬即开始发病，病害发生发展与雨水关系很大，雨季发病严重。田间可见到明显的发病中心，并迅速向四周蔓延，在适宜的温湿度条件下很快流行。

【防控措施】

1. **选用无病种苗**　选择叶色翠绿的无病株做种苗。

2. **加强田间管理**　发病早期，在早晨露水未干前，每亩*施草木灰100kg。雨后及时排水，降低田间湿度。

3. **药剂防治**　发病较重时，可以先对感病麦冬进行修剪，建议割除感病麦冬叶片。然后用12%腈菌唑乳油1 000倍液、30%苯甲·丙环唑悬乳剂1 000倍液或70%丙森锌可湿性粉剂500～700倍液进行喷施防治，并结合使用枯草芽孢杆菌类生物菌剂，促进麦冬恢复生长。化学防治可选80%代森锰锌可湿性粉剂800倍液，10～14d喷1次，连续使用3～4次。或用硫酸铜∶生石灰∶水（5∶5∶2）配制成的波尔多液400～500倍液，间隔15d喷施，最多4次，安全间隔期30d。或选用3%甲霜·噁霉灵可湿性粉剂500～800倍液，每季最多使用1次。

第二节　麦冬黑斑病

麦冬黑斑病是麦冬上常见的一种叶部病害，该病致病力强，发生范围广，严重影响麦冬的生长和次级代谢产物，引起麦冬叶黄、叶落，降低光合作用，对麦冬的产量和品质影响较大，可造成严重的经济损失。主要发生地在四川、湖北、福建等省份。

【症状】

麦冬黑斑病发病时初期叶尖发黄变褐，最后干枯，逐渐向叶基蔓延，病健交界处色泽较深，有时叶片上产生水渍状、褐黄色的病斑。发病后期，病斑颜色加深，趋于深褐色，严重时全叶叶色发黄并枯死，可导致麦冬成片死亡（图4-3）。

【病原】

麦冬黑斑病病原菌为子囊菌无性型链格孢菌（*Alternaria alternata*）。病原菌产生的分生孢子梗单生或2～30根束生，暗褐色，顶端色淡，基部细胞稍大，不分枝，正直或微弯，无膝状节。分生孢子倒棍棒形，黄褐色至褐色，大小为（17.5～40）μm×（7.5～15）μm，喙呈柱状或锥状，喙大小为（6～20）μm×（2.5～5）μm，分生孢子具横隔2～6个，纵（斜）隔0～5个，孢子易成链，且多为10个以上的长链（图4-4）。

【发生规律】

病原菌以分生孢子和菌丝体在宿主叶、果和种子

图4-3　麦冬黑斑病症状

---

*　亩为非法定计量单位，15亩＝1hm²。全书同。

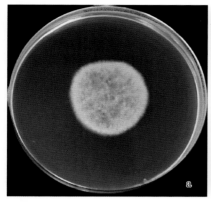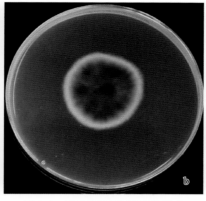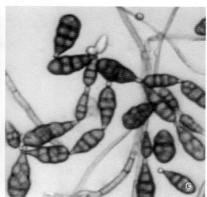

图4-4　麦冬黑斑病病原菌形态

a、b.培养性状　c.分生孢子

上越冬，翌年，孢子在高湿条件下萌发，并通过宿主叶片气孔或组织表皮进入宿主体内，形成初侵染，而后不断累积而发病。病原菌主要从4月开始侵染，5—6月开始发生，8—9月普通发生，10—11月进入发病高峰，尤其在阴雨季节发病更重。病害发生发展与雨水关系很大，雨季发病严重。田间可见到明显的中心病株，并迅速向四周蔓延，在适宜的温湿度条件下很快流行，植株成片枯死。病原菌抗逆性强，可越冬并存活多年。

【防控措施】

1.做好土壤和种消毒　种植前对土壤和种子进行消毒处理，尽可能从源头上将病原菌消灭，减少初侵染来源。

2.加强栽培管理　发病早期，在早晨露水未干前施草木灰，雨后及时排水，降低田间湿度。发现病害及时将病叶清除，集中销毁。

3.药剂防治　整个生长期中可使用75%百菌清可湿性粉剂500倍液，7～10d喷1次，共使用3～4次；75%甲基硫菌灵可湿性粉剂1 000倍液或66%精甲霜灵·氧化亚铜可湿性粉剂1 000～1 500倍液，隔10～15d喷1次，共使用2～3次，配合使用30%吡唑醚菌酯悬浮剂1 200～2 400倍液，隔15d喷1次，最多使用两次。

第三节　麦冬炭疽病

麦冬炭疽病是麦冬上的常见病害，发生范围广，在麦冬种植地区均有发生，如四川、浙江、湖北等主要产区及河南、安徽等产区。

【症状】

发病初期病原菌为害叶尖和叶缘，中期也可为害叶片中部。病斑圆形、椭圆形或不规则形，初期为水渍状褪绿小点，以后逐渐变为红或黄褐色，后期病斑中心呈灰黑色，周围伴有不规则小黑点，病斑外缘明显褪绿发黄，周围有黄色晕圈。叶缘上的病斑呈半圆形或长椭圆形，叶尖受害后由褐色变为灰黑色，并逐渐向下枯死。在病健交界处也呈现红或黄褐色，后期病斑上下扩展或相互汇合。致使叶片折断，成段、成丛或成片枯死，再到后期，病斑上长出许多小黑点和黑色绒毛状物，为病原菌的分生孢子盘和刚毛（图4-5）。

【病原】

麦冬炭疽病病原菌为子囊菌无性型炭疽菌属（*Colletotrichum* sp.）真菌，包括美洲炭疽菌（*C.*

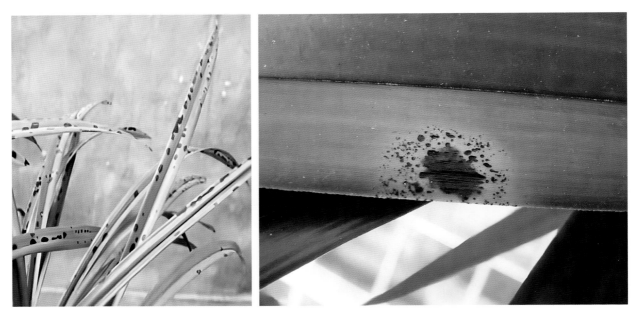

图4-5 麦冬炭疽病田间症状

liriopes)、黑线炭疽菌（*C. dematium*）、胶孢炭疽菌（*C. gloeosporioides*）。其中美洲炭疽菌和黑线炭疽菌是优势菌，分别占比58%和31%。美洲炭疽菌在PDA培养基上菌落生长很快，菌落圆形，边缘整齐，由灰白色转灰色至墨绿色或黑色，气生菌丝体发达。黑线炭疽菌菌落初为白色，后渐变为灰褐色至黑褐色，气生菌丝绒毛状，分生孢子堆灰白色，日平均生长量为1.2cm，分生孢子梗分枝，浅褐色，产孢细胞近瓶颈状，无色，顶端产生分生孢子，分生孢子镰刀形，单胞，无色，顶端稍钝圆，大小为（22.7 ~ 27.5）μm×（3.6 ~ 4.8）μm，平均25μm×3.9μm（图4-6）。

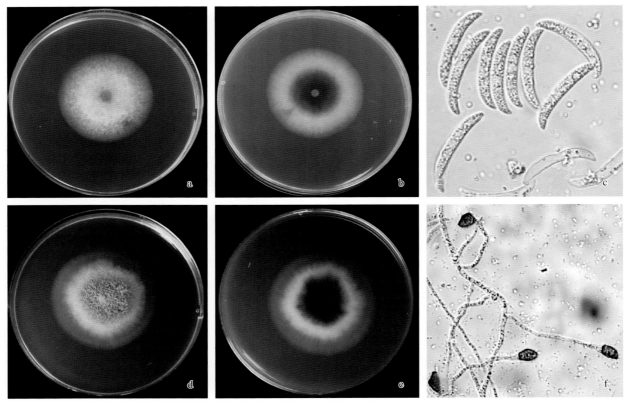

图4-6 麦冬炭疽病病原菌形态

a、b.美洲炭疽菌培养性状　c.美洲炭疽菌分生孢子　d、e.黑线炭疽菌培养性状　f.黑线炭疽菌分生孢子

【发生规律】

病原菌以分生孢子及菌丝在土壤中的病残体及病组织上越冬，分生孢子借气流及水滴传播并通过植株伤口进行侵染，另外植株栽培过密时，降水量大或降水集中的月份或年份发病率较高。病原菌生长适温25℃左右，在7—8月气温较高及雨水充沛时，病害易发生。

【防控措施】

1.加强栽培管理　冬季及早春及时清理病残体，剪除病叶，并用45%石硫合剂或50%嘧菌酯水分散粒剂2 000倍液进行地面消毒。防止植株栽植过密，及时疏松透光。

2.药剂防治　雨季时，每隔7～10d叶面喷施75%代森锌可湿性粉剂400倍液、50%多菌灵可湿性粉剂800倍液、70%百菌清可湿性粉剂800倍液或80%炭疽·福美可湿性粉剂800倍液，连续施药2～3次，每次间隔10～15d。

知母病害

知母（*Anemarrhena asphodeloides* Bunge）为百合科知母属多年生草本植物，以根茎入药。全国各地均有栽培，主要分布在河北、山西、山东、陕西、甘肃等地。根茎呈长条状，微弯曲，略扁，表面黄棕色至棕色，质硬，易折断，断面黄白色，气微甜、略苦，嚼之带黏性。具有清热泻火、滋阴润燥之效，可用于外感热病、高热烦渴、肠燥便秘等。

知母抗逆能力强，病害种类较少，目前研究报道的有炭疽病和灰霉病。

第一节 知母炭疽病

知母炭疽病又名知母叶斑病，是知母的主要病害，主要为害叶部，生长后期病害发生严重，发生率可达80%以上。该病发生普遍，目前已知发生的省份有河北、安徽、山西和吉林。

【症状】

知母炭疽病主要为害茎和叶片，病害发生初期，叶片或茎秆上出现3～6mm的褐色斑点，椭圆形至不规则形，随病情发展，病斑略凹陷，产生明显的红黑色边缘，病斑表面出现黑色小颗粒（即分生孢子盘和分生孢子），最终影响植株的正常生长（图5-1）。

图5-1　知母炭疽病症状

【病原】

知母炭疽病病原菌为子囊菌无性型炭疽菌属白蜡树炭疽菌（*Colletotrichum spaethianum*）。在PDA培养基上菌落初为灰白色，后逐渐变为鼠灰色；在SNA培养基上菌落扁平，无气生菌丝，产生大量橘红色至肉粉色分生孢子堆。分生孢子透明，光滑，单胞，镰刀状或稍弯曲，大小为（17.3 ～ 21.4）μm×（3.1 ～ 4.1）μm，具有1个油球。附着胞单生或呈松散的簇状，深棕色，不规则形，具深裂，大小为（6.7 ～ 16.7）μm×（6.3 ～ 13.3）μm（图5-2）。

【发生规律】

病原菌主要以分生孢子越冬，也能以分生孢子盘和菌丝体随病残体在土壤中越冬，成为翌年的初侵染源。以越冬的菌丝体在适宜条件下产生的分生孢子或以越冬的分生孢子借气流或雨水等传播进

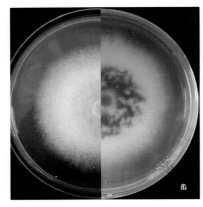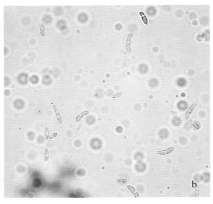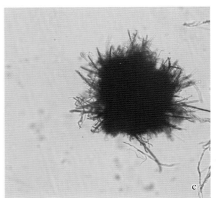

图5-2　知母炭疽病病原菌形态
a.培养性状　b.分生孢子　c.分生孢子盘

行初侵染。发病后病斑上产生新的分生孢子，不断反复侵染传播。分生孢子多从伤口侵入，也可通过寄主表皮直接侵入。一般高温多雨有利于病害的发生和传播，通风差，排水不良，种植密度过大有利于病害发生。知母生长后期发病严重。

【防控措施】

1.科学选地　实行轮作，选择排水良好、土壤疏松的地块种植。

2.加强栽培管理　严格控制栽种密度，增强田间通风透光度。雨后及时排水，降低田间湿度。及时追施磷、钾肥，提高植株抗病性。注意保持田园卫生，及时清除病残体，尽早清除田间枯枝落叶并集中销毁或深埋，降低菌源基数。

3.种苗选择　选无病根状茎作种，播种前对根状茎进行消毒。

4.药剂防治　发病前后，使用1∶1波尔多液或65%代森锰锌可湿性粉剂500倍液喷施，每7d 1次，连喷3～4次。

第二节　知母偶发性病害

表5-1　知母偶发性病害特征

病害（病原）	症　状	发生规律
灰霉病 （*Botrytis cinerea*）	病害发生在植株下部的茎秆和生长较弱的叶片上。初期产生褐色或红褐色云纹状病斑，后逐渐扩大为卵圆形褐色至深褐色病斑，茎秆上的病斑可达10cm，病斑表面产生褐色霉层（即菌丝）	以菌丝体在病残体上越冬。越冬的菌核抽生出孢子梗并产生分生孢子，成为病害的初侵染源。春季多雨年份发病重。种植密度高、田间湿度大有利于发病

第六章 PARTSIX

重 楼 病 害

重楼为百合科重楼属植物滇重楼 [*Paris polyphylla* var. *yunnanensis* (Franch.) Hand.-Mzt.] 或华重楼 [*Paris polyphylla* var. *chinensis* (Franch.) Hara] 的干燥根茎。滇重楼主要分布于云南、贵州、四川；华重楼主要分布于广东、广西、福建、湖北、四川等地。重楼具有清热解毒、消肿止痛、凉肝定惊等功效，多用于疗疮痈肿、咽喉肿痛、毒蛇咬伤、跌扑伤痛、惊风抽搐等。

重楼的主要病害为叶斑病、炭疽病、软腐病、灰霉病，发病面积大，病情严重。根腐病、立枯病、白霉病、细菌性穿孔病偶有发生。

第一节　重楼叶斑病

叶斑病是重楼常见的真菌病害，在全国各重楼主产区均有发生，每年雨季多发，发病率7%～50%，病症多样，致病因素复杂，对重楼生产影响较大。

【症状】

重楼叶斑病主要为害叶片，也发生于叶柄、嫩枝、花梗和幼果等部位。发病初期叶尖及边缘出现黄色小点，逐渐扩大成不规则的褐色病斑。当雨水充足时，病斑连成片导致叶片萎蔫，严重时整株死亡。叶斑病种类较多，田间症状表现也较为多样（图6-1）。

图6-1　重楼叶斑病症状

【病原】

重楼叶斑病由单一或多种真菌侵染引起，致病菌复杂。其中链格孢属真菌为优势致病菌，主要致病菌种为细交链孢菌（*Alternaria tenuis* Nees）。细交链孢菌在PDA培养基上匍匐生长，菌丝较密，呈绒状。菌落形状规则，中心菌丝白色，外周灰绿色或浅绿色，菌落边缘白色，菌落背面中部褐色，边缘色浅，呈同心环状排列。分生孢子梗黄棕色或淡褐色，单生或丛生，有分枝或无分枝，直立或弯曲，梗端膨大。分生孢子倒棒状，卵圆形或近椭圆形，淡褐色至褐色，表面光滑或具有疣状突起，有横隔或纵隔，隔膜处缢缩，颜色加深，有的孢子具短喙，孢子宽5.9～26.3μm，长14.6～69.3μm（图6-2）。

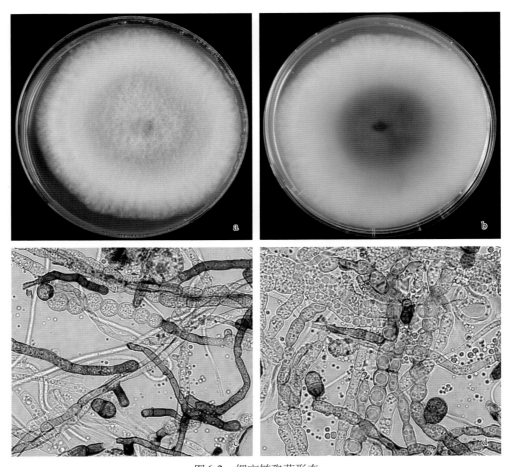

图6-2　细交链孢菌形态

a、b.培养性状　c、d.菌丝及分生孢子

【发生规律】

重楼有两种基原植物，不同地区发病时间、发病程度各有不同。该病一般4—5月雨季来临后开始发生，部分地区3月开始发生，雨水是病害发生与传播的主要条件，雨季气候温暖湿润，适宜病原菌繁殖，分生孢子可随风、雨传播。7—9月为盛发期，随着降雨增加，病情逐渐加重，严重时植株死亡，病原菌随病残体在土壤中越冬，来年再次侵染植株。夏季高温、排水不畅、通风不良、光照不足发病较重，病原菌可在土壤中越冬，连作土地更易发病。

【防控措施】

1.农业防治　重楼叶斑病在雨季高温高湿条件下易发，合理的栽培措施能够有效减轻病害的发生与传播。重楼为根茎类药材，不耐涝，栽培时注意株、行间的距离，合理密植，保持田间良好通风。雨季要及时排水，降低土壤湿度。病害发生初期要及时清理病叶，重楼倒苗后要及时清除病株、枯叶，及时销毁，清除土壤中的菌源，减轻来年发病，合理轮作，避免连作。

2.药剂防治　多·福、枯草芽孢杆菌、苯醚甲环唑、乙蒜素对链格孢菌有较好的抑制作用。发病初期可使用40%多·福可湿性粉剂800 ～ 1 000倍液。在病害发生前或发病初期也可使用枯草芽孢杆菌，兑水稀释为200 ～ 500倍液，对叶面及根茎部进行喷施，每隔5 ～ 7d喷施1次，可以连续使用，注意枯草芽孢杆菌不能和化学杀菌剂、杀虫剂、除草剂和含硫化肥（如硫酸钾、稻草灰）等混用，否则易使菌剂失活。

第二节　重楼炭疽病

炭疽病是重楼常发性真菌病害之一，该病害发生普遍，分布广泛，云南各地种植基地均有发生，每年雨季多发，发病率10% ～ 30%。

【症状】

重楼炭疽病始发于下部叶片，逐渐向上扩展。前期先在叶片上出现灰白色至黄褐色小斑点，后扩展为不定形至近圆形黑褐色病斑，斑块边缘为黑褐色，中间为灰白色或棕褐色。病斑中间稍凹陷，边缘稍隆起，有时可见同心环纹。后期病斑汇合成较大的斑块，造成整片叶发黄、枯死，叶片枯死后不脱落，严重时造成植株枯黄死亡（图6-3）。

图6-3　重楼炭疽病症状

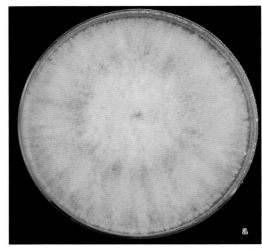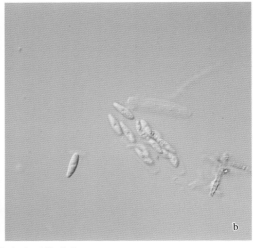

图6-4　重楼炭疽病病原菌形态

a.培养性状　b.分生孢子

【病原】

重楼炭疽病病原菌为子囊菌无性型胶孢炭疽菌（*Colletotrichum gloeosporioides*）。在PDA培养基上培养7d菌落白色或灰白色。培养20d左右形成分生孢子，分生孢子梗常无色，内壁芽生，产生短椭圆形、椭圆形、新月形、无色、无隔或有一层隔的分生孢子，有时含油球（图6-4）。

【发生规律】

以菌丝体、分生孢子盘在种苗或病残体上越冬，第二年春季产生分生孢子，成为初侵染源，发病后产生大量分生孢子进行再侵染，生长季节不断出现的新病叶是病原菌反复侵染、病害蔓延的重要来源。分生孢子借风雨和昆虫传播。落到叶片上萌发生成芽管、附着胞及侵入丝，经气孔、伤口或直接侵入。

【防控措施】

1.农业防治　合理轮作密植，改善通风透光条件，降低植物株间湿度，可有效减轻病害发生。施足优质基肥，促进植物健壮生长，高浓度的氮肥和钾肥可能加重炭疽病的发生。

2.药剂防治　发病期间可交替喷洒3%噻霉酮水剂500倍液、30%噁霉灵水剂500倍液、12%苯醚·噻霉酮水乳剂、25%嘧菌酯悬浮剂或10%苯醚甲环唑水分散粒剂1 000倍液，7～10d喷施1次，连续数次；生物药剂可使用木霉菌和枯草芽孢杆菌。

第三节　重楼灰霉病

灰霉病是四川、云南、贵州、湖北重楼种植基地常见的真菌性病害，发病率可达40%～70%，是重楼生产的限制因素之一。

【症状】

重楼灰霉病常发生于茎秆、叶片及花部，叶部发病多始于叶柄基部与茎秆连接处，发病早期叶片有水渍状黑斑，随着病情发展，黑斑逐渐蔓延。后期叶柄及附近的茎秆变软，叶部下垂，表面出现灰色霉层，随着病情和田间湿度加重，植株茎秆倒伏，叶片萎蔫，全株腐烂（图6-5）。

图6-5　重楼灰霉病症状
a.田间症状　b.茎秆症状　c.叶部症状

【病原】

重楼灰霉病病原菌为子囊菌无性型葡萄孢属灰葡萄孢菌（*Botrytis cinerea*）。病原菌在PDA培养基上菌丝为灰白色，菌核为黑色不规则的椭圆形，菌核直径（3.34±0.31）μm。分生孢子梗葡萄状分枝，分枝末端膨大突起，着生分生孢子，分生孢子椭圆形，长9.7～13.7μm，平均（11.32±0.82）μm，宽7.05～9.12μm，平均（8.24±0.48）μm（图6-6）。

【发生规律】

病原菌可在土壤或病残体上越冬及存活，借助风雨传播，最早于2月底开始发病。20℃为病原菌最适生长温度，低温阴雨天气有利于重楼灰霉病的发生，连续下雨时田间排水不及时会加重灰霉病的

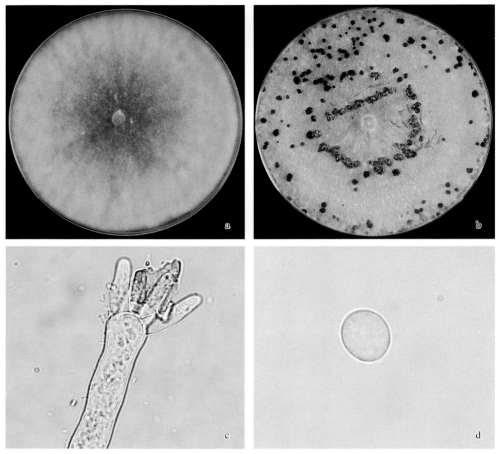

图6-6　重楼灰霉病病原菌形态

a、b.培养性状　c.分生孢子梗　d.分生孢子

发生。在雨水多的情况下,5月病害会大面积暴发,发病率可达40%～70%,导致大片重楼叶片腐烂,茎秆弯曲,严重影响重楼的正常生长。

【防控措施】

1.农业防治　合理密植,增施磷、钾肥增强植株抗病能力,雨季注意及时排水,发病后及时清除病株。

2.药剂防治　在移栽前用敌磺钠、多菌灵或噁霉灵等药剂适当稀释进行土壤消毒。适宜的防治时期为苗期和初花期,500g/L氟啶胺悬浮剂、8%氟硅唑微乳剂、50%咯菌腈可湿性粉剂、430g/L戊唑醇悬浮剂和500g/L异菌脲悬浮剂均有较好的防治效果。

第四节　重楼软腐病

软腐病是重楼栽培中最常见的土传细菌性病害,传播快,为害严重,防治困难,在重楼主产区均有发生。重楼软腐病发病率为10%～25%,部分地区发病较为严重,发病率高达50%。

【症状】

重楼软腐病可侵染重楼叶片、茎秆、块茎,侵染速度快,发病迅速。最早为害重楼地下根茎,患病地下根茎迅速部分或全部软腐,内部组织软湿腐烂,呈石灰粉渣粒状,有臭味。随着病情的发生,茎秆和叶片呈水烫状软腐死亡,若遇阳光暴晒则立即干枯死亡。该病在田间一般呈点状分布,常以病苗为中心向四周发展,造成幼苗成片软腐倒伏死亡(图6-7)。

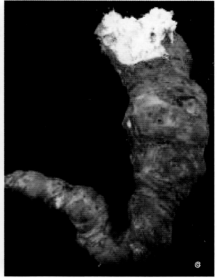

图6-7　重楼软腐病症状

a.整株症状　b.茎秆局部症状　c.地下根茎症状

【病原】

重楼软腐病病原菌为肠杆菌目（Enterobacteriales）肠杆菌科（Enterobacteriaceae）果胶杆菌属（*Pectobacterium*）的胡萝卜果胶软腐杆菌胡萝卜亚种（*Pectobacteriurn carotovorum* subsp. *carotovorum*）。菌落在LB培养基上呈圆形，稍突起，有光泽，透明，黄白色（图6-8a）。显微观察结果显示其为革兰氏阴性菌（图6-8b），菌体短杆状，两端钝圆，大小为（0.5 ～ 0.7）μm ×（1.0 ～ 2.0）μm，周生鞭毛4 ～ 6根。生长适宜温度25 ～ 30℃，生长最高温度38 ～ 39℃，生长最低温度4℃，致死温度48 ～ 51℃。

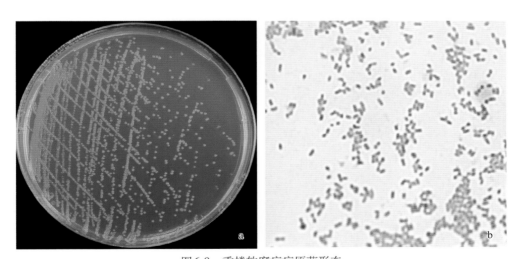

图6-8　重楼软腐病病原菌形态

a.培养性状　b.革兰氏染色结果

【发生规律】

发病时间因不同地区地形、地势、气候条件而不同，通常在温度较低、降雨较多的3月底至4月初开始发病，雨水增多有利于病害的发生与扩散，随着温度上升和降雨增加，5—7月进入盛发期。通气不良、光照不足也易导致此病的发生，雨季积水较多，高温高湿条件下受到损伤的植株更易染病，病原菌可借助雨水传播，加重病害发生。

【防控措施】

1.农业防治 秋冬重楼休眠时翻耕施基肥，基肥以腐熟的农家肥、沤肥、堆肥、枯饼等有机肥为主，有机肥可以改良土壤结构，促进土壤微生物多样性，有利于重楼的健康生长。适当补充磷、钾肥，减少氮肥施用，可以促进植株健康生长，减少病害的发生。控制种植密度，加强栽培管理，保持田间通风透光。雨季注意排水排湿，降低土壤湿度，发病植株及时移除，并清理周围土壤。秋冬植株倒苗后彻底清理田间残株枯叶，移出田间销毁。

2.药剂防治 用0.4%甲醛水溶液浸种3～5min，沥干后播种，可以有效预防软腐病的发生。发病后可用生石灰或1%硫酸亚铁溶液对染病根茎进行消毒，也可施用50%多菌灵可湿性粉剂500倍液或200倍生石灰水浇灌。另外，5%大蒜素、80%乙蒜素也具有较好的防控效果。

第五节　重楼偶发性病害

表6-1　重楼偶发性病害特征

病害（病原）	症　状	发生规律
焦斑病（*Leptosphaerulina australis*）	叶片出现褐色病斑，病斑中央稍凹陷，呈枯状，后期病斑连接成片，全叶枯死	6月始发，7—8月为高发期。雨季之后，高温高湿、土壤排水不畅时大面积暴发
白霉病（*Ramulariaparis* sp.）	病斑正、反面有灰色或灰白色霉层	7月始发，8—10月为高发期。雨季之后，高温高湿、土壤排水不畅时大面积暴发
细菌性穿孔病（*Pseudomonas* sp.）	病健交界处产生裂纹，形成穿孔	7—8月为高发期，土壤排水不畅时大面积暴发
猝倒病（*Rhizoctonia* sp.）	从茎基部（或茎中部）倒伏而贴于畦面	4月始发，5—6月高发。雨季之后，高温高湿、土壤排水不畅时大面积暴发

第七章 PART SEVEN

薄荷病害

薄荷（*Mentha canadensis* L.）为唇形科薄荷属植物。多生于山野湿地河旁，根茎横生地下，茎、叶可入药，是一种经济价值和药用价值较高的芳香作物。

薄荷广泛分布于全国各地，其中江苏、安徽为传统道地产区，但栽培面积日益减少。薄荷疏散风热、清利头目、利咽、透疹、疏肝行气，用于风热感冒、风温初起、头痛、目赤、喉痹、口疮、风疹、麻疹、胸胁胀闷。

薄荷主要病害有白粉病、锈病、根腐病、茎枯病、灰斑病和黑茎病等，其中白粉病、灰霉病为害严重且发生频繁。

第一节 薄荷白粉病

薄荷白粉病是薄荷的重要病害，在四川、江苏、安徽、山东等薄荷产区均有发生，一般发病率5%～10%，严重时可达30%以上，严重影响薄荷产量。

【症状】

薄荷白粉病主要为害叶片和茎，叶两面生白色粉状斑，初生不定形斑块，后融合，白粉病病斑前期存留，后期有的病斑消失（图7-1）。

图7-1　薄荷白粉病症状

【病原】

薄荷白粉病病原菌为子囊菌门高氏白粉菌属小二孢高氏白粉菌 [*Golovinomyces biocellatus* (Ehrenb.) V. P. Gelyuta，异名：*Erysiphe biocellata* Ehrenb.]。分生孢子梗为圆柱状或短棍状，不分枝，无色，有 2 ～ 4 个隔膜，其上着生分生孢子。分生孢子串生于分生孢子梗上，呈念珠状。分生孢子无色，单胞，形状为圆柱形或椭圆形，大小为（22.9 ～ 38.1）μm×（13.9 ～ 17.8）μm（图 7-2）。子囊果散生至近聚生，黑褐色，扁球形。附属丝 12 ～ 69 根，不分枝或不规则分枝 1 ～ 2 次，弯曲，有时屈膝状至近曲折状或扭曲状，互相缠结在一起，长 45 ～ 215μm，上下近等粗或在局部粗细不均，宽 4.3 ～ 6.3μm，壁薄，粗糙，少数平滑，有 1 ～ 6 个隔膜，褐色至淡褐色。

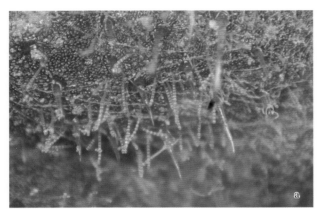 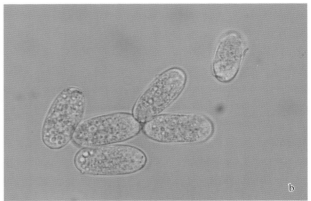

图 7-2　薄荷白粉病病原菌形态

a. 着生在薄荷叶片表面的分生孢子梗与分生孢子　b. 分生孢子

【发生规律】

病原菌以子囊果或菌丝体在病残体上越冬。一般翌春 4—5 月子囊果散发出成熟的子囊孢子进行初侵染。薄荷生长期间叶上可不断产生分生孢子，借气流进行多次再侵染，一般 6—10 月为病害高发期，生长后期又产生子囊果进行越冬。田间管理粗放、植株生长弱易发病。严重时，叶片变黄枯萎，脱落，以致全株干枯死亡。

【防控措施】

1. 利用抗病品种　栽种相对抗白粉病的薄荷品种如阜油 1 号和上海 39（亚洲 39）。

2. 农业防治　收获后及时清除病残体，早春精细修剪，剪除病枝、病叶，及时销毁。冬季做好清园工作。可以有效减少侵染菌源。加强水肥管理，增施磷、钾肥，控制氮肥，提倡施用酵素菌沤制的堆肥或充分腐熟的有机肥。采用配方施肥技术，加强管理，提高抗病力。注意抗旱排涝。适当进行一定的疏枝、疏植，增加通风性，同时增强阳光的照射。

3. 生物防治　使用生物杀菌剂 3% 多抗霉素可湿性粉剂 150 ～ 200 倍液喷雾进行防控。

4. 化学防治　发病初期喷洒 10% 丙硫唑悬浮剂 1 000 倍液、20% 三唑酮乳油 2 000 倍液、12.5% 烯唑醇可湿性粉剂 2 000 ～ 2 500 倍液、25% 丙环唑乳油 4 000 倍液，采收前 7d 停止用药。

第二节　薄荷灰霉病

薄荷灰霉病是薄荷的重要病害，在四川、山东等薄荷产区均可发生，一般发病率 10% ～ 30%，部分地区发病较重，严重影响薄荷产量和质量。

【症状】

薄荷灰霉病主要为害叶片和茎，叶片上产生不规则或者近V形褐色病斑，叶片正面生有灰色霉层（图7-3）。

图7-3　薄荷灰霉病症状

【病原】

薄荷灰霉病病原菌为子囊菌无性型葡萄孢属灰葡萄孢菌（*Botrytis cinerea* Pers. Fr.）。分生孢子梗大小为（280～550）μm×（12～24）μm，丛生，灰色，后转为褐色，顶端膨大或尖削，在其上生有小的突起。分生孢子单生于小突起之上，亚球形或卵形，大小为（9～15）μm×（6.5～10）μm（图7-4）。

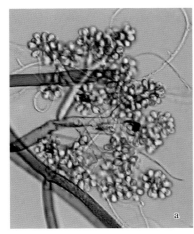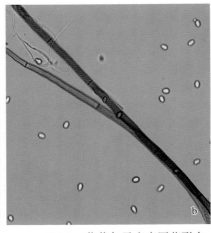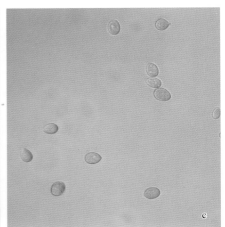

图7-4　薄荷灰霉病病原菌形态
a.分生孢子梗　b.菌丝　c.分生孢子

【发生规律】

病原菌以分生孢子或菌丝体在病残体或田间其他寄主上越冬，属于低温高湿型病害。翌春3—4月病残体或者其他寄主上的分生孢子借气流传播到薄荷幼嫩组织上。分生孢子通过伤口、自然孔口及幼嫩组织侵入寄主，实现初次侵染。发病后又可产生大量分生孢子，借风雨传播蔓延进行多次再侵染，引起发病。5—7月病害发生严重时，叶片变黄枯萎，脱落，以致全株干枯死亡。田间管理粗放、植株生长弱更易发病。

【防控措施】

1.农业防治

（1）保护地栽培薄荷要注意调节温度和湿度。晴天上午当棚温升至30℃时打开通风口，排出水分含量高的棚内空气，将温度保持在25℃左右。下午棚温降至20℃时关闭通风口，夜间棚温保持在15～17℃。夜间温度不宜太高，否则会增加植株的呼吸强度，消耗光合产物。气温偏低时应防寒保温，防止植株受冻和生长衰弱。保温措施有大棚套小棚，夜晚棚外加盖草帘。适时适量浇水，最好用滴灌法浇水。如果采用土表灌浇方式浇水，应在晴天上午进行，浇水后开棚通风，及时排出棚室内的潮湿空气。

（2）清除病残体，减少病菌数量。幼苗定植前彻底清除病残体，减少初侵染源。土壤深翻20cm以上，将土壤表层的病残体深埋。发病后及时摘除病叶并带出田外深埋，防止病菌飞散传播。

2.物理防治　采用高温闷棚，利用热力杀死病菌，夏季休闲田块浇透水，第二天用地膜覆盖，并保持15d以上。幼苗移栽前密闭大棚升温，用高温杀死棚室空气中、物体表面和土壤表面的病菌。发病初期采用高温闷棚在晴天上午闭棚，闷棚前1d浇透水，杀菌效果更好。闷棚后及时通风降温排湿，适当施肥调节植物长势。

3.生物防治　木霉、瘢痕枝孢（*Ulocladium atruwm*）等生防菌剂对灰霉病菌均有较强的拮抗作用。链霉菌产生的白肽霉素和变构霉素等也可抑制灰霉病菌生长。可于发病前或初期使用哈茨木霉对水喷雾，每隔5～7d喷施1次，发病严重时缩短用药间隔，同时可结合有机硅增加附着性。

4.化学防治　发病初期可选用50%腐霉利可湿性粉剂1 500～2 000倍液、20%嘧霉胺可湿性粉剂600倍液、50%异菌脲可湿性粉剂1 500倍液喷雾。每公顷保护地也可用15%腐霉利烟剂3 000g或20%百菌清烟剂3 500～4 500g熏蒸一夜。

第三节 薄荷偶发性病害

表7-1 薄荷偶发性病害特征

病害（病原）	症 状	发生规律
锈病（*Puccinia menthae*）	薄荷锈病主要为害叶片和茎。发病初期叶背或嫩茎形成黄褐色呈圆形至纺锤形的疱斑，随后叶正面也相应出现症状，发病部位变肿大，内生锈色粉末状锈孢子。发病后期，病部长出黑褐色粉末状物，即冬孢子。叶片黄枯反卷、萎缩脱落，以致全株枯死	病原菌以冬孢子在病部越冬，成为翌年初侵染源。锈孢子生活力不强，只能存活15～30d，该病传播主要靠夏孢子在生长期间进行多次再侵染，使病害扩展开来。该病在5—10月发生，多雨季节易发病
根腐病（病原未知）	薄荷根腐病主要为害根茎部。发病初期病部呈褐色至黑褐色，逐渐腐烂，后期根部及病茎褐变，外皮脱落，地上部枯黄，湿度大时病部长出白色至粉红色的菌丝状物，严重时全株枯死	病原菌以菌丝体在土壤中或病根上越冬，条件适宜时长出营养菌丝通过伤口侵染根部。病害主要通过病根与健根的接触进行传播
茎枯病（*Hymenoscyphus repandus*）	薄荷茎枯病主要为害根茎部。发病初期，茎部或茎基部先呈现褐色病斑，而后变成黑褐色，表皮渐渐变黑，严重影响水分和养分的输导，使薄荷处于缺水状态，严重时枯死	病原菌随病残体在土壤中越冬，随种苗调运远距离传播。空气湿度大有利于发病。该病第一次发病高峰在5月中下旬，6月下旬因高温而处于隐症状态，7月头茬薄荷收获，10月中旬二茬薄荷易发病
病毒病[已报道病原病毒有黄瓜花叶病毒（*Cucumber mosaic virus*，CMV）、小西葫芦黄花叶病毒（*Zucchini yellow mosaic virus*，ZYMV）]	薄荷病毒病主要为系统性侵染，植株感病导致叶片皱缩、黄化、花叶、畸形，严重时病叶下垂，枯萎并脱落，以致全株死亡	薄荷病毒病的传播途径十分广泛，已知的病原病毒CMV、ZYMV主要通过蚜虫（棉蚜、桃蚜）进行非持久性传播，也可经汁液接触进行机械传播。其中CMV可通过种子传播（种传率4%～8%），而ZYMV种子不带毒。薄荷病毒病4月初开始发病，5—6月进入发病盛期
灰斑病（*Diaporthe ganjae*）	薄荷灰斑病主要为害叶片，叶面上初生小黑点状斑，后扩展成圆形至不规则形，边缘黑色、中央灰白色的较大病斑，轮纹不清晰。子实体生于叶两面，灰黑色，霉层状，后期病斑融合，致叶片干枯脱落，在田间下部叶片易发病	病原菌以菌丝体和分生孢子在病残体上越冬，成为翌年的初侵染源。广东、云南等地8—11月发生，发生普遍，为害严重

丹 参 病 害

丹参（*Salvia miltiorrhiza* Bunge）俗名大叶活血丹、血参、红根等，是多年生直立草本植物，属唇形科鼠尾草属，具有原变种（*S. miltiorrhiza* var. *miltiorrhiza*）和单叶变种 [*S. miltiorrhiza* var. *charbonnelii* (Lévl.) C. Y. Wu] 之分。

丹参在我国种植面积极广，分布于华北、华东、中南、西北和西南等地区。丹参以干燥根和根茎入药，是我国常用大宗中药材之一。丹参始载于《神农本草经》，被列为上品。丹参具有扩张冠状动脉、防止心肌缺血和心肌梗死、改善微循环、降低心肌耗氧量等作用，是目前临床治疗各种心血管疾病的核心中药材。

近年来，大面积连片种植丹参引发了严重的连作障碍问题，造成连作障碍的因素主要是土传病害、线虫病害、土壤酸化板结等。

第一节　丹参根腐病

丹参根腐病是丹参生产中最重要的病害，主要为害丹参根部，进而使丹参的产量和品质下降。该病在丹参整个生育期均可发生，传播蔓延速度较快，导致丹参产量大幅度降低，外观性状不符合药用要求。根腐病在各丹参主产区中发生普遍，发病率一般为10%～30%，部分地区发病较为严重，发病率可达80%以上。

【症状】

发病初期，丹参须根和侧根呈水渍状腐烂，颜色由红褐色逐步加深，并蔓延至主根。为害后期，丹参木质部完全腐烂变为黑色，呈纤维状；地上部分枯萎，极易拔出（图8-1）。

【病原】

丹参根腐病病原菌为子囊菌无性型镰孢菌属真菌。已有研究发现，发生在四川丹参种植基地的丹参根腐病病原菌为腐皮镰孢菌 [*Fusarium solani* (Mart.) Appel et Wollenw. ex Snyder et Hansen]，山东聊城丹参种植基地鉴定的病原菌与四川一致，为腐皮镰孢菌；也有报道病原菌为木贼镰孢菌 [*F. equiseti* (Corda) Sacc.]。由于该病常与丹参枯萎病并发，而尖孢镰孢菌是丹参枯萎病的病原菌，因此，丹参根腐病的病原菌究竟有哪几种，是否包括尖孢镰孢菌还需要进一步考证。腐皮镰孢菌在PDA培养基上为圆形单菌落，边缘整齐，有发达的白色或淡黄色絮状菌丝。镜检孢子有2种：大型分生孢子呈卵圆形或柱状，大小为（25～26）μm×（4.5～6）μm；小型分生孢子呈长柱形或镰刀形，大小为（10～18）μm×（3～5）μm（图8-2）。

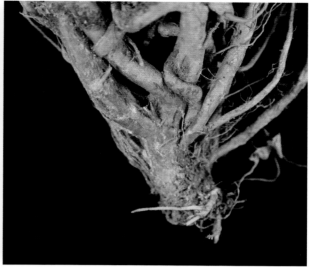

图8-1　丹参根腐病症状

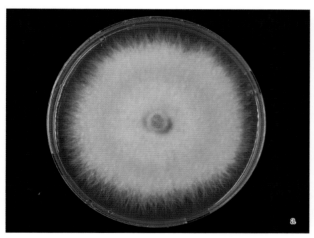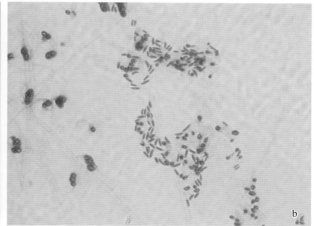

图8-2　丹参根腐病病原菌形态

a.培养性状　b.分生孢子

【发生规律】

丹参根腐病在四川、陕西及山东等地均有发生，发病率平均为10%～30%，严重地块发病率可达80%以上。在道地产区山东莱芜等地区，7—8月为该病的高发期，发病率可达60%～70%。该病常与丹参枯萎病并发。丹参根腐病为土传病害，病原菌主要以菌丝体、厚垣孢子在土壤、丹参种根以及未腐熟的带菌粪肥中越冬，作为翌年的初侵染源。越冬病菌主要从丹参根毛及根部的伤口侵入根系，发病部位产生分生孢子，借助土壤、灌溉水或雨水、耕作及地下害虫传播，形成再侵染。病原菌可在土壤中存活5～15年。丹参根腐病潜伏期一般为10～15d，蔓延速度快，在日平均气温16～17℃时即可发病，最适气温为22～28℃。在雨水多、土壤湿度大、种植过密的情况下病害蔓延迅速，为害严重。地下害虫蛴螬及线虫为害给植株造成伤口，病原菌更容易侵入，发病严重。

【防控措施】

丹参根腐病的防治主要采取农业防治和药剂防治相结合的方式进行。

1.农业防治

（1）清洁田园。丹参收获后及时清除田间病残体，减少越冬菌量和初侵染菌源。

（2）使用无毒种苗。在无病地块育苗，并对种苗带菌情况进行检测，确保种苗无毒。

（3）合理轮作。避免与桔梗、黄芩等药材和蔬菜连作，种植1～2年药材后应改种1～2年玉米等粮食作物。

（4）合理施肥。在移栽前施用充分腐熟的有机肥，增施磷、钾肥作基肥，初花期适当喷施叶面钾肥促进根部生长。

（5）合理栽培。选取地势较高、排水较好的壤土或沙壤土地块，实行宽、窄行高垄栽培，宽行1.2m，窄行0.8m，畦高5～20cm，在宽行移栽4小行，每小行间隔30cm，窄行不种丹参，起通风透光作用。

2.药剂防治

（1）药剂蘸根。将丹参苗茎基部在药液中浸泡8～10min，蘸根药剂通常使用70%甲基硫菌灵或25%、50%多菌灵，可以配合3%多抗霉素或2%嘧啶核苷类抗菌素使用。

（2）移栽前土壤处理。每亩可使用25%多菌灵拌土2kg进行处理，也可使用70%甲基硫菌灵或50%多菌灵、3%多抗霉素2.5～3kg拌土。

（3）生长期处理。生长期发病可使用药剂灌根进行治疗，药剂一般使用50%多菌灵、70%甲基硫菌灵、3%多抗霉素、75%代森锰锌或2%嘧啶核苷类抗菌素，每株灌药量200～300mL，施药间隔1周，连续施药2～3次。

第二节　丹参白绢病

丹参白绢病是丹参主要的苗期病害之一，在丹参主要产区普遍发生，严重威胁丹参安全生产。

【症状】

白绢病主要为害丹参根部，发病初期茎基部至地面的主根附近出现白色绢丝状菌核，根部潮湿、腐烂，易拔出。后期植株地上部分萎蔫枯死。天气潮湿时，病株茎基部常有白色菌丝和菌核（图8-3）。

图8-3　丹参白绢病症状

【病原】

丹参白绢病病原菌是齐整小核菌（*Sclerotium rolfsii* Sacc.）。病原菌在PDA培养基上培养3d后，呈现直径约70mm的圆形菌落，菌丝白色、绢丝状，并向四周辐射扩散。继续培养5～7d后菌丝上出现白色纽结，开始形成菌核。菌核先为白色，后变为黄色，最后变为茶色至深褐色。菌丝内部灰白，球形或不规则形，表面光滑，呈现出光泽，直径为50～120mm。菌核抗逆境能力很强，在土壤中可存活5～6年及以上（图8-4）。

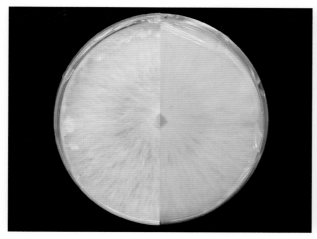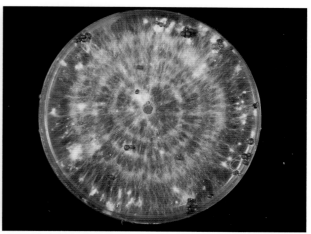

图8-4 丹参白绢病病原菌培养性状

【发生规律】

白绢病在丹参的整个生长季均有发生，6—8月为害最重。在生长季后，病原菌的菌丝和菌核可在病残体和土壤中越冬，成为下一生长季的初侵染来源。菌核在高温高湿条件下很容易萌发，随水流在田间传播，和植株接触后引起侵染。

【防控措施】

1.农业防治 及时清理田间病株和病残体，防止病原菌扩散和再侵染，并用生石灰消毒处理病株周围土壤。加强栽培管理，与禾本科植物轮作。

2.生物防治 在育苗阶段及发病初期施用木霉菌剂等生防制剂，可收到较好的防治效果。

第三节 丹参根结线虫病

根结线虫病是丹参生产中一种常见的病害，全国各丹参产区均有分布，一般会引起丹参减产10%～20%，严重时可达30%以上。

【症状】

线虫入侵根部后，丹参须根和侧根产生大小不等的瘤状根结。根结初期黄白色，外表光滑，后期变成褐色，最后破碎腐烂。丹参根系被线虫侵染后功能受到破坏，影响植株对养分的吸收，导致地上部分养分不足，最后衰弱、变黄、萎蔫，直至枯死（图8-5）。

【病原】

丹参根结线虫病的病原是南方根结线虫（*Meloidogyne incognita*）和北方根结线虫（*M. hapla*），但目前尚缺少系统的鉴定工作。南方根结线虫主要发生在陕西商洛地区，雌雄异形，幼虫细长，雄虫线状，尾端稍圆，无色透明，大小为（1.0～1.5）mm×（0.03～0.04）mm。雌虫梨形，多埋藏于寄主组织内，大小为（0.44～1.59）mm×（0.26～0.81）mm，每头雌虫可产卵300～800粒（图8-6）。

图8-5　丹参根结线虫病症状

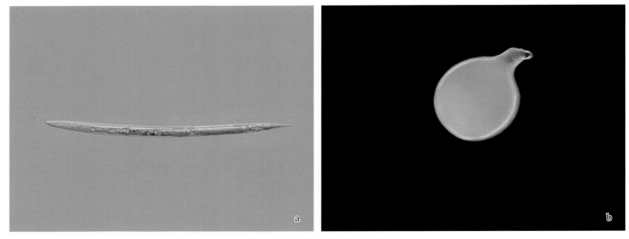

图8-6　丹参根结线虫形态

a.二龄幼虫　b.雌成虫

【发生规律】

　　根结线虫主要分布在距地表0～5cm的土层中，以卵或二龄幼虫随病残体遗留在土壤中越冬，带病土壤、病残体、带病种苗和灌溉水是主要的传播途径。根结线虫在土壤中可存活1～3年。

【防控措施】

1. **使用健康种苗**　建立无病育苗基地，使用无病种苗种植。

2. **实行轮作**　与禾本科作物进行3～5年的轮作倒茬。

3. **清洁田园**　粪肥充分腐熟，杀灭线虫卵；及时清除田间病残体，减少线虫越冬基数；及时对农具进行清洗和消毒。

4. **土壤消毒**　高温杀灭土壤中的线虫，夏季深翻土壤，灌水后盖地膜密封，阳光照射20d左右，防治效果可达90％以上；在丹参播种或移植前15d，每公顷施用0.2％高渗阿维菌素可湿性粉剂或10％噻唑膦颗粒剂30kg，加土750kg混匀撒到地表，深翻25cm进行土壤处理。

5. **药剂防治**　在发病初期可用1.8％阿维菌素乳油1 000～1 200倍液灌根，每株灌药液250～500mL，7～10d灌1次，连灌2～3次。

广藿香病害

广藿香 [*Pogostemon cablin* (Blanco) Benth.] 为唇形科刺蕊草属植物，以干燥地上部分入药。别名刺蕊草、藿香、排香草。按产地不同分石牌广藿香（石牌香）、肇庆广藿香（肇香）、湛江广藿香（湛香）及海南广藿香（南香）等。

广藿香为多年生芳香草本或半灌木，我国福建、台湾、广东、海南与广西有栽培，主产于广东，原产菲律宾等热带亚洲。茎方柱形，茎、叶均被绒毛，气香特异，味微苦，有芳香化浊、和中止呕、发表解暑功效。

广藿香主要病害有青枯病、根腐病、角斑病、枯萎病、叶斑病等。其中青枯病等土传性病害为害严重。

第一节　广藿香青枯病

青枯病是广藿香栽培中最常见的土传细菌性病害，在广藿香主产区均有发生，该病传播途径多，为害严重，一旦有植株感染就可以传染至整片种植地，从而导致大面积死亡，造成毁灭性损失。田间病株率可达10%～30%。青枯病是一种广泛分布的世界性病害，是多种农作物减产的主要原因。

【症状】

发病前期植株上部顶端的幼叶、嫩梢和刚展开的嫩叶萎蔫，发病迅速，植株迅速萎蔫，4～6d便会凋萎、死亡，但茎、叶仍维持绿色。连根拔起后，剖开根茎，维管束组织褐变，茎部会拉丝，有臭味，表现为全株急性型萎蔫（图9-1）。病株外表的茎、叶、枝及其他部位只表现病状，并不出现病征（病原菌）。只有横切病茎后，用手挤压变色的维管束时，才有白色的菌液（脓）溢出。如果将横切后的病茎浸入盛有淡盐水的玻璃瓶中，也可见乳白色的雾状物从切口喷出，即致病细菌。

【病原】

广藿香青枯病病原菌为变形菌门变形菌纲薄壁菌目假单胞菌科劳尔氏菌属（*Ralstonia*）的青枯劳尔氏菌（*Ralstonia solanacearum*）。在LB培养基上，病原菌菌落为圆形、近圆形或梭形，乳白色，表面光滑、隆起。在添加TTC的LB培养基上，菌落近圆形或梭形，隆起，中间粉红色，周围乳白色（图9-2）。

【发病规律】

青枯病在广藿香整个生长期内均可发生，尤其在高温多雨的夏季发病最盛。连作年限长的地块有利于该病害的发生。病原菌传播途径多，可以通过带病种苗、土壤、灌溉水、农具、运输工具和

图9-1　广藿香青枯病症状

a、b.田间发病症状　c.植株发病症状　d、e.根、茎部发病症状

人、畜活动等途径传播，从移栽造成的根部损伤及风雨后造成的伤口侵入。

【防控措施】

1.农业防治

（1）加强抗病品种选育。广藿香为引入品种，传统的扦插繁殖导致种质类型单一、遗传基础狭窄，应加强优良品种选育，获得广藿香抗病品种。

（2）选地整地。土壤宜选通透性好的沙壤土，尤其是以富含腐殖质的棕色土或黑色沙壤土为好。

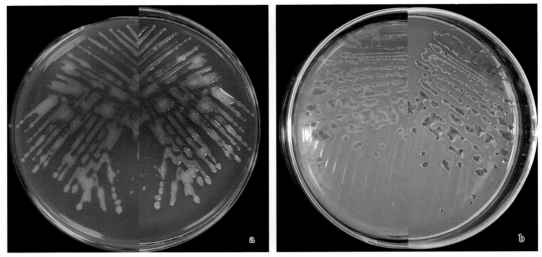

图9-2　广藿香青枯病病原菌形态

a.病原菌在LB培养基上的菌落形态　b.病原菌在添加TTC的LB培养基上的菌落形态

栽种前先对种植区域进行全面消毒，起垄前可撒施牡蛎粉、草木灰、生物炭等土壤改良材料，翌年栽植前耕翻细耙，高起垄做成宽60cm、高30～40cm的畦，畦沟宽30cm。

（3）调整耕作制度。与水稻轮作、与姜间作等，有计划地轮作，能有效降低土壤含菌量，减轻病害发生。

（4）改良土壤。青枯病菌喜偏酸性土壤，结合整地施肥，每亩施熟石灰粉100kg，使土壤呈中性或微酸性，能有效抑制该病的发生。

（5）加强栽培管理。适时移栽，减少苗木根部损伤，清洁田园，合理施肥，小培土，勤护根，降低染病概率。

2.药剂防治　发病前每亩使用甲霜·噁霉灵或噁霜·菌酯30mL对水15kg进行灌根预防，7～10d灌1次，连灌2～3次；田间发现病株应立即拔除销毁，对周围土壤进行消毒，用2%福尔马林或20%石灰水消毒；发病初期用嘧啶核苷类抗菌素3 000～4 000倍液、25%络氨铜水剂500倍液进行灌根；发病中期用6%井冈霉素·枯草芽孢杆菌可湿性粉剂1 800g/hm²喷雾，7～10d喷1次，共喷2～3次；发病后期田间病株达80%以上的，没有生产管理价值，进行毁种。

3.使用土壤微生态修复剂　栽培前可利用土壤微生态修复剂结合植物疫苗菌剂处理广藿香种植地，对青枯病防效高达91.87%。或向植株内注入非致病性青枯菌，以占据青枯菌的生态位，使致病性青枯菌无法侵染。

第二节　广藿香根腐病

根腐病是广藿香栽培中最常见的真菌性病害，致病因素复杂，传播快，为害严重，防治难度大，严重影响产量，在广藿香种植区中均有发生。广藿香根腐病发病率为5%～10%，严重时可达30%以上。

【症状】

广藿香根腐病主要为害根部，发病自下部叶片开始，自下而上逐次萎蔫，叶色逐渐由绿色变淡黄色，进而枯黄，直至转为褐色。拔出后根的颜色为褐色，根颈部腐烂处的维管束变褐，但茎的维管束一般不变褐，腐烂病部易剥离。染病植株根、茎交界处发生腐烂，逐渐蔓延至植株地上部分，皮层变褐色腐烂，使整株萎蔫枯死（图9-3）。

图9-3　广藿香根腐病症状

a.田间发病症状　　b、c.植株症状　　d、e.根部症状

【病原】

　　广藿香根腐病病原菌为子囊菌无性型镰孢菌属（*Fusarium* sp.）真菌，由单株或多株复合侵染引起，已报道的种类有尖孢镰孢菌（*F. oxysporum* Schltdl. ex Snyder et Hansen）、禾谷镰孢菌（*F. graminearum* Schw.）和腐皮镰孢菌 [*F. solani* (Mart.) Appel et Wollenw. ex Snyder et Hansen]。尖孢镰孢菌气生菌丝棉絮状，菌丝多而紧实，呈白色、暗红色、紫色、粉红色、蜡黄色等，生长后期部

分菌株会出现菌丝球。禾谷镰孢菌气生菌丝白色，呈花朵状，产粉红色、紫红色、黄色、橙色等不同颜色色素。腐皮镰孢菌可观察到PDA培养基上白色至淡黄色绒毛状菌丝，小型分生孢子梭形，无隔或者极少具单个隔膜（图9-4）。

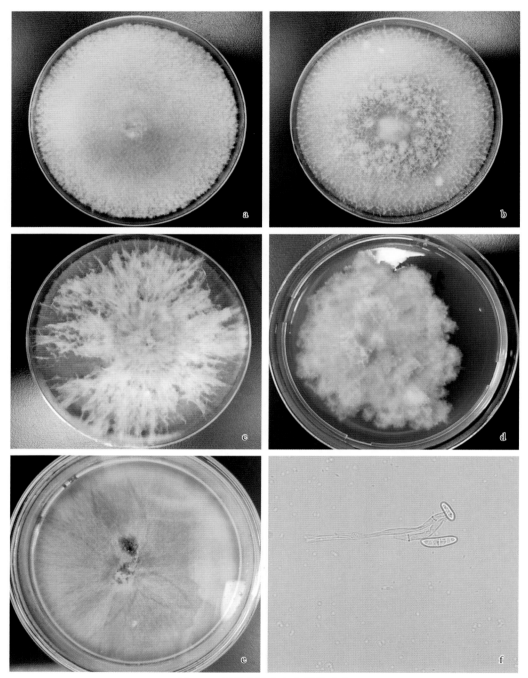

图9-4　广藿香根腐病病原菌形态

a、b.尖孢镰孢菌培养性状　c、d.禾谷镰孢菌培养性状　e.腐皮镰孢菌培养性状　f.腐皮镰孢菌的小型分生孢子

最新研究报道葡萄座腔菌科（Botryosphaeriaceae）球壳孢属（*Macrophomina*）真菌蓝莓球壳孢（*Macrophomina vacciniiy*）也可引起广藿香根腐病和茎腐病（图9-5）。

【发生规律】

广藿香根腐病多发生在植株定植后。虫害对植株茎节伤害多，或施用未充分腐熟的土杂肥，连作地块、地势低洼、土壤黏性大和大水漫灌会加重病害发生。8—10月为病害高发期，一般在雨季之

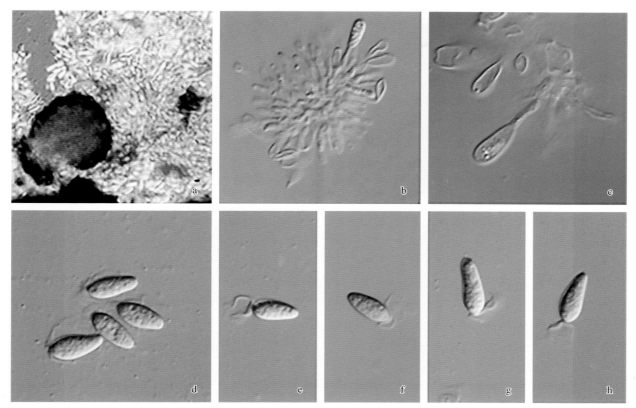

图9-5 蓝莓球壳孢形态（章武提供）

a.分生孢子器　b、c.孢子囊与孢子　d ~ h.孢子

后高温高湿、土壤排水不畅会大面积暴发。

【防控措施】

1.农业防治　收获后清除病残株，集中销毁，病区撒石灰粉，以消灭潜在病原菌。合理排灌，雨季及时疏沟排水，降低田间湿度。适当喷施磷酸二氢钾，可提高植株抗病力。实行轮作，不可连作，与水稻轮作为佳。夏季间种其他作物遮阴，或盖草。

2.生物防治　应用无致病力的镰孢菌属真菌抑制根腐病的发生；枯草芽孢杆菌、链霉菌、菌根真菌等生防菌也可应用于防治广藿香根腐病。尽可能使用微生物活性制剂与生物菌肥结合的方法提升对广藿香根腐病的防控效果。

3.化学防治　发病初期用50%多菌灵可湿性粉剂800 ~ 1 000倍液或50%甲基硫菌灵可湿性粉剂1 000 ~ 1 500倍液灌根防止病原菌扩散蔓延，每7d灌1次，连灌2 ~ 3次。

第三节　广藿香偶发性病害

表9-1　广藿香偶发性病害特征

病害（病原）	症　状	发生规律
棒孢霉叶斑病（斑枯病）（*Corynespora cassiicola*）	广藿香棒孢霉叶斑病多在高温多湿季节发生，为害叶片。发病初期叶片表面形成圆形或近圆形的小病斑，中部淡褐色，边缘暗褐色，并生淡黑色霉状物	病原菌菌丝在10 ~ 35℃范围内均能生长，这与广藿香的整个生长周期均发病的情况一致。适宜的温度范围是20 ~ 28℃，最适温度28℃。在5—6月的高温多雨季节发病严重

荆 芥 病 害

荆芥 [*Schizonepeta tenuifolia* (Benth.) Briq.] 为唇形科裂叶荆芥属一年生草本植物，别名香荆芥、假苏、四棱杆蒿。全国大部分地区均有分布。以全草入药，气芳香，味微涩而辛凉。可解表散风、透疹、消疮，用于感冒、头痛、麻疹、风疹、疮疡初起。

荆芥主要病害有茎枯病、根腐病、黑斑病和立枯病等。其中，以茎枯病发生最普遍，为害最为严重。

第一节　荆芥茎枯病

荆芥茎枯病又称"黑胫病"，是荆芥上最主要的真菌病害，也是常见的茎部病害。该病传播迅速，发病后很快形成发病中心，并迅速向四周蔓延，通常发病率为15%～30%，严重田块甚至绝收。该病害发生普遍，目前已知在河北和浙江发生。

【症状】

荆芥茎枯病主要为害荆芥茎部。通常自茎基部发病，后逐渐向上、环周发展。有时仅茎中部发病而茎基部无症状。发病部位表皮呈黑褐色干瘪，病部环周坏死。发病初期，茎部出现许多褐色斑点，植株不萎蔫；发病中期，病斑逐渐环周扩展，发病部位凹陷缢缩，发病部位以上植株萎蔫，叶片呈失水状卷曲下垂；发病后期，病部以上组织枯萎、死亡（图10-1）。

图10-1　荆芥茎枯病症状

【病原】

荆芥茎枯病病原菌为卵菌门霜霉科（Peronosporaceae）疫霉属（*Phytophthora*）的烟草疫霉（*Phytophthora nicotianae*）。病原菌在V8培养基上菌落呈白色，菌丝浓密。显微观察发现，病原菌菌丝粗细不均，上多有瘤状突起。孢子囊大小为（25～40）mm×（15～20）mm，着生于菌丝状孢囊梗顶端，表面光滑，椭圆形或近梨形，有明显突出的脐。成熟的游动孢子大小为（2～4）mm×（1～2）mm，从孢子囊口排出，圆形、近圆形或椭圆形，单胞（图10-2）。

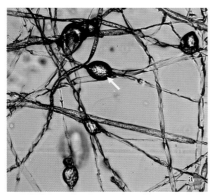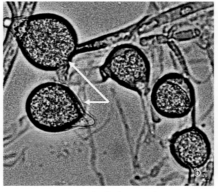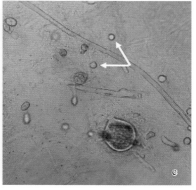

图10-2　烟草疫霉形态

a.菌丝形成的瘤状凸起　b.菌丝形成的孢子囊　c.游动孢子

此外，子囊菌无性型镰孢菌属（*Fusarium*）的禾谷镰孢菌（*F. graminearum*）、木贼镰孢菌（*F. eguiseti*）和半裸镰孢菌（*F. semitectum*）也是荆芥茎枯病的病原菌。镰孢菌属的分生孢子呈镰刀形，禾谷镰孢菌分生孢子有2～7个隔膜，大小为（3.80±0.02）μm×（48.16±0.46）μm，木贼镰孢菌分生孢子有2～6个隔膜，大小为（5.53±0.05）μm×（31.00±0.32）μm，半裸镰孢菌分生孢子有3～5个隔膜，大小为（4～4.21）μm×（29～34）μm。

【发生规律】

病原菌在病残体或土壤中越冬，翌年5月下旬气候和湿度适宜时，病原菌孢子可以从根部导管、寄主气孔或表皮直接侵入，导致寄主地上部茎秆部位或叶片产生水渍状病斑，并迅速向上、下扩大环绕茎秆，出现一段褐色的枯茎。后逐渐形成发病中心，病株上成熟孢子囊产生的大量游动孢子迅速随雨水传播扩散，继而引起邻近健康植株发病。一个生长季可形成多次侵染循环。

【防控措施】

1. 科学选地　选择土壤肥沃疏松、排水性好的高地或旱地种植。
2. 合理轮作　与禾本科作物实行3～5年轮作。
3. 加强栽培管理　适时早播，以4月初为宜，至6月上旬发病盛期，植株已具有一定的抗病力；撒播可适当减少播种量，合理密植。麦茬地种植应施足基肥，早施苗肥，注意氮、磷、钾配合施用以促进生长。发现病株及时拔除，带出地块销毁，并对发病区域及时进行局部施药，消灭发病中心，喷药保护周围植株。
4. 生物防治　可使用绿色木霉和哈茨木霉等生防菌剂防治。
5. 化学防治　发病初期可喷施25%甲霜灵可湿性粉剂600倍液或25%双炔酰菌胺悬浮剂2500倍液，隔7～10d喷施1次，连续防治3～4次。

第二节　荆芥偶发性病害

表10-1　荆芥偶发性病害特征

病害（病原）	症　状	发生规律
立枯病 （*Rhizoctonia* spp.）	苗期病害，在近地表的幼茎基部出现水渍状、暗褐色病斑，并很快延伸绕茎，病部常黏附小土粒状的褐色菌核，地上部萎蔫，幼苗倒伏死亡	以菌丝体或菌核在残留的病株上或土壤中越冬，成为翌年初侵染源。病株残体、肥料也可以传播，还可通过流水、农具、人、畜等传播。天气潮湿适于病害的大发生，多年连作病害加重
黑斑病 （*Alternaria alternata*）	叶片发病多从叶尖和叶缘开始，最初产生不规则褐色小斑，以后扩大为半圆形或不规则形暗褐色病斑。茎和顶梢受害后呈褐色，顶端下垂或折倒。潮湿时病部产生黑色霉层	病原菌随病残体在土壤中越冬，翌年产生分生孢子引起初侵染。病株上产生的分生孢子借风雨传播又可引起多次再侵染。6月开始发病，7月中旬以后病害逐渐减轻。多雨季节常造成整片叶死亡

甘草病害

甘草（*Glycyrrhiza uralensis* Fisch.）属于豆科甘草属多年生草本植物，别名国老、甜草、红甘草等，通常认为包括胀果甘草和光果甘草。甘草的根和根茎春、秋两季采挖，除去须根，晒干入药。

野生甘草资源从我国东北的黑龙江、辽宁、吉林，华北的河北、山西、内蒙古，西北的陕西、甘肃、宁夏、青海直到新疆均有分布。而在黑龙江、吉林、辽宁、内蒙古、山西、河北、宁夏、甘肃和青海、陕西、新疆均有人工种植甘草分布，并呈现东西长、南北较窄的条带状分布。甘草具有补脾益气、清热解毒、祛痰止咳、缓急止痛、调和诸药之功效。用于脾胃虚弱、倦怠乏力、心悸气短、咳嗽痰多、脘腹、四肢挛急疼痛、痈肿疮毒、缓解药物毒性和烈性，素有"十方九草"之称。

甘草主要病害有根腐病、叶斑病、锈病、褐斑病和白粉病等，其中根腐病为害较为严重。

第一节　甘草根腐病

甘草根腐病是新疆、甘肃甘草种植园中发生较为普遍且严重的土传病害，通常5月中旬始发，部分基地4月开始发病，6—9月为病害高发期，田间发病率通常为5%～10%，严重田块可达80%。甘草根腐病是甘草生产的重要限制因素，给甘草生产造成巨大的经济损失，这导致许多地区甘草减产和质量下降。

【症状】

发病前期，叶片发黄萎蔫，主根及须根呈现黄褐色，继而转为深褐色。由根部向茎秆扩展蔓延。发病中期地上部通常矮小，叶片萎缩、发黄、萎蔫。发病后期，叶片枯萎脱落，茎秆腐烂，表皮层和木质部分离，残留木质部纤维和碎屑，或根部呈水渍状腐烂，甚至全株倒苗死亡（图11-1）。

【病原】

甘草根腐病病原菌为子囊菌无性型镰孢菌属（*Fusarium*）真菌，单株侵染或多株复合侵染引起，包括腐皮镰孢菌 [*F. solani* (Mart.) Appel et Wollenw. ex Snyder et Hansen]、尖孢镰孢菌（*F. oxysporum* Schltdl. ex Snyder et Hansen）和拟轮枝镰孢菌 [*F. verticillioides* (Sacc.) Nirenberg]（图11-2）。其中，根据全国不同甘草主产区样本病原菌鉴定情况，尖孢镰孢菌和腐皮镰孢菌为数量上的优势菌。尖孢镰孢菌气生菌丝棉絮状，菌丝多而紧实，呈白色、暗红色、紫色、粉红色、蜡黄色等，生长后期部分菌株会出现菌丝球。大型分生孢子呈纺锤形，顶细胞尖，具有足胞，孢子多数具有3～5个分隔，大小为（29.59～52.62）μm×（6.35～8.44）μm；小型分生孢子假头状生，多为肾形、卵圆形，大小为（7.87～14.12）μm×（3.92～6.72）μm。腐皮镰孢菌气生菌丝少，黄白色至浅灰色，呈同心轮纹状，中央有土黄色黏孢团。不同菌株孢子形态、大小差异较大，形状有镰刀形、椭圆形、卵圆形等，具基足胞。小型分生孢子分隔数多为0 ~ 1个，大小为（4.24 ~ 8.46）μm×（1.64 ~ 3.63）μm；大型分生孢子分隔数多为3 ~ 5个，大小为（13.46 ~ 19.21）μm×（2.59 ~ 3.98）μm。菌落生长较旺盛，气生菌丝呈卷毛状，整体呈毡状，初期为白色，随着培养时间的延长变深，培养基背面可见橘黄色色素。拟轮枝镰孢菌大型分生孢子狭长，顶细胞尖而略有弯曲，具足胞，孢子多具3 ~ 5个分隔，大小为（11.84 ~ 29.36）μm×（1.07 ~ 2.81）μm；小型分生孢子多为无隔棒形，大小为（6.69 ~ 16.10）μm×（2.87 ~ 4.84）μm。

图 11-1　甘草根腐病症状

a、b.茎秆症状　c、d.根部症状　e.整株症状

【发生规律】

甘草根腐病在不同地区、不同种植基地发病时间、发病程度稍有不同。通常5月中旬始发，部分种植基地4月开始发病，6—9月为病害高发期。病原菌能够在残茬上或者土壤中越冬，在土壤中越冬时，病原菌形成菌核、休眠菌丝和菌丝体等结构，从而抵御不良环境。同时，这些越冬后的病原体也是根部病害的初侵染源，在适宜的条件下，病原体萌发并侵染根部皮层，然后对根维管束及内部组织造成损害。甘草根腐病一般在高温高湿、土壤排水不畅地块会大面积发病，根茎上的伤口有利于病原菌的侵染，连作年限长的地块同样有利于该病的发生。同时，土壤、种子等的消毒处理技术与病害的发生密切相关。

【防控措施】

1.农业防治

（1）选地。甘草栽培适宜选择以沙壤土为主的平坦地域，半阴半阳的山坡或荒山、低洼积水地、黏性土壤、排水不畅的田块均易发病。

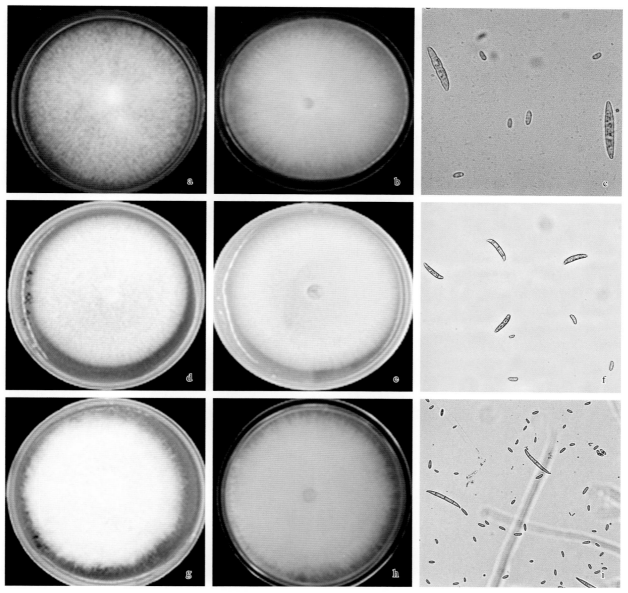

图 11-2　甘草根腐病病原菌形态

a、b.尖孢镰孢菌培养性状　c.尖孢镰孢菌分生孢子　d、e.腐皮镰孢菌培养性状　f.腐皮镰孢菌分生孢子
g、h.拟轮枝镰孢菌培养性状　i.拟轮枝镰孢菌分生孢子

（2）加强栽培管理。忌连作和栽培密度大，连作年限越长，发病越重。新栽地和轮作地发病率低。甘草生长期内及时清理发病植株残体，并在周围撒上草木灰消毒，防止病情扩散。施足底肥，提高植株抵抗力，宜与禾本科植物轮作。

2.生物防治　栽种或育苗阶段在土壤中施放哈茨木霉菌、盾壳木霉菌等生防菌，可以起到防病作用。使用时考虑土壤和环境条件等因素按照产品说明来进行使用，木霉菌使用时可添加适量米糠或豆粕以促进田间木霉菌增殖，也可促进木霉菌在田间的分散，使用量为木霉菌的 20～40 倍。灌根、喷雾：每千克复合木霉对水 100L 以上培菌扩繁，扩繁时每千克复合木霉添加 250～500g 红糖进行辅助培菌。最佳扩繁水温为 25～30℃，扩繁培菌 4～8h。扩繁后对水稀释 300～500 倍进行灌根，喷雾施用。处理土壤：将复合木霉菌剂和育苗基质以 1kg 稀释 300～500 倍的比例充分混匀后直接播种。拌种或浸种：将每千克复合木霉菌剂稀释 100 倍，浸种 2h 后播种，或者播种前每千克种子用 10～20g 菌粉拌种后直播。根部处理：移栽前，用复合木霉菌剂 1kg 稀释 100 倍浸根 30min，然后定植；移栽后，可用 300～500 倍液灌根。制作生物肥：每吨有机肥中可添加 1～1.5kg 复合木霉菌剂或直接混到农作物废弃物粉末（米糠、锯末、草粉等）中作为生物肥料使用。

3.化学防治

（1）土壤消毒。土壤处理时，可用50%多菌灵可湿性粉剂7～8g/m²或三元消毒粉（配方为草木灰：石灰：硫黄粉=50：50：2）7.5kg/m²进行土壤消毒。

（2）药液浸苗。用多菌灵与甲基立枯磷1：1混配，稀释200倍浸苗5min，晾1～2h后移栽。

（3）药液喷淋或灌根。发病初期喷淋或浇灌50%甲基硫菌灵或多菌灵可湿性粉剂800～1000倍液、50%苯菌灵可湿性粉剂1500倍液。

第二节　甘草叶斑病

甘草叶斑病是新疆、甘肃甘草种植园中发生较为严重的叶部病害之一，严重时发病率可达80%，是甘草生产的限制因素之一。

【症状】

该病主要为害叶片，亦可为害茎部。从下部老叶开始发病，逐渐向上蔓延。发病初期病斑如针尖大小，褐色，圆形或椭圆形，少有不规则形。病斑中部颜色较深，边缘较浅，并有不明显的黄色褪绿晕圈，叶背面病斑呈黄褐色。病斑逐渐扩大成圆形、椭圆形或不规则形，深褐色，发病严重时病斑连片，造成叶片枯死（图11-3）。茎部染病，可产生与叶相似的症状，但多从叶腋处先发生，并向新生枝及主茎扩展，造成病部变褐、凹陷，病斑多为圆筒形或长椭圆形。严重时，病斑可以布满茎表面，并可串连成片，使茎的表皮呈黑褐色，严重影响养分的运输，造成植株生长衰弱，部分病株枯死。

图11-3　甘草叶斑病症状

a.田间发病症状　b.叶部症状

【病原】

甘草叶斑病病原菌为子囊菌无性型链格孢属（*Alternaria*）真菌，包括链格孢菌 [*A. alternata* (Fr.) Keissl.]、细极链格孢菌 [*A. tenuissima* (Fr.) Wiltshire] 和蔷薇链格孢菌（*A. rosae* E.G. Simmons et C.F. Hill）。根据全国不同甘草主产区样本病原菌鉴定情况，链格孢菌和细极链格孢菌为数量上的优势菌。

链格孢菌培养初期，白色菌丝呈放射状生长，后逐渐变为灰白色、灰色或黑色；菌落多绒毛状，边缘整齐，背面能看到产生的墨绿色或黑色色素，菌丝发达，培养7d可长满培养皿。在显微镜下，病原菌的菌丝无色，具隔膜，淡褐色或褐色。分生孢子梗直立或屈膝状弯曲，具分隔，着生于菌丝末端或侧面。PCA培养基中分生孢子以短孢子链着生于分生孢子梗顶端或侧面，分生孢子侧面与基部亦可萌生次生分生孢子梗而形成具特征性的短分枝孢子链，形似树状。分生孢子淡褐色或褐色，近椭圆形、卵形、倒棍棒状，有1～6个横隔膜，0～4个纵或斜隔膜，具单细胞假喙或真喙，分隔处略缢缩或不缢缩，大小为（24.22～44.67）μm×（13.55～23.45）μm（含喙）（图11-4a～c）。

细极链格孢菌菌落圆形，菌丝初为白色，后逐渐变为灰色或墨绿色，绒状，边缘整齐，背面深橄榄绿色或黑色。气生菌丝发达，茂密，生长迅速，7d后可长满培养皿。在PCA培养基上分生孢子链状着生，不分支或偶有分支。分生孢子浅褐色或褐色，长椭圆形、倒棍棒状，少数倒梨形，有1～6个横隔膜，0～4个纵或斜隔膜，分隔处有明显缢缩现象。成熟的分生孢子至少有1个主横隔膜，因较粗而颜色加深，呈现黑褐色，大小为（28.16～62.59）μm×（8.89～20.81）μm（含喙）。分生孢子梗淡褐色，多数单生于菌丝侧面，少有分支，直立或略弯曲，有分隔。具柱状、锥状真喙或假喙，浅褐色，有隔膜，基部略膨大（图11-4d～f）。

蔷薇链格孢菌菌落初期中心呈现致密墨绿色毡状，边缘为白色且整齐，背面具黄褐色同心轮纹。气生菌丝稀疏，为白色，菌落粗糙，后由中间向边缘逐渐由白变为墨绿色。菌落生长迅速，7d后可长满培养皿。在PCA培养基上分生孢子呈短链状着生，多具次生分支。分生孢子浅褐色或褐色，椭圆形或倒梨形，有2～4个横隔膜，0～4个纵或斜隔膜，分隔处不缢缩或略缢缩，具锥状真喙，大小为（18.96～37.11）μm×（11.54～19.11）μm（含喙）。分生孢子梗淡褐色，多数单生于菌丝侧面，具分支，直立或弯曲，有分隔（图11-4g～i）。

【发生规律】

甘草叶斑病在不同地区、不同种植基地发病时间、发病程度稍有不同。通常始发于6月，部分基地5月中下旬开始发病，8—9月进入雨季时为病害高发期。一般在高温高湿地块会大面积发病。病原菌可以在田间病残体上越冬成为田间初侵染来源，且是主要的侵染源，种子带菌次之。病害发生流行与温湿度关系密切，在温度适宜的情况下，湿度越大越有利于发病，湿度是病害发生和流行的主导因素。种植地选在高燥地区较平坦或低洼地区发病轻，同时轮作也可有效降低发病。

【防控措施】

1.农业防治

（1）合理轮作。进行2年以上的轮作，以使病残体彻底降解。

（2）加强栽培管理。发现病株及时拔除并销毁，以减少田间菌源。越冬病株是该病发生的初侵染源，当甘草地上茎、叶枯萎时将其割去并集中销毁，彻底清除田间病残体。甘草采挖后清除田间病残体及周围杂草，并进行深埋，减少翌年初侵染源。合理控制栽培密度，选择合适的株行距，另外剪掉植株内膛郁闭枝，保证树体通风透光。

（3）合理施肥。肥力要适当，氮、磷、钾肥配合施用，避免偏施氮肥，适当增施钾肥，使植株健康生长，提高植株抗病能力。

2.生物防治
生防菌剂深绿木霉对链格孢菌生长有抑制作用（抑菌率73.9%），且研究表明其抑制程度与孢子浓度的变化关系不大，即深绿木霉在很低浓度下就对链格孢菌具有明显抑制作用。还有研究表明枯草芽孢杆菌对链格孢菌有显著防效。由于不同生防菌剂有效菌不同，各种菌剂使用剂量也是不同的。以枯草芽孢杆菌（400亿/g）为例介绍使用方法。育苗：每平方米用2～5g枯草芽孢杆菌拌土撒入苗床，与适量化肥混合为好。滴灌：整个生育期滴灌2～3次，可将枯草芽孢杆菌加入营养

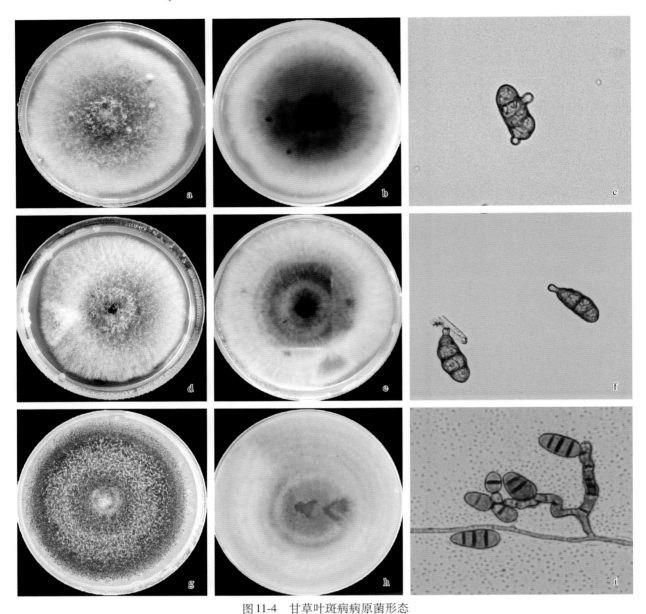

图11-4 甘草叶斑病病原菌形态

a、b.链格孢菌培养性状 c.链格孢菌分生孢子 d、e.细极链格孢菌培养性状 f.细极链格孢菌分生孢子
g、h.蔷薇链格孢菌培养性状 i.蔷薇链格孢菌分生孢子

液中进行滴灌。喷雾：在病害发生前或发病初期，对水200～500倍，对叶面及根颈部进行喷施，尽量做到均匀周到，每隔5～7d喷雾1次，可以连续使用。为了减少紫外光对枯草芽孢杆菌的伤害，以在傍晚喷施为宜。如喷后遇雨，需重喷1次。但若喷雾后超过3h下雨，原则上不再补喷。喷雾和蘸根时，稀释用水不能太多，要保证所用菌剂的稀释菌液全部用于计划单位面积。菌液稀释和喷洒要尽可能均匀。冲施：对水形成母液后随水冲施，每亩用量200～400g。撒施：单独施用或与细土、农家肥、化肥等混合均匀后施用，施后及时翻耕入土，每亩用量200～400g。灌根：在作物移栽后，对水500～1 000倍灌根。拌种：每亩用量为50～200g，当每亩种子用量超过10kg时菌剂用量加倍。若拌块根、块茎一般不加大用量。也可用广谱抗菌农药嘧啶核苷类抗菌素1 200～1 500倍液，每隔7～10d喷1次，连喷2～3次。

3.化学防治 有多种杀菌剂对链格孢菌的生长均有抑制作用，但不同药剂之间有差异。综合各种杀菌剂抑菌效果，甲霜灵·锰锌、波尔多液、甲基硫菌灵、戊唑醇、吡唑醚菌酯、苯醚甲环唑等药剂都可以用于甘草叶斑病的防治。或喷施1∶1∶（100～160）波尔多液或70%甲基硫菌灵可湿性粉剂1 500 ～ 2 000 倍液。或喷施80%戊唑醇水分散粒剂5 000 ～ 7 000 倍液、50%吡唑醚菌酯水分散粒剂2 000 倍液、10%苯醚甲环唑水分散粒剂750 倍液，每隔10d喷施1次，连续施药2次，可以有效防治甘草叶斑病。

第三节　甘草锈病

锈病是甘草上最严重的病害之一，为害植株整个地上部分，严重影响甘草地上部分的生长以及光合作用，且在甘草整个生长季及不同种植年限的甘草上均普遍发生。该病在甘肃、新疆、内蒙古、宁夏甘草种植地区都有发生，一些种植区发病率最高可达100%，对甘草的品质和产量造成严重影响。

【症状】

甘草锈病为害叶片、叶柄、幼茎等地上部分。野生甘草多为系统性症状，引起整株矮化、黄化和畸形，直至枯死。病斑主要在叶背和幼茎密生，叶面亦可产生黄褐色孢子堆，长椭圆形，表皮破裂后散出大量褐色粉末，即病原菌的夏孢子堆。8—9月形成黑褐色的小型疱状冬孢子堆（图11-5）。

图11-5　甘草锈病症状

a.茎部发病初期症状　b.茎部发病后期症状　c.发病后期植株枯死

【病原】

甘草锈病病原菌为担子菌门单胞锈菌属甘草单胞锈菌 [*Uromyces glycyrrhizae* (Rabenh.) Magnus]。显微镜下观察冬孢子呈椭圆形或倒卵形，具短柄或无柄，孢子大小为（22.9 ～ 30.9）μm×（19.1 ～ 23.1）μm，顶壁厚1.5 ～ 3.8μm，侧壁厚1.2 ～ 2.4μm；夏孢子近圆形，表面具刺，孢子大小为（22.9 ～ 27.3）μm×（17.7 ～ 26.1）μm，侧壁厚1.3μm。因采集地区不同形态有些许差别（图11-6）。

【发生规律】

甘草锈病在野生和人工栽培甘草上均可发生，是甘草产区最主要的病害之一。病原菌甘草单胞

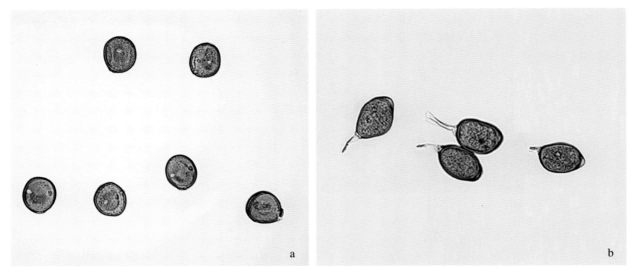

图11-6　甘草锈病病原菌形态
a.夏孢子　b.冬孢子

锈菌为全孢型锈菌，即性孢子、锈孢子、夏孢子、冬孢子、担孢子各形态孢子均完整存在。甘草单胞锈菌为单性寄生菌，其冬孢子和夏孢子均能在甘草上越冬，故无转主寄主。甘草锈病的初侵染菌源有三种孢子类型，即夏孢型、混合型、性孢型。其中夏孢型的初侵染源为越冬后的夏孢子，性孢型的初侵染源为越冬后的冬孢子，而混合型的初侵染源为越冬后的夏孢子和冬孢子混合体。另外，夏孢子和冬孢子均是通过侵染甘草根蘖芽或腋芽组织后，在根蘖芽或腋芽上越冬，抵御寒冷环境。越冬后的夏孢子在适宜的条件下萌发，可直接对甘草造成侵染。越冬后冬孢子萌发对甘草植株造成侵染，侵染后冬孢子的初生菌丝逐渐生长萌发形成性孢子器，性孢子器继续生长发育，部分在全株植物上产生大量性孢子器，性孢子继续在叶片上形成夏孢子，然后夏孢子再对田间植株造成侵染。与夏孢子相比，锈孢子侵染能力有限，不会造成锈病流行，是一种过渡阶段，夏孢子才是造成锈病流行的原因。依照上述发病规律可以看出，锈病流行后存在两个发病高峰，第一个在6月，主要由夏孢型（夏孢子越冬）造成，并造成叶片枯死，该时期也是发病盛期。第二个在9月，主要由性孢型（冬孢子越冬）造成，9月后冬孢子在叶片造成花叶，病害达到另一个高峰。甘草锈病发病愈早，为害愈重，可造成大量植株死亡。植株间具有明显抗病性差异，常见重病株已枯死，而邻近植株不发病，对其发病机理有待进一步研究。

【防控措施】

1.农业防治

（1）加强栽培管理。收获后彻底清除田间病残体。选未感染锈病、生长健壮的植株留种。冬春灌水，秋季适时割去地上茎、叶，以减轻病害的发生。

（2）选育和使用抗病品种。锈菌是单性寄生菌，选用抗病品种防治此病是最有效的方法。

（3）合理播种。相同片区尽量不要播种单一甘草品种，要将几种甘草品种进行混播，可防止锈病蔓延，降低损失。收种田的行距要宽一些，患锈病的甘草提前刈割，也可降低锈病的发病率和传播率。

（4）合理施肥。不要单施氮肥，也要施磷、钾、钙肥，可以提高植株对锈病的抗性。

（5）合理排灌。适当浇水，田间不应有积水，勿使草层湿度过大，以减轻病害。

2.生物防治　
目前，国内外对甘草单胞锈菌所致的锈病生物防治研究甚少，但有多项研究表明木霉菌和芽孢杆菌对多种作物锈病有明显的防治效果，哈茨木霉菌、解淀粉芽孢杆菌等微生物菌剂对锈菌菌丝有拮抗作用。嘧啶核苷类抗菌素也可防治锈病，可用4%嘧啶核苷类抗菌素水剂600～800倍液或2%嘧啶核苷类抗菌素水剂300～500倍液，在发病初期喷药，隔7～10d喷雾1次，连施2～3次。

3.化学防治　
发病初期用25%三唑酮可湿性粉剂1 000倍液防治，也可用0.3波美度石硫合剂或

65%代森锌可湿性粉剂500倍液或67%敌锈钠200倍液喷雾防治，同时喷施新高脂膜保护药效，提高防治效果，每7～10d喷1次，连喷2～3次。

第四节 甘草白粉病

甘草白粉病是甘草田间经常发生的叶部病害，主要发生在甘肃、新疆等地，在甘肃的民勤、静宁、榆中等地发生比较严重，其中静宁发病率最高达38.6%，病情也最为严重，同时田间发生白粉病的叶片上还混杂着其他叶斑病害。另外该病在温室中也自然发生。该病严重影响甘草的光合作用和新陈代谢，发病严重的甘草叶片组织变黄、干枯，最终叶片掉落，对甘草生产影响较大。

【症状】

甘草白粉病为叶部病害，发病初期叶片上形成针头大小的白色粉霉斑，后扩展成绿豆粒大小，随后整个叶片被白粉覆盖，最后铺满全叶、花轴和幼茎。后期白色霉层脱落，病斑上生出许多黑色小点（图11-7）。

图11-7 甘草白粉病田间症状

【病原】

甘草白粉病病原菌为子囊菌门白粉菌属真菌蓼白粉菌（*Erysiphe polygoni* DC.）。病原菌闭囊壳近圆形，褐色至黑褐色，附属丝菌丝状，内有4～6个无柄或有柄子囊，子囊中有2～6个椭圆形子囊孢子。分生孢子呈椭圆形，在分生孢子梗上单生（图11-8）。

【发生规律】

甘草白粉病以春季（5—6月）和秋季（9—10月）发生较多，为发病高峰期。我国北方地区主要在春季发病，秋季发生少，也有的地区可周年发生。病原菌靠气流传播，可在田间引起二次侵染，孢子萌发最适温度是25～28℃，最适宜的相对湿度为50%～80%，强光照不利于病原菌的生长。所以，雨后转晴或昼夜温差较大的闷热天气特别有利于白粉病的发生和流行。由于病原菌是直接或通过气孔、皮孔侵入寄主植物器官表皮的，因此，寄主植物的器官表皮性状会直接影响被害程度。病原菌

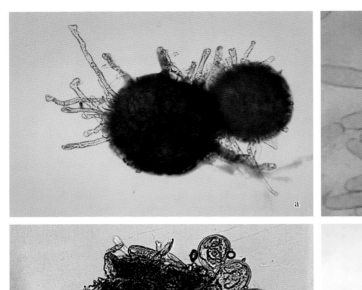
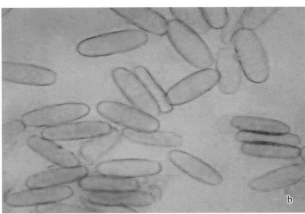
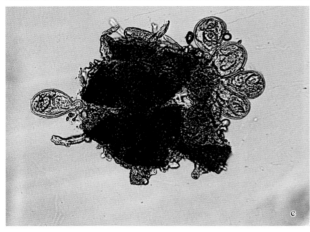

图 11-8　甘草白粉病病原菌形态

a.闭囊壳　b.分生孢子　c.子囊孢子　d.产孢结构

常以闭囊壳随植株残渣在土壤中越冬。光照不足、氮素施用过多、徒长的植株，因器官表皮薄嫩，白粉病的发生率和被害程度高。

【防控措施】

1.农业防治

（1）加强田间管理。及时销毁病株残叶，以减少菌源。改善通风透光条件，不要采用种植密度过大的栽培模式。在定植前要尽可能提高光照水平和通风透光条件。

（2）选用抗病品种。甘草不同品种之间对白粉病抗性存在显著差异，所以首先要选择利用抗病品种。

（3）平衡施肥。补充钙、硅肥，甘草薄嫩的表皮容易遭受白粉病菌的侵染，在甘草生长早期和快速生长阶段，尤其是枝叶密度较大的田块中，除了注意土壤平衡施肥以外，叶面补充钙和硅，对提高植株的抗病能力有明显的效果。

2.生物防治　
解淀粉芽孢杆菌、哈茨木霉菌等生物制剂可防治甘草白粉病。另外，还可利用食菌瓢虫取食白粉病菌进行防治。因为白粉病传播速度非常快，常规生物农药很难控制，所以使用复合型微生物菌剂（哈茨木霉菌＋枯草芽孢杆菌）进行防治是比较好的选择。喷施生防菌剂时一定注意不留死角，要注意时机，上午升温后，下午降温后，雨过天晴时重点喷施。如果局部发病很重，可以适当缩短用药间隔期。

3.化学防治　
白粉病常发地块，在未发病前要及时喷施药物进行预防。于早春植株萌动前，喷施1次50％多菌灵可湿性粉剂600倍液，可杀死越冬病菌。植株展叶后，每隔半个月喷施1次50％多菌灵可湿性粉剂1 000倍液，连续3～4次，巩固预防效果。在白粉病初发时可喷50％苯菌灵可湿性粉剂1 000倍液、15％三唑酮可湿性粉剂1 000倍液、0.2～0.3波美度石硫合剂、50％甲基硫菌灵可湿性粉剂 800 倍液、50％代森铵水剂 600 倍液。每隔 7 ～ 10d 喷 1 次，喷药时先叶后枝干，连喷 3 ～ 4 次，可有效控制病害发生。病情蔓延后，可喷 40％多菌灵可湿性粉剂 1 500 倍液或 25％三唑酮可湿性粉剂 1 500 倍液，连喷 2 ～ 3 次，每隔 10 ～ 15d 喷 1 次。

第五节　甘草偶发性病害

甘草偶发性病害主要有甘草褐斑病、甘草壳二孢轮纹病、甘草灰霉病、甘草链格孢黑斑病、甘草病毒病、甘草立枯病、甘草叶点霉叶斑病、甘草茎点霉叶斑病等，在适宜的环境条件下发生，也会对田间栽培甘草的产量和品质造成一定的影响（表11-1）。

表11-1　甘草偶发性病害特征

病害（病原）	症　状	发生规律
褐斑病 (*Cercospora glycyrrhizae*)	主要为害叶片，叶部产生中型病斑，通常在叶脉一侧或主脉与侧脉分叉处的三角区发生，呈多角形、不规则形、长条形，褐色至黑褐色，病斑上产生黑色点状霉状物，后期病斑上覆盖一层厚厚的黑色霉状物	7—8月高温季节，降雨多、露重、湿度大时病害发生严重。育苗地发生较轻，二年生田发生严重。栽培甘草发病重于野生甘草（除甘草褐斑病以外的以下病害均发生在栽培甘草上）
壳二孢轮纹病 (*Ascochyta onobrychidis*)	叶面产生中型圆形、椭圆形病斑，褐色，其上有轮纹，后期生有黑色小颗粒，即病原菌的分生孢子器	病原菌在田间病株或病残体上越冬，也可在种子上越冬。潮湿凉爽的气候条件有利于此病的发生。病害随种植年限的延长而加重
灰霉病 (*Botrytis cinerea*)	主要为害叶片，病害多自叶尖或叶片中部产生大中型圆形、半圆形病斑，红褐色、粉红褐色，病斑表面稍呈粉状。病健组织交界处不明显，叶背有稀疏的褐色丝状物	病原菌喜温湿条件，潮湿的气候条件有利于病害的发生。管理粗放，植株生长衰弱，病情加重
链格孢黑斑病 (*Alternaria azukiae*)	多自叶尖或叶缘发生，向内扩展呈半椭圆形至椭圆形病斑，褐色、淡褐色，后期病斑中部变黑褐色，生有少量霉层	常始发于6月底，流行于8月，并在9月达到高峰，降水量多少和降水频率与该病的流行呈正相关
病毒病 (病原病毒待定)	病株叶部产生淡绿与深绿相间的花叶，严重时叶片畸形	6—8月轻度发生
立枯病 (*Rhizoctonia solani*)	主要为害幼苗茎基部或地下根部，初为椭圆形或不规则暗褐色病斑，病苗早期白天萎蔫，夜间可恢复正常，病部慢慢有缢缩凹陷，有些渐变成黑褐色，病斑向下蔓延至根部，最后甘草苗枯死，但不倒伏	甘草立枯病发生在人工栽培甘草的育苗期。未进行种子消毒处理或土壤湿度过大时发病严重，造成大片幼苗死亡
茎点霉叶斑病 (*Phoma herbarum*)	主要为害叶片和茎秆，初期症状为叶片和茎秆上形成黑色、圆形至不规则形小点。随着病害的发展，一些圆形黑点聚合，会形成黑色病斑，因此发病茎秆会呈黑色。有时茎秆上的病斑还会造成部分茎秆组织开裂	该病的发病规律还有待进一步研究

第十二章 PART TWELVE

葛 病 害

葛 [*Pueraria montana* var. *lobata*（Willdenow）Maesen & S. M. Almeida ex Sanjappa & Predeep] 属豆科葛属植物，又称葛藤、野葛，以其干燥根入药，名葛根。葛在我国除新疆、青海及西藏外，均有分布。葛根是我国最常见的中药材之一，始载于《神农本草经》，具有解肌退热、生津止渴、透疹、升阳止泻、通经活络、解酒毒等功效。

葛的主要病害有拟锈病、锈病和根腐病。

第一节 葛拟锈病

葛拟锈病是葛种植中最严重的一种病害，轻则影响叶片光合作用，导致葛根产量及品质下降；重则使得叶片皱缩、卷曲，嫩藤扭曲，叶片黄化脱落，发病3d左右就可导致毁园，给药农带来极大损失，也给葛产业发展造成严重阻碍。该病在大叶粉葛、细叶粉葛及野生粉葛上普遍发生，一般田块病株率5%～10%，严重的达90%。

【症状】

葛拟锈病为害葛的叶片、叶柄及茎，在叶片上以沿叶脉处病斑最多（图12-1a、b）。发病初期对光看时可见叶脉周围和叶柄有褪绿黄斑，病斑进一步发展，黄斑呈黄色疱状隆起，用手挤破时，有黄色脓状物（病原菌的孢子囊和游动孢子）溢出。后期疱状物破裂，散出橙黄色粉末，其病斑所散出的粉状物似锈病，所以暂称之为拟锈病。由于受害细胞膨大，故病斑后期呈菌座状肿大，在茎上呈肿瘤状（图12-1c）。病斑表面粗糙，将表皮划开，可见里面充满橙黄色孢子（囊）堆，严重受害的叶片和叶柄因生长发育不均呈畸形，最后变黄萎蔫枯死。

【病原】

葛拟锈病病原菌为壶菌门集壶菌属真菌葛藤集壶菌（*Synchytrium puerariae* Miy），异名：小集壶菌 [*Synchytrium minutum*（Pat）Gaum]，是葛属植物上的内生、专性寄生菌。病原菌游动孢子囊圆形或近圆形，颗粒状，内含橙色物质，大小为（20.00～26.25）μm×（18.75～25.00）μm。游动孢子囊在10～35℃下均可萌发，最适萌发温度为35℃，致死温度为46℃；在pH为3～11环境下均可萌发，最适萌发pH为6～8。游动孢子囊成熟后遇水破裂，释放出具单根鞭毛的游动孢子。

【发生规律】

病原菌的孢子囊和游动孢子通过风和雨水进行重复侵染和传播。通风不良、低洼潮湿地以及植

图12-1 葛拟锈病症状

a、b.叶片发病症状 c.茎干发病症状

株下部较荫蔽处发病相对较重，但在多雨年份或多雨季节植株上部叶片及嫩茎均可发病。通风、干燥的地块及搭架、向阳地发病轻，反之则重，说明湿度是此病发生的关键因素。每年5月初始见零星发生，到翌年1月收获期都有发生。目前未发现该病原菌寄生其他作物。

【防控措施】

1.农业防治 加强栽培管理措施，高畦宽行种植，增强株间通透性，降低田间湿度。

2.药剂防治 可用58%甲霜灵可湿性粉剂1 500倍液、64%锰锌·噁霜灵可湿性粉剂1 000倍液或72%霜脲·锰锌可湿性粉剂1 500倍液，于发病初期喷雾，不同药剂交替使用。

第二节 葛 锈 病

葛锈病是葛的主要病害之一，广泛分布在全国各大葛种植区，一般发病率5%～30%。

【症状】

葛锈病主要为害叶片。发病初期，叶背现针头大小的黄白至浅褐色小疱斑，后疱斑表皮破裂，散出黄褐色粉状物，即病原菌的夏孢子团。发病严重时，叶背疱斑密布，散满锈色粉状物，甚至叶片变形，致植株光合作用受阻，水分蒸腾量剧增，导致叶片逐渐干枯，影响地下块根膨大而致减产（图12-2）。

图 12-2　葛锈病症状

【病原】

葛锈病病原菌为担子菌门层锈菌属真菌豆薯层锈菌（*Phakopsora pachyrhizi* Syd. et P. Syd.）。病原菌夏孢子堆为棕褐色，生在寄主表皮下，梨形或卵圆形，内有侧丝，基部联合，顶端有孔。夏孢子堆成熟后表皮破裂，散出夏孢子（图 12-3）。夏孢子近球形至卵形，单细胞，黄褐色，表面密生刺突，具 4 ～ 5 个不明显的萌芽孔，大小为（22.4 ～ 35.2）μm ×（14.4 ～ 25.6）μm。冬孢子堆埋没于寄主组织内，淡黄褐色至淡褐色，长柱形或不规则形，表面光滑，大小为（13 ～ 25）μm ×（8 ～ 12）μm。最上层孢子顶壁常变厚。1 个担子形成 1 ～ 3 个担子梗，顶生担孢子（图 12-4）。

图 12-3　葛锈病病原菌夏孢子堆

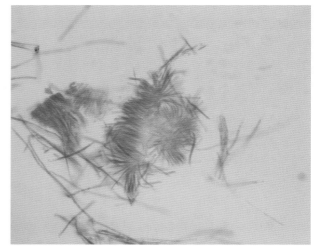

图 12-4　葛锈病病原菌冬孢子

【发生规律】

葛锈病在发病时病叶率为 10% ～ 50%，因葛生育时期和地块位置不同而有较大差异。病原菌在广西北部以冬孢子越冬，翌年冬孢子萌发产生的担子和担孢子作为初侵染源侵染致病，而以夏孢子作为再侵染源，借助气流传播不断侵染致病。在广西南部病原菌则以夏孢子作为初侵染源与再侵染源完成病害周年循环，冬孢子不产生或很少产生，其在病害循环中所起的作用并不重要。病原菌除为害粉葛外，还可为害大豆等豆科作物。通常温暖多雨的天气有利于发病，湿度是本病发生流行的决定因素。目前未发现品种间抗病性有明显差异。

【防控措施】

1.农业防治 葛锈病的发生流行同湿度关系最大，需注意增强株间通透性，降低田间湿度。

2.药剂防治 发病初期用15%三唑酮可湿性粉剂（或乳油）1 500～2 000倍液等药剂喷施，要均匀喷施叶片正、反两面。

第三节　葛根腐病

葛根腐病是葛生产上普遍发生的一种土传病害，严重威胁葛的生长发育，降低葛的产量和品质。

【症状】

葛根腐病主要为害葛块根及茎蔓基部，苗期及块根形成期均可染病。苗期染病，在吸收根的尖端或中部表皮出现水渍状褐色病斑，严重者根系褐腐坏死，致地上部植株矮小，生长缓慢，基部叶片过早变黄脱落，植株上部显现萎蔫症状。块根形成期染病，初期在块根表皮形成红褐色近圆形至不规则形稍凹陷的斑点，后期病斑密集，互相融合，形成大片暗褐色斑块，表面具龟裂纹，皮下组织变褐色干腐。横切块根可见维管束变红褐色，后期块根呈糠心型黑褐色干腐（图12-5）。

【病原】

葛根腐病病原菌为子囊菌无性型镰孢菌属真菌腐皮镰孢菌 [*Fusarium solani* (Mart.) Appel et Wollenw. ex Snyder et Hansen]。腐皮镰孢菌菌落在PDA培养基上白色，近圆形，绒毛状，菌丝内有横隔膜将菌丝分隔成若干段，每一段都含有细胞质及一个或多个核。病原菌产生大、小两种类型分生孢子。大型分生孢子梭形至月牙形，无色透明，两端较钝，具2～4个隔膜，多为3个，大小为（22.5～37.5）μm×（3～4）μm；小型分生孢子纺锤形至卵圆形，具0～1个隔膜，大小为（4.5～24）μm×（2.5～4）μm（图12-6）。

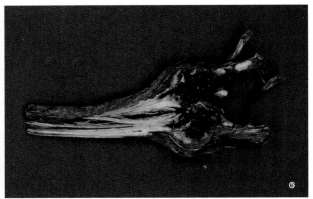

图12-5　葛根腐病症状

a.植株发病症状　b.茎秆发病症状　c.根部发病症状

【发生规律】

葛根腐病4—5月开始零星发生，到翌年1月收获期内都有发生，但以5—9月发病最多，与这段时期的多雨气候密切相关。轻病田病株率为10%～20%，重病田病株率达50%～80%，主要通过带土的病种苗、种块及水流传播。

【防控措施】

采取农业防治为基础，增强植株抗病性为重点，合理运用化学防治的综合防治对策。

1.清洁田园　收获后要彻底清除植株病残体。

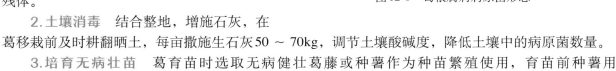

图12-6　葛根腐病病原菌形态

2.土壤消毒　结合整地，增施石灰，在葛移栽前及时耕翻晒土，每亩撒施生石灰50～70kg，调节土壤酸碱度，降低土壤中的病原菌数量。

3.培育无病壮苗　葛育苗时选取无病健壮葛藤或种薯作为种苗繁殖使用，育苗前种薯用50～55℃热水浸泡15～20min进行消毒处理。

4.药剂防治　病株率达10%以上的田块，可在农业防治的基础上实施化学防治。可用50%多菌灵可湿性粉剂800倍液与适量细土混合均匀配制成毒土施入种植穴内，尽量避免药剂与葛根系接触，以免发生药害。收获前80d禁止使用。

第四节　葛细菌性叶斑病

葛细菌性叶斑病是葛叶部的主要病害之一。该病害在全国各大葛种植区发生分布广泛，一般发病率10%～30%。

【症状】

叶片染病，病斑初期呈淡绿色水渍状，透光观察近半透明，后期渐变淡褐色或褐色。病斑受叶脉限制呈多角形。湿度大时，叶片背面可见稀薄菌脓，干燥后呈蛋清状有光泽的胶膜状物（图12-7）。

图12-7　葛细菌性叶斑病症状

【病原】

葛细菌性叶斑病病原菌为野油菜黄单胞菌（*Xanthomonas campestris*），属变形菌门 γ - 变形菌纲黄单胞目黄单胞科黄单胞属细菌。菌体杆状，极生单鞭毛，营化能异养型，革兰氏染色阴性（图12-8）。

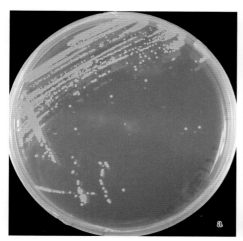
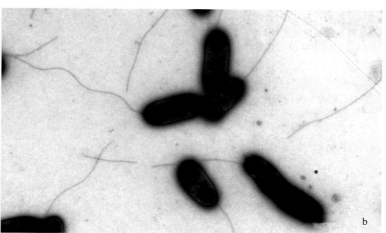

图12-8　葛细菌性叶斑病病原菌形态

a.培养性状　b.菌体形态

【发生规律】

病原菌在种子内外或随病残体在土壤中越冬，翌年成为初侵染源。病原菌随雨水近距离传播，随种苗调运远距离传播。病原菌经伤口或自然孔口侵入，高温雨水天气反复侵染，蔓延加剧。

【防控措施】

1.选用抗病品种。

2.合理施肥　增施磷、钾肥，避免偏施或过量施用氮肥。

3.药剂防治　发病初期，可用77％氢氧化铜可湿性粉剂500 ～ 600倍液，或25％络氨铜水剂500 ～ 600倍液等喷施防治。

黄 芪 病 害

黄芪为多年生豆科黄芪属草本植物，有蒙古黄芪 [*Astragalus membranaceus* var. *mongholicus* (Bunge) P. K. Hsiao] 和膜荚黄芪 [*A. membranaceus* (Fisch.) Bunge] 两种。主产于内蒙古、山西及甘肃等地，甘肃省陇西县、定安区和渭源县等地有大面积种植，其中陇西县有"中国黄芪之乡"称号。黄芪以根入药，味甘、性温，归肺、脾经，益气补中。用于气虚乏力、食少便溏，临床多用于治疗气虚自汗、疮疡难溃难收、内脏下垂、水肿等症状。

黄芪主要病害有根腐病、白粉病和霜霉病等。

第一节 黄芪根腐病

黄芪根腐病是黄芪主要病害之一，是常见的根部病害。近年来，由于大田种植黄芪不合理的轮作和连作，导致黄芪根腐病发生较为普遍。目前已知黄芪根腐病发生的省份有北京、内蒙古、甘肃、山西、吉林、湖北等。

【症状】

植株地上部长势衰弱，植株瘦小，叶色较淡至灰绿色，严重时整株叶片枯黄、脱落（图13-1a～c）。根茎部表皮粗糙，微微发褐，有很多横向皱纹，后产生纵向裂纹及龟裂纹（图13-1d）。根茎部变褐的韧皮部横切面有许多空隙，如泡沫塑料状，并有紫色小点，呈褐色腐朽，表皮易剥落。木质部的心髓初生淡黄色圆形环纹，扩大后变为淡紫褐色至淡黄褐色，向下蔓延至根下部的心髓（图13-1e）。

图 13-1　黄芪根腐病症状

a、b.田间发病症状　c.地上部症状　d.根表皮龟裂　e.根髓部变褐　f.根表面的白色菌丝

地上部分萎蔫、失绿，自下而上枯死，根顶端发软，产生白色致密的菌丝（图 13-1f），缠绕根的顶端，病部以上根正常。有些茎基部亦变灰白色，淡褐色，形成白纹羽状菌索，其上生致密的白色菌丝。有些根的中部或中下部变褐，表面生有白色菌丝，有些根的中下部全部变褐，腐烂。此病常常与麻口病混合发生。

【病原】

黄芪根腐病病原菌为子囊菌无性型镰孢菌属（*Fusarium* spp.）真菌，单株侵染或多株复合侵染。病原菌种类包括尖孢镰孢菌（*F. oxysporum* Schltdl. ex Snyder et Hansen）、腐皮镰孢菌 [*F. solani* (Mart.) Appel et Wollenw. ex Snyder et Hansen]，另外还有少量木贼镰孢菌 [*F. eguiseti* (Corda) Sacc.] 和锐顶

镰孢菌（*F. acuminatum* Ellis et Everh.）。

（1）尖孢镰孢菌。菌落白色，絮状，致密，明显隆起，菌落背面米白色，中部为灰橙黄色至淡灰黑色至淡紫灰色。大型分生孢子弯月形，具1～5个隔膜，多为3～4个，大小为（20.0～38.8）μm×（2.9～4.7）μm（平均29.9μm×3.8μm），长宽比7.9；小型分生孢子多为单胞，个别为双胞，椭圆形，两端较细，大小为（7.1～12.9）μm×（2.4～3.3）μm（平均9.7μm×2.5μm）。产孢梗为单瓶梗，很短。菌丝中产生厚垣孢子，串生或单生（图13-2）。

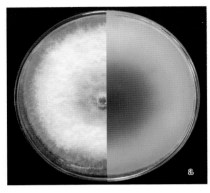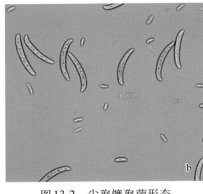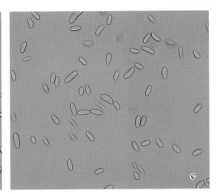

图13-2　尖孢镰孢菌形态
a.培养性状　b.大型分生孢子　c.小型分生孢子

（2）腐皮镰孢菌。菌落土灰色至淡黄色，稀薄，平铺，表面似灰粉状，菌丝无色。大型分生孢子镰刀形，最宽处在孢子中上部2/3处，稍弯曲，具3～4个隔膜，大小为（23.5～36.5）μm×（3.5～4.7）μm（平均30.1μm×4.1μm）；小型分生孢子椭圆形至长椭圆形，肾形，无色，单胞或双胞，大小为（5.9～11.8）μm×（2.4～4.1）μm（平均7.6μm×2.7μm）。产孢结构单瓶梗，较长，长16.8～28.2μm（平均21.1μm），有些很长（图13-3）。

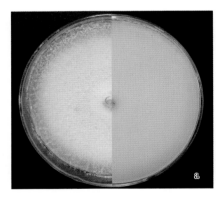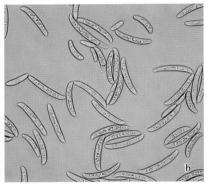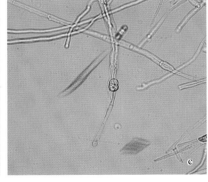

图13-3　腐皮镰孢菌形态
a.培养性状　b.大型分生孢子　c.厚垣孢子

【发生规律】

病原菌在土壤中可长期营腐生生活，可存活5年以上。自根部伤口侵入，地下害虫、线虫及中耕等造成的各种机械伤口均有利于病原菌侵入。病原菌借水流、土壤翻耕和农具等传播。低洼积水、杂草丛生、通风不良、雨后气温骤升、连作等病害发生重。甘肃省陇西县和渭源县发生严重，发病率35%以上，严重度2～4级。幼苗受害率为18.5%～26%。

【防控措施】

1.栽培措施　平整土地，防止低洼积水，实行5年以上轮作，合理密植，以利通风透光，栽植、中耕及采挖时尽量减少伤口。采挖时剔除病根和伤根，防治地下害虫，减少虫伤；彻底清除田间病残体，减少初侵染源。

2.育苗地及大田土壤处理 每亩育苗地用20%乙酸铜可湿性粉剂300g，或50%多菌灵可湿性粉剂4kg，加细土30kg拌匀撒于地面、耙入土中。栽植时栽植沟亦用药土处理。

3.药液蘸根 栽植前1d用3%噁霉·甲霜水剂700倍液、50%多菌灵·磺酸盐可湿性粉剂500倍液、20%乙酸铜可湿性粉剂900倍液蘸根10min，晾干后栽植。

第二节 黄芪白粉病

黄芪白粉病是黄芪种植过程中的主要病害之一，黄芪整个生长期均受白粉病为害。该病发生普遍，目前已知黄芪白粉病发生的省份有吉林、内蒙古、黑龙江、甘肃、河北、北京、山西、山东、陕西及湖北。

【症状】

叶片、叶柄、嫩茎及荚果均受害。在叶正、背面均产生白粉。初期产生小型白色粉斑，后扩大至全叶，菌丝层厚，似毡状，即病原菌的分生孢子梗和分生孢子。后期白粉层中产生黑色小颗粒，即病原菌的闭囊壳（图13-4）。病株叶色发黄，干枯脱落，严重时全株枯死。在白粉层中常见一种更小的黑色颗粒，即白粉菌的寄生菌。

图13-4 黄芪白粉病症状

【病原】

黄芪白粉病病原菌为子囊菌门白粉菌属真菌黄芪白粉菌（*Erysiphe astragali* DC.）［异名：*Microsphaera astragali* (DC.) Trevis.，*Trichocladia astragali* (DC.) Neger］。闭囊壳球形、近球形，黑褐色，直径94.6～161.1μm（平均116.4μm）。子囊椭圆形、长椭圆形，多为6～8个，大小为（62.7～85.0）μm×（31.3～53.7）μm，有柄。子囊孢子椭圆形、长椭圆形，多为4个，淡黄色至鲜黄色，大小为（24.6～35.8）μm×（15.7～20.2）μm。附属丝丝状，无色，无隔，常弯曲，顶端

中国药用植物病害图鉴

有1～2次分支，大小为（165.7～645.0）μm×（17.9～31.4）μm（平均450×22.4μm），9～24根（图13-5）。蒙古黄芪、膜荚黄芪及红芪上的病原菌相同。此外，据报道，豌豆白粉菌（*Erysiphe pisi* DC.）也可以为害黄芪。

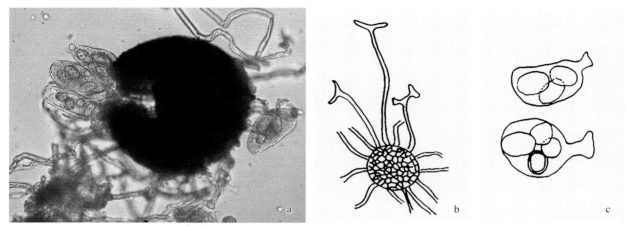

图13-5　黄芪白粉病病原菌形态
a.闭囊壳显微照片　b.闭囊壳　c.子囊及子囊孢子

【发生规律】

病原菌以闭囊壳随病残体在地表越冬或以菌丝体在根芽上越冬。翌年，温湿度适宜时，释放子囊孢子进行初侵染，病部产生的分生孢子借风雨传播，有多次再侵染。据观察，甘肃省黄芪白粉病在6月下旬已开始零星发病，7月发展缓慢，8月中旬至9月上旬为盛发期，直至采挖。海拔2 000m以下地区发生较重。在20～26℃、相对湿度51%～65%时，潜育期6d。20℃以上菌丝生长迅速。温度对病害的发生和流行影响较大。红芪发病很轻，发病率低于5%，抗白粉病。

【防控措施】

1.栽培措施　施足底肥，氮、磷、钾比例适当，不可偏施氮肥，以免植株徒长；合理密植，以利通风透光；初冬彻底清除田间病残体，减少初侵染源。

2.药剂防治　发病初期喷药防控，药剂可选用62.25%腈菌唑可湿性粉剂、75%肟菌·戊唑可湿性粉剂、25%三唑酮可湿性粉剂及10%苯醚甲环唑可湿性粉剂等，具有良好的防效。

第三节　黄芪霜霉病

黄芪霜霉病是黄芪生产中的主要病害之一。目前已知黄芪霜霉病主要分布在甘肃省，在甘肃省黄芪各主产区，病株率普遍达43%～100%，严重度1～4级。六年生苗发病率为23%～25%，且都是系统侵染。发病率14.5%～41%，严重度1～3级。该病主要为害叶片，严重影响黄芪的产量和品质。

【症状】

黄芪霜霉病具有局部侵染和系统侵染特征。在一至二年生黄芪植株上表现为局部侵染，主要为害叶片，发病初期叶面边缘生模糊的多角形或不规则形病斑，淡褐色至褐色，叶背相应部位生有白色至浅灰白色霉层，即病原菌的孢囊梗和孢子囊。发病后期霉层呈深灰色，严重时植株叶片发黄、干枯、卷曲，中下部叶片脱落，仅剩上部叶片。在多年生植株上多表现为系统侵染，即全株矮缩，仅有正常植株的1/3高、叶片黄化变小，其他症状与上述局部侵染症状相同（图13-6）。

图13-6　黄芪霜霉病症状

a.局部发病症状　b.整株发病症状

【病原】

黄芪霜霉病病原菌为卵菌门霜霉属黄芪生霜霉菌（*Peronospora astragalina* Syd.）。孢囊梗自气孔伸出，多为单枝，偶有多枝，无色，大小为（224.0 ～ 357.4）μm×（6.1 ～ 8.2）μm（平均285.6μm×7.5μm），主轴长占全长的2/3，上部二叉状分枝4 ～ 6次，末端直或略弯，呈锐角或直角张开，大小为（7.7 ～ 15.9）μm×（1.5 ～ 2.5）μm（平均10.5μm×2.2μm）（图13-7a）。孢子囊卵圆形，一端具突，无色，大小为（18.0 ～ 28.3）μm×（14.1 ～ 20.6）μm（平均20.4μm×19.1μm）（图13-7b）。藏卵器近球形，淡黄褐色，大小为（43.7 ～ 61.7）μm×（43.7 ～ 61.7）μm（平均51.2μm×47.3μm）。雄器棒状，侧生，单生，大小为（30.8 ～ 39.8）μm×9.0μm。卵孢子球形，淡黄褐色，直径为23.1 ～ 36.0μm（平均31.5μm）（图13-7c）。孢子囊在水滴中10 ～ 12h后开始萌发，萌

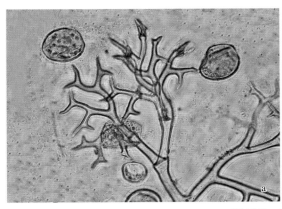
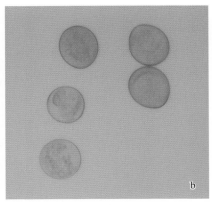
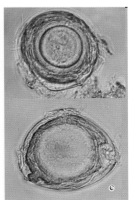

图13-7　黄芪霜霉病病原菌形态

a.孢囊梗　b.孢子囊　c.卵孢子

发温度为5 ~ 30℃，最适温度20℃。相对湿度100%时，36h萌发率仅5.5%，相对湿度低于95%不萌发。pH 4.98 ~ 9.18均可萌发，最适pH为7.28。黄芪叶片榨出液对孢子囊萌发有较强的刺激作用。病原菌可为害蒙古黄芪、膜荚黄芪和红芪。

【发生规律】

病原菌以卵孢子随病残体在地表及土壤中越冬或以菌丝体在多年生植株体内越冬。来年环境条件适宜时，病残体和土壤中的越冬病原菌萌发侵染寄主，引起初侵染。在甘肃省陇西县，5月上旬系统侵染的植株返青后不久即显症，成为田间发病中心，亦是引起局部侵染的初侵染源。病部产生的孢子囊借风雨传播，引起再侵染。在20 ~ 26℃及65% ~ 77%的相对湿度下，潜育期为5d。7月上中旬开始发病，7月中下旬病情缓慢发展，8月上旬至9月中旬为盛发期，直至采挖。降雨多、露时长、湿度大有利于病害发生。在岷县、漳县及渭源县等高海拔地区，7—8月的夜间露时多在9 ~ 11h，叶面水膜的存在有利于孢子囊的萌发和侵染，所以，在海拔2 000m以上地区发生较重。通常植株中、上部叶片发病重，下部叶片发生较轻。发病后期病残组织内形成大量的卵孢子，卵孢子随病叶等病残组织落入土中越冬，成为翌年的初侵染源。

【防控措施】

1.栽培措施　合理密植，以利通风透光；增施鳞、钾肥，提高寄主抵抗力；收获后彻底清除田间病残体，减少初侵染源。

2.药剂防治　发病初期喷施70%丙森锌可湿性粉剂400倍液，对黄芪霜霉病防治效果好。当霜霉病和白粉病混和发生时，可喷施40%三乙膦酸铝可湿粉剂200倍液＋15%三唑酮可湿粉剂2 000倍液。

第四节　黄芪偶发性病害

表13-1　黄芪偶发性病害特征

病害（病原）	症　状	发生规律
斑枯病 [壳针孢 (*Septoria psammophila*)]	在叶片侧脉间产生近圆形、多角形褐色至黑褐色病斑。叶背病斑多角形，上生黑色小颗粒，叶正面黑色小颗粒少，为病原菌的分生孢子器	病原菌以分生孢子器随病残体在地表越冬。翌年条件适宜时释放分生孢子，借风雨传播引起初侵染，再侵染频繁。一般6月下旬开始发病，8月中下旬迅速蔓延。降雨多、露时长病害发生重
灰斑病 [黄芪生叶点霉 (*Phyllosticta astragalicola*)]	叶面生圆形、近圆形病斑，边缘淡褐色，中部灰白色，后期生有黑色小颗粒，即病原菌的分生孢子器	病原菌以分生孢子器随病残体在地表越冬。翌年温湿度适宜时，以分生孢子引起初侵染。病斑上产生的孢子可进行再侵染
轮纹病 [壳二孢属 (*Ascochyta* spp.)]	叶面生圆形褐色病斑，稍显轮纹，后期生黑色小颗粒，即病原菌的分生孢子器	病原菌以分生孢子器随病残体在地表越冬。翌年条件适宜时，以分生孢子引起初侵染。甘肃省陇西县零星发生
叶斑病 [枝孢菌属 (*Cladosporium* spp.)]	从叶缘向内扩展，产生长条形至半圆形病斑，黄褐色至褐色，微隆起，中部稍显轮纹，后期病斑上产生灰黑色霉层	病原菌越冬情况不详。甘肃省定西市各县均有发生，发病率4% ~ 17.5%，严重度1 ~ 2级
褐斑病 [链格孢菌属 (*Alternaria* spp.)]	叶面产生小型不规则形黄褐色斑点，边缘不明显，斑上生有稀疏的黑色霉层	病原菌以菌丝体及分生孢子在地表或土壤中越冬。翌年条件适宜时，侵染寄主，病斑上产生的分生孢子可进行再侵染
茎基腐病 [立枯丝核菌 (*Rhizoctonia solani*)]	植株长势较弱，叶色灰绿，根茎部产生不规则形黑褐色病斑，表面有淡褐色丝状物	病原菌以菌核在病残体及多种寄主上越冬，病原菌腐生性较强，在土壤中可存活2 ~ 3年。在适宜条件下，菌核萌发产生菌丝侵染幼苗或菌丝直接侵染幼苗。病原菌通过流水、农具及带菌肥料传播

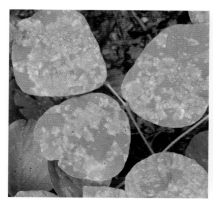
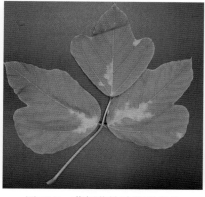
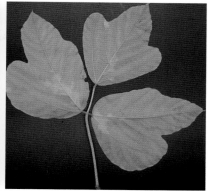

图12-7 葛细菌性叶斑病症状

【病原】

第十三章 PART THIRTEEN

（续）

病害（病原）	症　状	发生规律
茎线虫病 [腐烂茎线虫 (*Ditylenchus destructor*)]	植株地上部生长衰弱，植株矮缩，叶片变小，叶色发黄，严重时枯死。根头及根的中上部局部组织表皮粗糙，皱缩（横皱），变褐色，其内组织干腐，如糟糠状，后向内、向下扩展，致根的大部分腐朽。常与根腐病混合发生	参考当归茎线虫（麻口）病
细菌性角斑病 [绿黄假单胞菌 (*Pseudomonas viridiflava*)]	叶面形成较大的多角形黄绿色油渍状病斑	病原菌越冬情况不详。甘肃省定西市南部各县均有发生，发病率16.6%～25.5%，严重度1～2级

益 智 病 害

益智（*Alpinia oxyphylla* Miq.）属姜科山姜属植物，以干燥成熟果实入药，是中国著名的四大南药之一。益智具有暖肾固精缩尿、温脾止泻摄唾等功效，用于肾虚遗尿、小便频数、遗精白浊、脾寒泄泻、腹中冷痛、口多唾涎等症，近代药理及临床医学研究表明，益智有镇静、催眠、镇痛、抗癌、止泻、抗溃疡、抗衰老、抗氧化、抗过敏、抗痴呆、改善记忆障碍、保护心血管、保护神经等作用。

我国益智主产于海南琼中、五指山、屯昌、白沙等县，广东阳春、信宜、高州、广宁，广西那坡、靖西、德保、武鸣，云南景洪、勐腊以及福建等地均有种植。益智主要病害有轮纹叶枯病、炭疽病、根结线虫病、枯萎病、病毒病等。

第一节　益智轮纹叶枯病

益智轮纹叶枯病是目前益智栽培中最常见的叶部病害。在我国海南、广东、广西、云南、福建均有发生。据调查，为害严重时发病率达70%，严重影响益智正常生长。

【症状】

益智轮纹叶枯病多从叶尖、叶缘开始发生，病斑大，不规则形，红褐色，中央灰褐色，其上有明显的深浅褐色相间的波浪状同心轮纹及散生的大量小黑点，为病原菌的分生孢子盘，病斑外围有明显的黄色晕圈。在适宜条件下，病斑不断扩大，常见病斑占叶面积的1/3 ~ 1/2，重病株上的病叶全部变褐枯死（图14-1）。

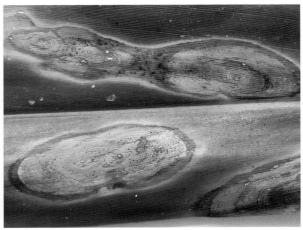

图14-1　益智轮纹叶枯病症状

【病原】

益智轮纹叶枯病病原菌为子囊菌无性型拟盘多毛孢属真菌掌状拟盘多毛孢 [*Pestalotiopsis palmarum* (Cooke) Steyaert]。病原菌菌落在PDA培养基上呈白色絮状，菌落圆形至椭圆形，边缘规则，背面呈浅黄色，具轮纹（图14-2a）。分生孢子盘呈盘状，黑色，直径185～192μm；分生孢子梗短小，不分枝，无色；分生孢子纺锤形，大小为（17～24）μm×（4.5～7.5）μm，有4个隔膜，分成5个细胞，中间3个细胞浅褐色，两端细胞无色，顶端有2～3根无色附属丝，偶有分支，长10～19μm（图14-2b）。

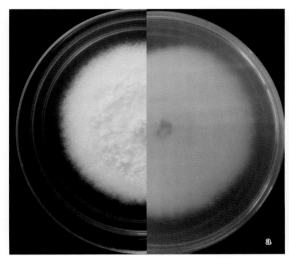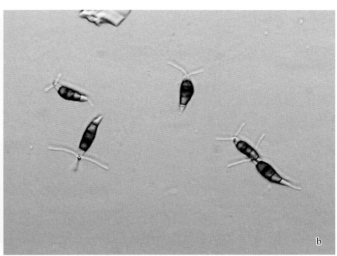

图14-2 益智轮纹叶枯病病原菌形态
a.培养性状 b.分生孢子

【发生规律】

病原菌以菌丝或分生孢子盘在病株及其残体组织上越冬，在条件适宜的环境下，病原菌产生分生孢子，借助风雨传播，主要从伤口侵入寄主引起发病。益智轮纹叶枯病从幼苗至结果期均可发病，但大多发生在成年树老叶上，高温多雨季节病害较容易发生，每年8—9月是该病发生高峰期。

【防控措施】

1.加强栽培管理 益智是喜阴植物，可与槟榔、橡胶树、油茶间种，保持种植环境通风透气；及时清除田间病残组织，并集中销毁，减少翌年的侵染来源；增施有机肥，有机肥形成的腐殖质可以改善土壤结构，吸附土壤溶液中的多种养分，提高益智抗病性。

2.生物防治 推荐使用生物药剂进行防治，每亩可用20亿孢子/g蜡质芽孢杆菌可湿性粉剂150～200g、2亿个/g木霉菌水分散粒剂100～125g、3%多抗霉素可湿性粉剂300～400g喷雾，同时配合化学药剂进行防治。

3.化学防治 叶片正、反面均匀及时喷药，可用65%代森锌500倍液、10%苯醚甲环唑水分散粒剂1 000倍液、50%多菌灵可湿性粉剂800～1 000倍液、250g/L嘧菌酯悬浮剂2 000倍液，隔7～10d喷1次，连喷2～3次。上述几种药剂轮换喷雾，严格遵守药剂安全间隔期使用。

第二节 益智炭疽病

益智炭疽病主要发生在叶片和果实上，从幼苗到成株期均可发病，是近几年益智上新发生的一种病害，在我国海南乐东黎族自治县、五指山市等均有发现。发病较重时，如不及时防治，可造成叶片成片死亡，果实感病，无法入药。

【症状】

病原菌多从叶尖或叶缘侵入，发病初期出现针头大小的斑点，周围有黄色晕圈。病斑扩大后可形成圆形、椭圆形或不规则形的斑块。病斑呈深褐色至灰白色，有轮状斑纹，边缘黑褐色，病斑凹陷，边缘稍隆起。果实上病斑多凹陷，多为圆形和椭圆形，呈黑灰色，病部中央散生或轮生褐黑色小点，天气潮湿时出现粉红色胶状物，即病原菌的分生孢子盘和分生孢子（图14-3）。

图14-3　益智炭疽病症状

a.叶片症状　b.果实症状

【病原】

益智炭疽病病原菌有胶孢炭疽菌 [*Colletotrichum gloeosporioides* (Penz.) Penz. et Sacc.] 和暹罗炭疽菌（*C. siamense*），有性阶段均为子囊菌门（Ascomycota）小丛壳属（*Glomerella*）真菌。在PDA培养基上，胶孢炭疽菌菌落初期白色，逐渐变浅灰色，圆形，边缘规则，棉絮状，表面有白色稀疏的气生菌丝，背面淡橙色（图14-4a）。分生孢子圆柱形或笔筒形，单胞，无色，大小为（8 ~ 17.5）μm×（4.5 ~ 7.5）μm，中央含1个油球，稍凹陷（图14-4c）。暹罗炭疽菌菌落棉絮状，边缘整齐，圆形，初期白色，后期浅灰色，背面中央部分菌丝块产生淡橙色孢子堆，外围浅灰色，表面着生灰白色较密气生菌丝（图14-4b）。分生孢子梗圆柱形，分生孢子单胞，无色，长椭圆形，两端钝圆，呈栅栏状平行排列在分生孢子盘内，大小为（7 ~ 18）μm×（4 ~ 6）μm（图14-4d）。

【发生规律】

病原菌在土壤及病残体上越冬，翌年靠气流、风雨及人为操作传播为害。病原菌可通过伤口侵入，气温10 ~ 30℃均可发病，当温度在20 ~ 24℃、相对湿度在85% ~ 98%时易发病，低温潮湿、连续降雨天气有利于发病。每年5—7月是该病发生的高峰期。与橡胶树套种的地块往往会随着橡胶树炭疽病的发生而加重为害。

【防控措施】

1.加强田间管理　合理轮作密植，改善通风条件，降低植物株间湿度；施足基肥，促进植物健壮生长，高浓度钾肥和氮肥可加重炭疽病发生；及时清除病叶和病果。

2.生物防治　可采用木霉菌、枯草芽孢杆菌、贝莱斯芽孢杆菌等对益智炭疽病进行防治。近年来，纳米技术应用于药剂制备上受到关注，纳米氧化镁对胶孢炭疽菌具备较好的抗菌作用，可抑制其菌丝生长和孢子萌发。

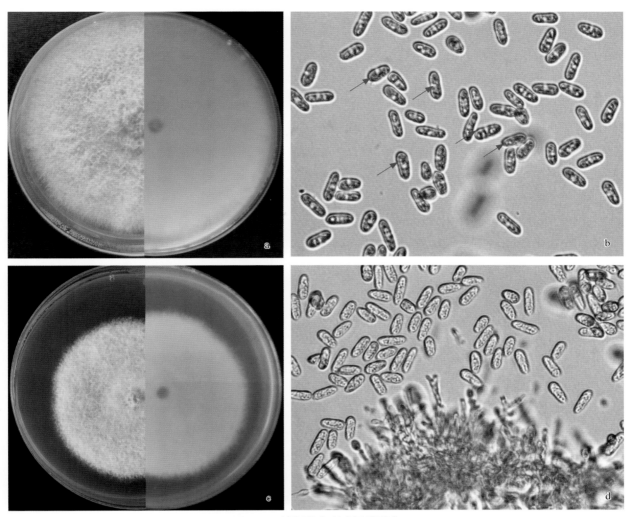

图 14-4　益智炭疽病病原菌形态

a.胶孢炭疽菌培养性状　b.胶孢炭疽菌分生孢子及内部油滴（箭头所指）
c.暹罗炭疽菌培养性状　d.暹罗炭疽菌分生孢子及分生孢子盘

3.药剂防治　可用 10% 苯醚甲环唑水分散粒剂 1 500 倍液、25% 吡唑醚菌酯悬浮剂 1 500 倍液、45% 咪鲜胺水乳剂 1 000 倍液、25% 嘧菌酯悬浮剂 1 500 ～ 2 000 倍液等进行叶面喷雾，交替轮换用药，每次施药间隔 10d，视病情发展决定施药次数。

第三节　益智根结线虫病

益智根结线虫病是益智上常见的一种病害，主要为害根部，引起地上部分枯萎死亡。目前已知有益智根结线虫发生的省份有海南、广东和云南。

【症状】

病原线虫侵入寄主根部后，刺激根系组织过度生长，形成许多大小不等、不规则的瘤状物（虫瘿）。虫瘿初为白色，后变浅褐色，单生或连接成串珠状。一般发病情况下，病株地上部分无明显症状，重病株地上部分表现枝短梢弱，叶片变小，叶色褪绿，无光泽，叶缘卷曲，呈失水缺肥状态，最后根部变褐腐烂，整株枯萎死亡（图 14-5）。

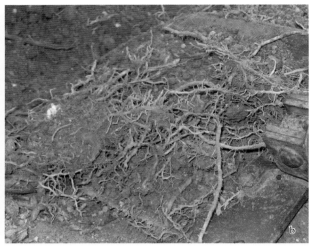

图14-5 益智根结线虫病症状

a.地上部症状 b.地下部症状

【病原】

益智根结线虫病病原线虫为南方根结线虫（*Meloidogyne incognita*），属线形动物门线虫纲垫刃目异皮总科根结线虫属。

雌雄异形，雌虫膨大，呈球形、梨形，有突出的颈部，唇区稍突起，略呈帽状，会阴花纹变异较大，一般背弓高。花纹明显呈椭圆形或方形，背弓顶部圆或平，有时呈梯形，背纹紧密，背面和侧面的花纹波浪形至锯齿形，有时平滑，侧区常不清楚，侧纹常分叉。体长493.5～676.5μm，最大体宽331.5～526.4μm，口针长13.1～15.6μm，DGO 2.4～4.5μm，口针基部球高2.1～3.0μm，口针基部球宽3.2～4.5μm，中食道球高42.0～61.2μm，中食道球宽29.0～47.5μm。雄虫线形，唇区平至凹，不缢缩，常有2～3条不完整的环纹；口针圆锥体部尖端钝圆，杆状部常为圆柱形，靠近基部球位置较窄，基部球圆。体长1 047.5～1 681.5μm，最大体宽33.4～41.2μm，口针长22.5～40.0μm，DGO 1.7～3.0μm，口针基部球高2.5～3.5μm，口针基部球宽4.5～5.1μm。二龄幼虫（J2）体长355.4～479.6μm，最大体宽13.5～18.2μm，口针长10.5～14.0μm，DGO 2.0～3.6μm，尾长43.1～58.6μm，透明尾长11.5～22.5μm（图14-6）。

【发生规律】

病原线虫主要以卵及幼虫越冬。在土壤内无寄主植物存在的条件下，可存活3年之久。气温达10℃以上时，卵可孵化，幼虫多在土层5～30cm处活动。二龄幼虫为根结线虫的侵染龄，通常由植物的根尖侵入，通过挤压细胞壁间的空隙在细胞间运动，完成对植物的侵染，并刺激寄主细胞加速分裂，使受害部位形成根瘤或根结，温度25～30℃时，25d可完成一个世代。

【防控措施】

1.**严防土壤传播** 带线虫土壤、粪肥及农用器械是线虫传播的主要途径，病区作业后的农用工具须清理干净，消毒后才可换田使用；育苗基质要进行消毒后才可育苗；一旦发现病株及时拔除，并对周围土壤进行消毒处理。

2.**合理轮作套种** 与橡胶树、槟榔、油茶、胡椒等进行轮作或套种。

3.**日光高温消毒** 在海南，对非林下种植的益智，种植前可利用6—8月高温季节，翻耕浇灌覆膜晒田，使膜下20～25cm土层温度升高至45～48℃甚至50～60℃，加之高湿（相对湿度90%～100%），杀线虫效果好。

4.**水淹灭虫** 病田灌水深20～25cm，持续20～30d以上，可使线虫缺氧窒息而死。

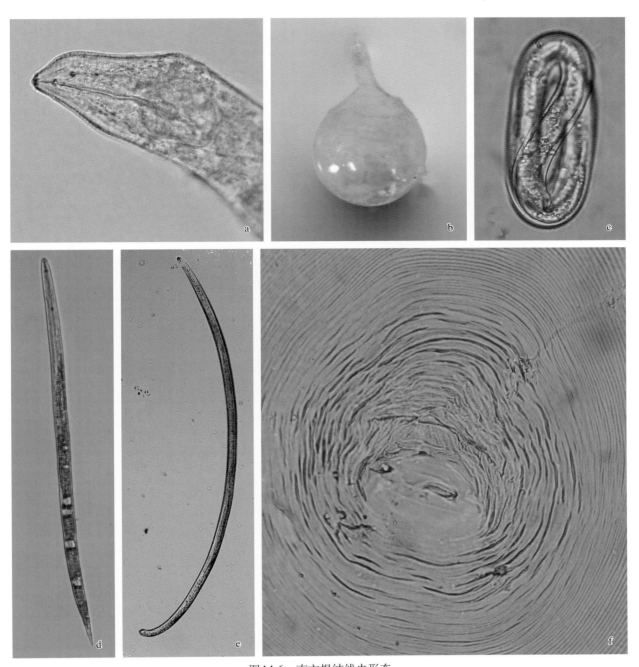

图 14-6　南方根结线虫形态

a.雌虫头部　b.雌虫　c.单粒卵块　d.二龄幼虫　e.雄虫　f.会阴花纹

注：图片由海南省农业科学院植物保护研究所符美英提供。

　　5.药剂防治　①种植前土壤消毒处理：用 35% 威百亩水剂 200 ～ 300 倍液施入沟内并覆土覆膜，熏蒸 7 ～ 15d 后揭膜，翻耕透气 1 周后种植；或定植前每亩用 0.5% 阿维菌素颗粒剂 2 ～ 3.5kg 进行土壤处理。②种植后土壤消毒处理：1.8% 阿维菌素乳油 2 000 倍液灌根 2 次，41.7% 氟吡菌酰胺悬浮剂 0.03mL/株（对水量 400 ～ 500mL）、40% 氟烯线砜乳油 7 500 ～ 9 000mL/hm² 进行土壤喷雾。

第四节　益智枯萎病

　　益智枯萎病主要在益智成株期为害较重，是常见的系统性病害，该病害普遍发生，在我国海南、广东、广西、云南和福建均有发生。

【症状】

益智枯萎病属于维管束病害，内部症状明显，发病维管束变红褐色，呈斑点状或线条状，越近茎基部病变颜色越深，并逐渐变成黑褐色而干枯。成株期病株先在下部叶片及靠外的叶鞘呈现特异的黄色，初期在叶片边缘发生，然后逐步向中部扩展，病健交界明显，进一步感染致整片叶发黄干枯，感病叶片迅速凋萎，最后整株枯死（图14-7）。

图14-7　益智枯萎病症状

【病原】

益智枯萎病病原菌为子囊菌无性型尖孢镰孢菌（*Fusarium oxysporum* Schltdl. ex Snyder et Hansen）。在PDA培养基上生茂密的菌丝，气生菌丝绒状，常产生紫、黄、褐等色素。可产生小型分生孢子、大型分生孢子和厚垣孢子三种类型的孢子。小型分生孢子无色，单胞或双胞，肾脏形、卵圆形等，常假头状着生，大小为（5～12）μm×（2.5～4）μm。大型分生孢子无色，多胞，镰刀形，略弯曲，两端细胞均匀变尖，基胞足状跟明显，一般3～7个隔膜，多数3个隔膜，大小为（10～60）μm×（2.5～6）μm。厚垣孢子易产生，淡黄色，近球形，直径6～8μm，表面光滑，壁厚，间生或顶生，单生或串生，产孢细胞短，单瓶梗（图14-8）。

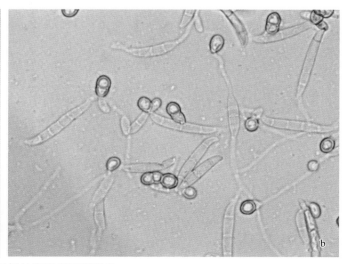

图14-8　益智枯萎病病原菌形态
a.培养性状　b.大型分生孢子及厚垣孢子

【发生规律】

病原原以菌丝体和厚垣孢子随病残体在土壤中越冬。带菌的病残体、堆肥和病土是主要初侵染来源。病原菌从茎基部、须根、根毛或伤口侵入，在寄主根茎维管束中繁殖、蔓延，并产生有毒物质随输导组织扩散，使寄主细胞中毒，堵塞导管，致使叶片枯萎。病原菌发育温度范围为17～37℃，适温为24～28℃。土壤偏酸（pH5～5.6）、移栽或中耕伤根多、植株生长不良等有利于发病。病部产生的分生孢子借雨水溅射传播，进行再侵染。

【防控措施】

1.深翻晒垡　种植前深翻晒垡，降低土壤中有害菌的数量，增施安全腐熟的有机肥，提高益智抗病能力。

2.苗床处理　将木霉菌与育苗基质1∶10的混合药剂撒到苗床上，或用50%多菌灵可湿性粉剂8～10g/m²、70%噁霉灵可湿性粉剂1～2g/m²，对细土或细沙1kg，均匀撒入苗床作盖土，或用70%噁霉灵可湿性粉剂1 000倍液对苗床进行喷施。

3.土壤杀菌　对枯萎病常年发生较重的地块，可在移栽前进行土壤处理。以1∶500的比例混合木霉菌粉剂与育苗基质，然后再进行播种。每公顷用50%多菌灵可湿性粉剂60kg或70%噁霉灵可湿性粉剂15kg加细干土225～300kg拌成药土，撒于地表后耙地混土，或在移栽时撒于定植穴内。

4.田间管理　及时对田园进行清理，清除病株，防止病原菌对健康植株造成影响，如果田间出现了枯萎病症状，要拔除后对病土及周围土壤消毒，多雨季节及时开沟排水，适当增加光照，加强栽培管理，提高植株抗病性。

5.药剂防治　首选生物药剂进行防治，每亩可用10亿个/g枯草芽孢杆菌可湿性粉剂200～300g灌根或150～200g叶面喷雾，或用5%氨基寡糖素水剂50～60mL喷雾，或用10%＋1亿CFU/g井冈·多黏菌可湿性粉剂1 000～1 200倍液灌根处理。同时配合化学药剂70%甲基硫菌灵可湿性粉剂800倍液、50%多菌灵可湿性粉剂500倍液或30%噁霉灵水剂800倍液等进行灌根和叶面喷雾，轮换用药，每7～10d用药1次，用药次数视病情而定。

第五节　益智病毒病

益智病毒病较少见，2020年7月仅在海南省琼中湾岭镇岭脚村发现两株益智出现病毒病症状。

【症状】

在叶片上形成黄绿相间的条斑或叶片发黄，发病严重时植株矮小，抑制植株生长（图14-9）。

【病原】

病原病毒暂未鉴定出。

【发生规律】

病毒病可通过种子、种苗、传毒媒介、周边杂草、田间操作等传播，因此在移栽前要做好种苗的检测，要及时清理周边杂草，田间操作避免造成植株伤口，同时注意传毒媒介的防治。一般高温干旱天气利于病害发生。此外，施用过量的氮肥，植株组织生长柔嫩或土壤瘠薄、板结、黏重以及排水不良发病重。

图14-9 益智病毒病叶片症状

【防控措施】

1.加强田间管理 在栽培上适当控制氮肥用量和保持田间湿润，增施有机肥和微生物菌肥，促进植株健壮生长，提高植株的抗病能力。田间操作避免造成植株伤口，避免通过工具传播病毒，发现病株及时拔除并销毁。不与病毒病易发的茄科、葫芦科和十字花科作物间、套作。

2.消毒处理 用无毒材料进行繁殖，用无毒无菌无虫卵的基质进行育苗，种子可用10%磷酸三钠浸泡20～30min进行消毒处理，也可用50～55℃温水浸泡10～15min，或在恒温设备里处理。

3.药剂防治 提前用6%寡糖·链蛋白可湿性粉剂1 000倍液、0.5%葡聚烯糖可溶粉剂1 500倍液、2%宁南霉素水剂800倍液、5%氨基寡糖素水剂700倍液等进行预防。传毒媒介主要有蚜虫、蓟马、粉虱等，可用10%吡虫啉可湿性粉剂3 000倍液、4%阿维·噻虫嗪超低容量液剂2 500倍液、30%螺虫·呋虫胺悬浮剂2 500倍液、60g/L乙基多杀菌素悬浮剂2 000倍液等喷雾处理。

第六节 益智偶发性病害

表14-1 益智偶发性病害特征

病害（病原）	症　状	发生规律
立枯病 （*Rhizoctonia solani*）	主要为害幼苗叶片，叶片或叶鞘初期出现圆形红褐色小斑点，扩大后形成不规则褐色大斑，背面呈现灰绿色云纹状，进一步蔓延至全叶，直至整株变褐枯死，叶片下垂呈现立枯状。高湿时，枯死叶片上可见颗粒状小菌核，菌核由白色变为褐色，并与周围菌丝连接	以菌核或菌丝在病株或病残体上越冬，在23～28℃时，菌核萌发长出菌丝，菌丝从气孔或直接侵入寄主植物，可借助雨水、农具、带菌堆肥等进行传播
轮纹褐斑病 （*Pestalosphaeria alpiniae*）	主要为害叶片，植株中下部老叶先发病，病原多从叶尖、叶缘侵入，叶片上初期产生椭圆至长椭圆形褐色病斑，进一步扩展后边缘形成不规则褐色病斑，中央浅褐色，病斑具同心轮纹。后期病斑上出现大量黑色小颗粒，病斑可纵横扩大至一半叶片，造成病叶迅速枯死	以子囊果或子囊孢子在病残体上越冬，翌年温湿度条件适宜时，孢子侵入寄主叶片引起感染

第十五章 PART FIFTEEN

党 参 病 害

党参为桔梗科党参属多年生草质藤本植物。中药材党参主要为党参 [*Codonopsis pilosula* (Franch.) Nannf.]、素花党参 [*C. pilosula* var. *modesta* (Nannf.) L. T. Shen] 和川党参 [*C. pilosula* subsp. *tangshen* (Oliver) D. Y. Hong] 的干燥根。党参性平、味甘，归脾肺经。具有健脾益肺、养血生津的功能，主要用于治疗脾肺气虚、食少倦怠、咳嗽虚喘、气血不足、面色萎黄、心悸气短、津伤口渴。

党参在全国各地大量栽培，分布在西藏东南部、四川西部、云南西北部、甘肃东部、陕西南部、宁夏、青海东部、河南、山西、河北、内蒙古及东北等地区。根据产地又可分为东党参（主产于辽宁凤城、宽甸，吉林延边、通化，黑龙江尚志、五常、宾县等地）、潞党参（主产于山西东南地区平顺、陵川、长治、壶关、晋城及河南新乡等）、台党参（主产于山西五台山地区）、西党参（主产于甘肃岷县、文县、临潭、卓尼、舟曲，四川南坪、平武、松潘、若尔盖，陕西汉中、安康，山西五台山等地）。甘肃文县、四川平武产称纹党、晶党，甘肃岷县产名岷党，陕西凤县和甘肃两地产名凤党等。国外朝鲜、蒙古国和俄罗斯远东地区也有分布。

国内报道党参病害主要有锈病、灰霉病、白粉病、斑枯病、根腐病、紫纹羽病等。

第一节　党参锈病

党参锈病是党参栽培中的重要病害，是南北各省份党参种植地区普遍发生的病害，目前已知党参锈病发生的省份有吉林、湖北、四川、贵州和重庆。在各主产区病害发生轻重程度不一，严重时叶片枯死，影响生长。

【症状】

党参锈病主要为害叶片，有时也为害茎和花托。叶片正反面均可发病，叶正面初产生无明显边缘的黄褐色失绿斑点。相应背面有浅红褐色小疱斑，隐于皮层下，后疱斑部叶表皮破裂，散出棕褐色粉末，茎和花托处的病斑较大。发病后期，形成黑褐色稍隆起的冬孢子堆，致叶片早枯（图15-1）。

【病原】

党参锈病病原菌为担子菌门柄锈菌属的金钱豹柄锈菌（*Puccinia campanumoeae* Pat.）。冬孢子堆生于叶背面，单生或聚生，或互相连合，坚实，黄褐色；冬孢子矩圆形，双胞，褐色，平滑，在隔膜处缢缩，顶端有圆形的乳突，柄无色，长达70μm，大小为 (33～46) μm × (15～17) μm（图15-2）。

图 15-1　党参锈病症状

a.叶正面症状　b.叶背面症状　c.孢子堆　d ~ f.花托上的孢子堆

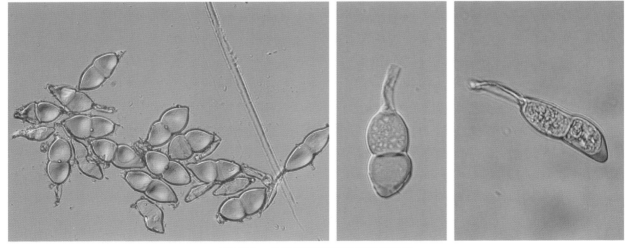

图 15-2　党参锈病病原菌冬孢子形态

注：标本采集于吉林敦化，未见夏孢子堆及夏孢子。

【发生规律】

东北、华北地区秋季发病较重，一般在中秋节前后及种子未成熟前为害最为严重。病原菌以冬孢子在植株枝叶上生存越冬。靠气流传播蔓延，5月病害始发，6—7月发病严重。发病适温23 ～ 26℃，多雨、多风、大雾重露、空气相对湿度大时易发病。

【防控措施】

1.农业防治

（1）轮作。与豆科及禾本科作物进行3 ～ 4年以上轮作，忌连作，减少菌量积累，降低病害发生概率。

（2）合理密植。控制田间透光度，降低田间小气候湿度。

（3）加强水肥管理。施足基肥，早施追肥，增施磷、钾肥，使植株生长粗壮，叶片浓绿厚实，抗病性增强。

（4）清洁田园。及时清洁田园，剔除病残枯枝，带出园外清理。土面喷洒2 ～ 3波美度石硫合剂。

2.药剂防治 每亩可选用29％吡萘·嘧菌酯悬浮剂30 ～ 45mL、10％苯醚甲环唑水分散粒剂50 ～ 83g、30％醚菌酯可湿性粉剂15 ～ 30g等进行防治，常规喷雾，每隔7 ～ 10d喷施1次，连续喷施2 ～ 3次为宜。

第二节 党参灰霉病

党参灰霉病是近年发生的病害，2009年在甘肃首次发现并报道，2020年7月在吉林省敦化市党参栽培区普遍发生，目前也是生产中发生较为严重的病害。

【症状】

党参灰霉病主要为害党参叶片、茎蔓、残花和花托。近地面叶片和茎蔓受害严重，茎、叶受害后出现大面积软腐，可见灰褐色霉层。叶片受害可从叶尖或叶缘开始发病，向内扩展形成V形病斑，在叶片内部也可形成圆形病斑，向外扩展，在残花和花托的尖端产生淡褐色至灰褐色不规则形病斑，其上产生灰褐色及褐色霉层（图15-3）。

【病原】

党参灰霉病病原菌为子囊菌无性型灰葡萄孢属灰葡萄孢菌（*Botrytis cinerea* Pers.:Fr.）。在PDA培养基上初生白色菌落，渐变为淡褐色至褐色，可产生黑色小菌核。菌丝褐色，粗壮，有隔，直径14.1 ～ 18.2μm。分生孢子梗灰褐色，直立或微弯，有隔膜，丛生、单枝或树状分支，顶端膨大呈头状，其上生小突起，突起密生小柄并着生大量分生孢子，呈葡萄穗状；分生孢子单胞，无色至淡褐色，近圆形或椭圆形，大小为（7.9 ～ 17.1）μm×（6.2 ～ 9.5）μm（图15-4）。

【发生规律】

病原菌以菌丝体、菌核和分生孢子随病残体及在土壤中越冬。第二年春天条件适宜时菌核萌发产生分生孢子梗和大量分生孢子，分生孢子成熟脱落后，借风雨、气流、农事操作等进行传播，分生孢子可通过气孔、伤口和衰老器官或者幼嫩组织直接侵入，再侵染非常频繁。低温多雨、植株郁闭发病重。

【防控措施】

1.农业防治

（1）建议采用搭架立体栽培，通过搭架，增加植株通透性，有利于通风透光，降低田间小气候湿度，促进植株健康生长，减轻灰霉病的发生。

（2）注意田园卫生，收获或拉秧后及时清除病组织，减少初侵染来源。

图15-3　党参灰霉病症状

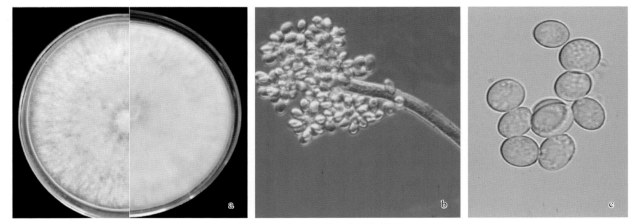

图15-4　党参灰霉病病原菌形态
a.培养性状　b.分生孢子梗及分生孢子　c.分生孢子

　　2.生物防治　发病初期可选用多抗霉素、香芹酚、枯草芽孢杆菌、木霉菌、丁香酚、解淀粉芽孢杆菌QST713、荧光假单胞菌、小檗碱盐酸盐等生物药剂进行防治。

3.化学防治　发病初期可选用啶酰菌胺、异菌脲、嘧霉胺、腐霉利、嘧菌环胺等化学药剂或复配制剂进行防治。

第三节　党参根腐病

党参根腐病也称烂根病，主要为害党参的地下须根和侧根，是党参生长期间的一种常发性病害，可导致党参产量下降，质量变劣，甚至完全失去药用价值，对产业发展影响很大。目前已知党参根腐病发生的省份有吉林、甘肃、湖北、贵州和重庆等。

【症状】

发病初期，下部须根、侧根表面出现暗褐色病斑，轻度腐烂。随着病情的发展，逐渐蔓延到主根，主根逐渐发生自下而上的水渍状腐烂。环境条件有利于病害发展时，整条参根全部腐烂；若发病较晚，环境条件不利于发病时，则病害暂停扩展，已发病的下半截参根部分腐烂解体，近地面的上半截参根当年不再腐烂。这样的"半截参"病健界线分明，接近腐烂的部位呈暗褐色，维管束变为深褐色，翌年春季芦头可发芽出苗，但温湿度适宜时"半截参"就会继续腐烂。植株地上部自参根发病开始，由下而上叶片逐渐变黄。当参根大部分腐烂时，则全株枯死。土壤潮湿时，腐烂根上有白色绒状物，为病原菌的菌丝和孢子（图15-5）。

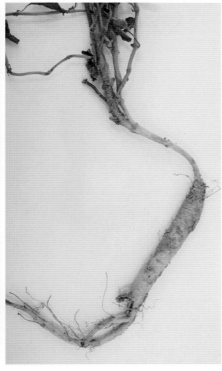

图15-5　党参根腐病症状

【病原】

党参根腐病病原菌为子囊菌无性型镰孢菌属（*Fusarium* spp.）真菌。目前报道的有尖孢镰孢菌（*Fusarium oxysporum* Schltdl. ex Snyder et Hansen）、腐皮镰孢菌 [*F. sonali* (Mart.) Appel et Wollenw. ex Snyder et Hansen]、三线镰孢菌 [*F. tricinctum* (Corda) Sacc.] 及锐顶镰孢菌（*F. acuminatum* Nirenberg et O'Donnell），其中尖孢镰孢菌为优势种。

尖孢镰孢菌在PDA培养基上菌落呈圆形，隆起，边缘整齐；气生菌丝较致密，呈绒毛状，初期白色至淡粉色，后期产生浅紫色至深紫色色素，菌落背面呈现淡紫色。大型分生孢子为细镰刀状，稍弯，向两头比较均匀地变尖，具有1～5个隔膜，隔膜处缢缩，大小为（23～56.6）μm×（3～5）μm；小型分生孢子数量多，单胞，卵圆形，大小为（5～12.6）μm×（2.6～2.7）μm；厚垣孢子球形，直径6.1～8.2μm，单生、对生或串生。依据病原菌的培养性状、形态特征以及分子序列，参照《中国真菌志》与《浙江镰刀菌志》将其鉴定为尖孢镰孢菌，菌落及孢子形态见图15-6。

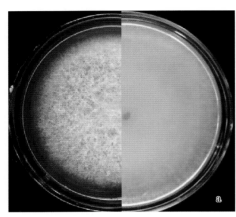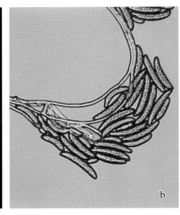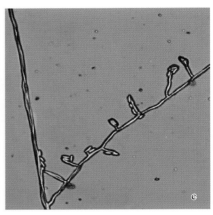

图15-6　尖孢镰孢菌形态特征

a.培养性状　b.大型分生孢子　c.小型分生孢子

【发生规律】

病原菌在土壤和带菌的参根上越冬。上年被感染的参根在翌年5月中旬开始出现症状，6—7月为发病盛期。在高温多雨、低洼积水、藤蔓繁茂、湿度大以及地下害虫多的连作地块发病重。多发生于二至三年生的植株根部。此外，党参的根部受伤也容易发生根腐病，并在土壤湿度增加时传染给邻近的植株。

【防治方法】

1.农业防治

（1）选用无病种苗。在播种之前，剔除带病种子，并对种子进行消毒，选用无病虫害的党参植株作移栽种苗。

（2）地块选择。选择地势高燥、土质疏松、排水良好的地块栽种，避免连作。

（3）耕地做畦。栽种前，要深耕细作，尽量高畦栽培。

（4）加强田间管理。田间搭架，有利于地面通风透光，避免藤蔓密铺地面；雨后及时排水，降低田间湿度。

（5）清洁田园。及时拔除病株，并用生石灰进行病穴消毒。秋末彻底清除田间病株残体，减少初侵染来源。

2.药剂防治

（1）种子处理。可选用咯菌腈、精甲·咯菌腈和噻灵·咯·精甲等进行种子包衣。

（2）土壤处理。整地时每亩用50%多菌灵可湿性粉剂3kg，拌细土20～30kg，顺沟施入；或用20%乙酸铜（清土）200g拌细土20kg，撒于地面，耙入土中，进行土壤处理。

（3）灌根处理。发现病株立即用25%多菌灵或50%甲基硫菌灵浇灌病蔸及其周围的植株以控制病害蔓延，也可选用甲霜·噁霉灵、多抗霉素等进行灌根。

第四节 党参偶发性病害

表15-1 党参偶发性病害特征

病害（病原）	症状	发生规律
紫纹羽病 （*Helicobasidium mompa*）	根部表皮可见紫红色或暗褐色的丝状菌索缠绕，伴有绒布状菌丝膜，紫色半球形菌核。受害轻的根坚硬、短细，呈灰褐色；受害重的腐烂，最后变成黑褐色的空壳	土壤偏酸性（pH4.7～6.5）、浅薄、保水保肥力差的地块易发生。重茬地发病重，降水量大、湿度大的年份发病较重，黏重板结地发病较重
白粉病 （*Sphaerotheca codonopsis*、 *Podosphaera erigerntis-canadensis*）	叶片、叶柄、果实均受害。初期叶片两面产生白色小粉点，后扩展至全叶，叶面覆盖稀疏的白粉层，后期在白粉中产生黑色小颗粒，即病原菌的闭囊壳。病株长势弱，叶色发黄，卷曲	4月下旬始发，6月至9月上旬为发病盛期。在干旱及潮湿条件下均可发病，植株密集、叶片交织、通风不良处发病严重
斑枯病 （*Septoria codonopsidis*）	叶面产生多角形、圆形、近圆形褐色病斑，边缘紫色，直径1～5mm。后期在病斑中部产生黑色小颗粒	气温偏低及持续阴雨结露条件下发生严重
霜霉病 （*Peronospora* sp.）	叶面上生不规则褐色病斑，叶缘向上卷曲。湿度大时，叶背产生灰色霉状物	多雨、高湿条件下易发病

第十六章 PART SIXTEEN

桔 梗 病 害

桔梗 [*Platycodon grandiflorus* (Jacq.) A. DC.] 为桔梗科桔梗属植物，别名包袱花、铃铛花、僧帽花，是多年生草本植物。桔梗在我国主要分布于东北、华北、华东、华中各省以及广东、广西（北部）、贵州、云南东南部（蒙自、砚山、文山）、四川（平武、凉山以东）、陕西。国外朝鲜、日本、俄罗斯远东和东西伯利亚地区南部也有分布。桔梗以根入药，具有止咳祛痰、宣肺、排脓等功效，为中医常用药。春、秋二季采挖，洗净，除去须根，趁鲜剥去外皮或不去外皮，干燥。

桔梗主要病害有根腐病、白绢病、枯萎病、菌核病、黑斑病、炭疽病、根结线虫病和菟丝子病等。其中，根结线虫病和菟丝子病等为害严重。

第一节　桔梗根腐病

桔梗根腐病是桔梗生产上的主要病害之一，该病害在桔梗各种植区均有发生，目前已知桔梗根腐病发生的省份有辽宁、吉林和安徽。该病主要为害桔梗的根部，根部发病腐烂，同时可引起地上部分萎蔫或死亡。

【症状】

桔梗根腐病主要为害桔梗根部，发病初期在近地面的根头部位出现褐色坏死，逐渐向下蔓延，以近地面的根头部分和茎基部先变褐色干腐，逐渐向上部茎、叶扩展，直至叶脉，导致叶片和枝条变黄。桔梗根腐病症状的明显表现为根部表皮红色，湿度大时根部和茎部产生大量粉红色霉层，即病原菌的分生孢子，最后严重发病时全株枯萎，15～20d可引起全根坏死，后因腐生菌侵入，导致坏死组织软腐分解，仅残留外皮；同时地上部茎、叶逐渐变黄，茎内导管并不变色，当整个肉质根变褐坏死时，地上部茎、叶也萎蔫死亡（图16-1）。

【病原】

桔梗根腐病的病原菌为子囊菌无性型镰孢菌属尖孢镰孢菌（*Fusarium oxysporum* Schltdl. ex Snyder et Hansen）。该菌在PDA培养基上菌落呈突起絮状，菌丝白色质密。菌落初期为白色，后期产生色素，呈粉白色、浅粉色，略带紫红色。小型分生孢子单胞，椭圆形至卵圆形，大小为（5.04～15.93）μm×（1.64～6.06）μm；大型分生孢子镰刀形，少许弯曲，大小为（24.39～44.54）μm×（3.26～7.31）μm，多数为3个隔膜，少数有1～2个隔膜（图16-2）。

图 16-1 桔梗根腐病症状

a.根部腐烂脱皮 b.植株枯死

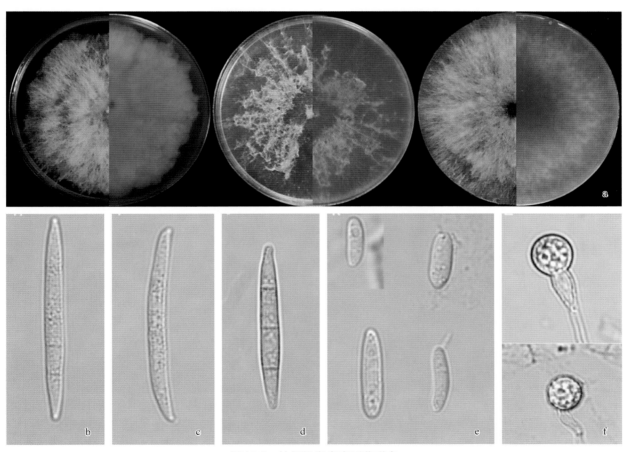

图 16-2 桔梗根腐病病原菌形态

a.培养性状 b ~ d.大型分生孢子 e.小型分生孢子 f.厚垣孢子

【发生规律】

病原菌以菌丝体、厚垣孢子在土壤中、病残体上越冬，成为初侵染源。除依靠浇水、耕作传播，带菌的种子也可传播。该病一般约5月下旬开始发病，6—7月随温度升高雨水增多病株大量出现。连作、排水不良、涝洼地以及地下害虫多容易发病。

【防控措施】

1. 实行轮作　在桔梗采收后种植禾本科作物，尤其是水旱轮作具有较好的防控效果。
2. 选用无病种苗　从健株上留种，或采用0.2%～0.5%福美双等药剂拌种消毒。
3. 清除病残体　将病残体统一收集，清出田外销毁或深埋，以减少田间菌量。
4. 加强田间栽培管理　合理密植，增施有机肥，注意氮、磷、钾搭配使用；避免田间积水，雨后及时疏沟理墒，降低田间土壤湿度。
5. 药剂防治　可采用300亿个/g蜡质芽孢杆菌可湿性粉剂、50%多菌灵可湿性粉剂、30%氟菌唑可湿性粉剂，对桔梗根腐病病原菌菌丝生长的抑制效果好。10%氟吗啉·50%代森锰锌可湿性粉剂、1×10^6CFU/g寡雄腐霉可湿性粉剂、10%苯醚甲环唑水分散粒剂对病原菌也有一定的抑制效果。

第二节　桔梗根结线虫病

桔梗根结线虫病是桔梗生产上的重要病害之一，该病害主要在华南、华中和华北种植区发生，在安徽也发现有桔梗根结线虫病发生。根结线虫病主要为害桔梗的根部，根部发病时可引起地上部分枯萎死亡。

【症状】

病原线虫侵入寄主根部后，刺激根系组织过度生长，抑制主根生长，在根上形成许多大小不等、不规则的瘤状物（虫瘿）。虫瘿初为白色，后期变为浅褐色。一般发病初期病株地上部无明显症状，发病后期重病株的地上部分表现枝短梢弱，叶片变小，叶色褪绿，无光泽，叶缘卷曲，呈失水或缺肥状态，随着为害逐渐加重根部变褐腐烂，严重发病可引起整株枯萎死亡（图16-3）。

图16-3　桔梗根结线虫病症状

a.全株受害状　b.根部受害形成的根结

【病原】

桔梗根结线虫病的病原线虫为南方根结线虫（*Meloidogyne incognita*），属线虫门色矛纲垫刃亚目异皮总科根结线虫科。

雌雄异形，雌虫膨大，呈球形、梨形，有突出的颈部，唇区稍突起，略呈帽状，会阴花纹变异较大，一般背弓高，花纹明显，呈椭圆形或方形，背弓顶部圆或平，有时呈梯形，背纹紧密，背面和侧面的花纹波浪形至锯齿形，有时平滑，侧区常不清楚，侧纹常分叉。体长578.2（498.5～654.3）μm，口针长14.6（13.3～15.3）μm，DGO 3.2（2.5～4.1）μm，口针基部球高2.6（2.1～3.0）μm，口针基部球宽3.8（3.2～4.5）μm。雄虫线形，唇区平至凹，不缢缩，常有2～3条不完整的环纹；口针圆锥体部尖端钝圆，杆状部常为圆柱形，靠近基部球位置较窄，基部球圆。体长1 326.0（1 135.5～1 541.5）μm，口针长24.2（22.5～40.0）μm，DGO 2.1（1.8～2.6）μm。二龄幼虫（J2）体长386.2（357.3～470.2）μm，口针长13.1（11.5～15.0）μm，DGO 2.8（2.1～3.2）μm，尾长48.2（43.1～53.6）μm，透明尾长14.9（12.6～20.2）μm（图16-4）。

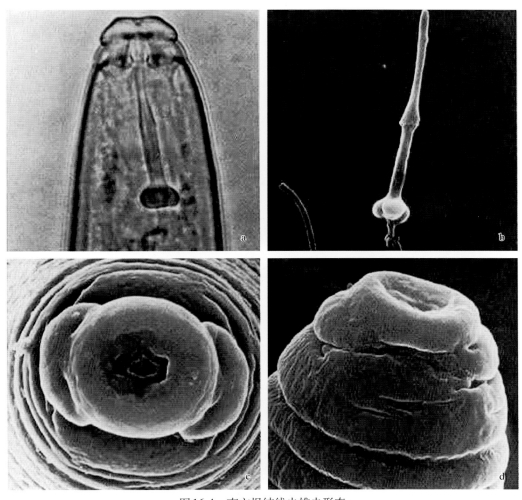

图16-4　南方根结线虫雄虫形态
a.光学显微镜下雄虫头部侧面观　b.口针　c.扫描电镜下雄虫头部正面观
d.扫描电镜下雄虫头部侧面观（仿Eisenback et al., 1981）

【发生规律】

病原线虫主要以卵及幼虫越冬。在土壤内无寄主植物存在的条件下，可存活3年以上。温度达到

10℃以上时，卵可孵化，幼虫和卵多在5～30cm的耕作层活动。二龄幼虫为根结线虫的唯一侵染虫态。通常由桔梗的幼根侵入，完成对植物的侵染，找到合适位点进行定殖，并刺激头部附近的寄主细胞加速分裂长大，形成多个巨细胞，为线虫进一步发育服务。受害部位随着线虫的发育，形成根瘤或根结，温度25～30℃时，25d可完成一个世代。

【防控措施】

1.控制传播途径　严防土壤、农机具传播，在病区作业后的农用工具要清理干净；育苗基质经消毒后才可育苗，及时拔除病株。

2.日光高温消毒　种植前可利用6—8月高温季节，翻耕浇灌覆膜晒田，使膜下20～25cm土层温度升高至45～48℃甚至50～60℃，加之高湿（相对湿度90%～100%），有一定的防治效果。

3.轮作倒茬　发生桔梗根结线虫病的地块，种植根结线虫的非寄主小麦、玉米等作物3～4年后才能再种植桔梗。黄芩、丹参等中药材也是根结线虫的合适寄主，桔梗与这些药材轮作线虫病会更为严重。

4.改变栽培方式　改撒播为条播，有些地区种植桔梗采用的是撒播，每亩最高播种量达到5kg，最后成苗在40多万株，植株密度大，通风透光差，且撒播易造成植株密度不均，容易发生根结线虫病。

5.药剂防治　在整理好的土地上每隔20cm开一道深20～25cm的沟，每亩用10%噻唑磷颗粒剂2.5kg加10kg过筛细土搅匀，均匀施在沟内，沟覆盖后稍微突起，作为播种标记，施药后10d在施药沟上方顺沟播种，用脚踩实，然后用麦草覆盖。翌年3月下旬，桔梗萌芽时在2行桔梗中间再开一道沟，用同样的方法施用10%噻唑磷颗粒剂，综合防效可达60%以上。

第三节　桔梗菟丝子

菟丝子是桔梗生产上的重要寄生性植物，在我国各种植区均有发生，目前已知桔梗菟丝子发生的省份有安徽和辽宁。菟丝子主要为害桔梗的地上部，严重发病时可引起地上部分枯萎死亡。菟丝子分布广泛，主要通过种子传播，种子在土壤中可以存活多年。

【症状】

菟丝子是一年生攀缘性的草本寄生性种子植物。桔梗苗期和花期均可受菟丝子寄生为害。由于菟丝子生长迅速而繁茂，影响桔梗光合作用，而且营养物质被菟丝子所夺取，致使叶片黄化易落，枝梢干枯，长势衰弱，轻则影响植株生长，重则导致桔梗全株死亡（图16-5）。

【病原】

病原为中国菟丝子（*Cuscuta chinensis* Lam.），属寄生性种子植物。种子椭圆形，大小为（1～1.5）mm×（0.9～1.2）mm，浅黄褐色。茎细弱，黄化，无叶绿素，其茎与寄主的茎接触后产生吸器，附着在桔梗茎、叶的表面吸收营养，花白色或淡红色，簇生，果为蒴果，成熟开裂，种子2～4枚。花柱2条，头状，萼片具脊，脊纵行，使萼片现出棱角。

【发生规律】

菟丝子以种子繁殖和传播。菟丝子种子成熟后落入土中，休眠越冬后，翌年4—6月温湿度适宜时萌发，幼苗胚根伸入土中，胚芽伸出土面，形成丝状的菟丝，缠绕在桔梗植株表面，在接触处形成吸根伸入寄主。吸根进入寄主组织后，部分组织分化为导管和筛管，分别与寄主的导管和筛管相连，自寄主吸取养分和水分。

图16-5　菟丝子为害症状桔梗

a.菟丝子成片为害状　b.桔梗上为害的菟丝子　c.桔梗茎叶受菟丝子为害　d.桔梗果柄受菟丝子为害

【防控措施】

1.加强栽培管理　精选种子，防止菟丝子种子混入。结合苗圃和本田管理，在菟丝子种子未萌发前进行中耕深埋，使之不能发芽出土（一般埋于3cm以下菟丝子便难于出土）。

2.**人工铲除** 春末夏初检查桔梗苗圃和本田，一经发现菟丝子立即铲除，或连同寄生受害部分一起剪除，由于其断茎有发育成新株的能力，故剪除必须彻底，剪下的茎段不可随意丢弃，应晒干并烧毁，以免再传播。在菟丝子发生普遍的地方，应在种子未成熟前彻底拔除，以免成熟种子落地，增加第二年的初侵染源。

3.**药剂防治** 在菟丝子生长的5—10月，可用精喹禾灵防除，每隔10d喷1次，连喷2次。施药宜掌握在菟丝子开花结籽前进行。

艾 病 害

艾叶为菊科蒿属植物艾（*Artemisia argyi* H. Lév. & Vaniot）的干燥叶，质柔软，气清香。艾性温，味辛、苦；有小毒。归肝、脾、肾经。常用于治疗吐血、崩漏、月经过多、胎漏下血、小腹冷痛、经寒不调、宫冷不孕；外治皮肤瘙痒。艾在我国分布广泛，在华东、华中、东北、华北、西北地区均有分布，主产于湖北、河南、山东、河北等地。艾生产上病害种类繁多，主要有白粉病、污煤病、叶斑病等。

第一节 艾白粉病

白粉病是艾的主要病害，在湖北、河南地区较为常见，发病率可达10%～30%。为害植株地上部分，发病迅速，传播广泛，可从发病中心迅速向四周蔓延，难以防治，严重影响艾的生长。

【症状】

艾白粉病主要侵染叶片，叶片、叶柄及茎部都易发病，叶部尤为明显，叶正面症状较为严重，发病初期叶片表面出现白色无定形斑点，有粉状小点，病斑逐渐扩大连接成片状的白色粉状霉层，直至布满整个叶片，后期叶片逐渐早衰、枯萎，严重时整个植株死亡（图17-1）。

图17-1 艾白粉病症状

【病原】

艾白粉病病原菌无性态被称为 *Oidium artemisiae* var. *artemisiae*，在寄主植物上产生分生孢子，有性态被命名为 *Erysiphe artemisiae*，在菌丝上形成子实体，并产生有性孢子。该菌属于外生性真菌，分生孢子发达，多存在于植株表皮层，呈橄榄球形、椭圆形，表面光滑或有疣点，单个分生孢子长度约为34.57μm，宽度约为18.36μm，芽管自顶端萌发（图17-2）。

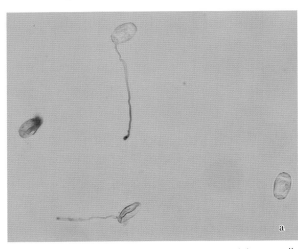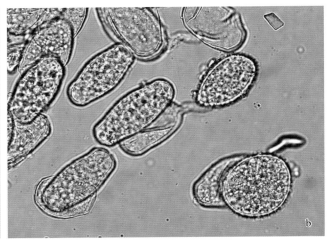

图17-2 艾白粉病病原菌形态
a.孢子形态（400×） b.孢子形态（1 000×）

【发生规律】

不同地区因地理位置、气候条件不同，发病时间、发病程度有所不同。湖北地区艾白粉病多发于冬季，11月中旬开始发病，12月至翌年2月为高发期。温度是白粉病发生的主要影响因素，冬季低温条件有利于该病的发生，温度高时发病较轻。病原菌孢子可随风雨传播，迅速扩散至周围植株，发病严重。病原菌以闭囊壳在病残体中残存越冬，以子囊孢子侵染植株。

【防控措施】

1.选苗 选用健壮、未发病地区的种苗，加强培育管理，增强植株抗逆能力。

2.加强栽培管理 栽培时注意植株的间距，合理密植，及时去除发病植株，白粉病菌传播快，发病迅速，初期防治能够有效减少病菌传播，防止病害大面积暴发。加强水肥管理，减氮增磷肥，提高植株的抗病能力。土壤定期消毒，中耕松土，减少土壤中病株残留。

3.药剂防治 白粉病发病初期使用药剂防治效果较好，加强病情调查，确定喷药时间，发病初期可使用0.5%大黄素甲醚水剂416倍液，严重时用20%戊菌唑水乳剂2 500倍液或42%苯菌酮悬浮剂3 000倍液效果较好，15%三唑酮可湿性粉剂1 000倍液也有较好的防治效果。

第二节 艾煤污病

艾煤污病对艾的危害极大，在艾叶各产区均有发生，常成片发病，感染煤污病后艾叶片的表面会产生大量灰色至黑色霉点甚至霉层，使得叶片正常的光合作用受到阻碍，进而影响艾绒产量及品质。

【症状】

煤污病常在叶面、枝梢上形成黑色小霉斑，后扩大连片，使整个叶面、嫩梢上布满黑霉层，叶片表面呈黑色霉层或黑色煤粉层是该病的重要特征（图17-3、图17-4）。

图17-3 艾煤污病症状

正常叶片   煤污病叶片

图17-4 艾煤污病健叶与病叶对比

a.艾叶正面　b.艾叶背面

【病原】

艾煤污病由子囊菌门小煤炱目小煤炱属（*Meliola* sp.）真菌侵染引起，该真菌以蚜虫、介壳虫等昆虫的分泌物及自身分泌物为营养来源，在叶片表面形成一片灰褐色、墨褐色的菌苔，严重时整个叶片的小枝被菌苔覆盖，严重影响叶片的光合作用。高温多湿、通风不良，蚜虫、介壳虫等分泌蜜露的害虫发生多，均加重发病。

【发生规律】

病原菌借风雨和昆虫传播，常在春、秋两季发病。煤污病的发生常与管理不善、密度过大、植株生长细弱以及蚜虫、介壳虫的为害有密切关系。

【防控措施】

1. 加强栽培管理　艾种植不要过密，要通风透光良好，以降低湿度，切忌环境湿闷。
2. 药剂防治　该病发生与分泌蜜露的昆虫关系密切，喷药防治蚜虫、介壳虫等是减轻发病的主要措施。可适期喷施25g/L溴氰菊酯乳油300mL/hm² 或10%吡虫啉可湿性粉剂450g/hm²。对于寄生菌引起的煤污病，可喷施45%代森铵水剂200～400倍液或80%克菌丹可湿性粉剂1 000倍液。

第三节　艾叶斑病

艾叶斑病为艾叶部常见真菌性病害，在艾叶各产区均有发生，种植密度过大、通风不良、潮湿的区域发病严重，发病率可达30%以上。

【症状】

艾叶斑病多从植株下部靠近地面部分开始发病，发病早期叶片表面出现黄色小斑点，随着病情发展病斑扩大，病斑中心颜色逐渐加深，呈棕褐色。后期病斑连接成片，叶片萎缩，逐渐枯死，枯株高可达正常株高的1/2（图17-5）。

图 17-5　艾叶斑病症状

【病原】

艾叶斑病病原菌为子囊菌无性型链格孢属真菌链格孢菌 [*Alternaria alternata* (Fr.) Keissl.]。菌落在 PDA 培养基上呈棕褐色至黑色，产生黑色色素。分生孢子多单生，褐色，常呈棒形、倒卵形或长椭圆形，经常带分生孢子梗，具 1 ～ 5 个横隔膜，0 ～ 4 个纵或斜隔膜，多 2 ～ 3 个横隔膜，1 ～ 2 个纵或斜隔膜（图 17-6）。分生孢子长 9.68 ～ 35.49μm，宽 6.4 ～ 18.26μm，长 / 宽为 1.04 ～ 4.49。

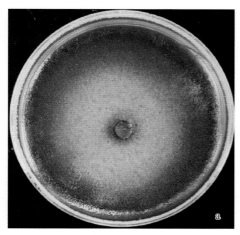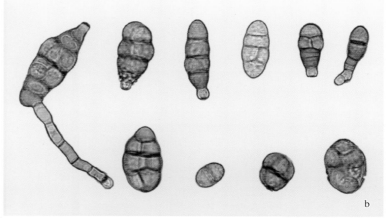

图 17-6　艾叶斑病病原菌形态

a. 培养性状　b. 分生孢子形态

【发生规律】

艾叶斑病从 3 月初艾叶刚长出时开始发病，孢子随风雨传播，下雨后病害迅速扩散，整片田地发病。种植过密、通风不良会导致病情加重，一般靠近地面的叶片最先发病，病情最为严重。在病残体及土壤中越冬的病原菌菌丝体和分生孢子会成为来年发病的初侵染源，借风雨传播，由伤口或自然孔口侵入，孢子萌发的最适条件为温度15～25℃、相对湿度95%以上。除此之外连作年限长的地块有利于该病害的发生。

【防控措施】

1. 加强栽培管理　控制种植密度，保持田间通风，雨季注意及时排水，降低田间湿度。

2. 药剂防治　在实验室药剂筛选实验中喹啉铜、丙环唑、多·福、甲基硫菌灵、苯醚甲环唑能够有效抑制菌丝生长，推荐使用。

白 术 病 害

白术（*Atractylodes macrocephala* Koidz.）属菊科苍术属，为我国特有药用植物，是著名中药材"浙八味"之一，素有"北参南术"之美誉。

白术为多年生草本植物，以根茎入药。主要分布在江苏、浙江、福建、江西、安徽、四川、湖北及湖南等地。根茎肥厚，横切面散生棕黄色油点，气清香，具健脾益气、燥湿利水、止汗、安胎功效。

白术主要病害有立枯病、花叶病、铁叶病、白绢病、根腐病以及叶斑病。其中白绢病、根腐病和立枯病等根茎部病害为害严重。

第一节 白术白绢病

白术白绢病又称白糖烂、白霉病，在全国大部分产区均有发生，南方高温湿润的地区发病严重。一般田间发病率为15%～20%，严重地块高达100%。

【症状】

白绢病主要为害成株期白术的根茎部。发病初期，受侵染的根、茎上出现深褐色不规则的水渍状病斑，叶片变小、黄化，整个植株的生长势减弱。随着病情发展，根茎病斑处皮层坏死，输导组织的功能受到严重破坏，导致水分不能由根部向上运输，上部叶片缺水，干枯，呈褐色。病变严重的根茎腐烂分为干腐和湿腐两种，低温条件下，根茎内部薄壁组织逐渐腐烂殆尽，只剩木质化的导管组织，呈乱麻状，极易从土壤中拔出；高温高湿条件下，布满白色菌丝的根茎湿腐，呈烂薯状。发病根茎及周围叶片、土壤出现白色菌丝，后期产生许多油菜籽大小的菌核，为病原菌的越冬结构，初为乳白色，后颜色加深呈米黄色、浅褐色（图18-1）。

【病原】

白术白绢病病原菌为担子菌无性型小核菌属齐整小核菌（*Sclerotium rolfsii* Sacc.），有性型为罗氏阿太菌 [*Athelia rolfsii* (Curzi) C.C. Tu et Kimbr.]。菌核多为圆形，少数略呈长形或不规则形，整体饱满或扁平，乳白色至茶褐色（培养基上菌核为圆形，茶褐色至黑色）。病原菌的气生菌丝较多，呈白色，直径6.40～7.36μm。菌丝生长速度快，以辐射状向四周生长，在PDA培养基上培养3d左右可长满直径9cm的培养皿，5d后培养基表面产生大量乳白色小颗粒状菌核，近球形或椭球形，大小为（1.45～1.76）mm×（1.29～1.61）mm，9d后菌核颜色变为茶褐色。菌核表面光滑，组织硬而致密，外部细胞色深而小，内部细胞色浅而大，甚至无色（图18-2）。

图18-1 白术白绢病症状

a.发病初期 b.发病晚期 c ～ e.根部和附近地表的菌核

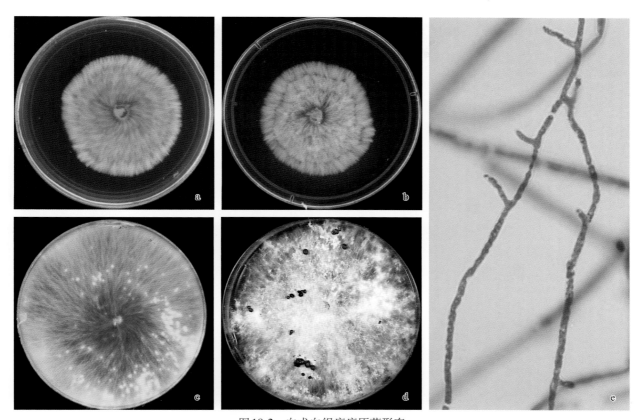

图18-2 白术白绢病病原菌形态

a、b.培养早期性状　c、d.培养晚期性状　e.菌丝形态

【发生规律】

高温高湿利于该病害发生，30～35℃为发病最适宜温度。一般4月下旬可初见病株，6—8月发病严重，8月以后发病逐渐下降。病原菌主要依靠菌核随种子、种苗、雨水、病土等传播至其他田块，还可通过病株上产生的菌丝蔓延，近距离传播至邻近植株。病害发展末期产生的菌核是病原菌的越冬结构，可在土壤或病残体中越冬，抗逆性强，存活时间长。

【防控措施】

1.种子选择　选用性状优良、无病健壮的白术作种，并在播种前用50%多菌灵可湿性粉剂1 000倍液浸泡消毒，5～10min为宜，晾干后下种。

2.种前处理　种前深翻土壤，改善土壤结构，提高通透性，之后用生石灰对全田土壤进行杀菌消毒，用量为1 200kg/hm²，注意撒施均匀，完成后晾田2周。

3.轮作防病　尽量与非白绢病寄主的禾本科作物进行轮作，3～5年为宜，不可与玄参、附子、花生、芍药、大豆、地黄等易感染白绢病的植物轮作。有条件时水旱轮作防病效果更佳。

4.保持田园清洁　发现病株及时拔除，集中销毁，用石灰对病株所在地块的土壤进行消毒，清除残存的菌丝，防止病害向四周蔓延。

5.药剂防治　病害发生初期，可用50%腐霉利可湿性粉剂1 000倍液、50%多菌灵可湿性粉剂1 000倍液喷雾防治。

第二节　白术根腐病

　　根腐病是白术上重要的土传病害，主要为害根部维管束，防治难度大。白术以根茎入药，一旦受根腐病为害，品质和产量迅速下降，甚至彻底丧失经济价值。在湖北恩施，白术根腐病引起的平均产量损失可达40％，严重者达90％以上，是白术生产上的重要威胁。

【症状】

　　白术根腐病为维管束系统性病害。发病初期一般先侵染根毛，随后向主根、茎基部甚至近地面叶片蔓延，也可直接侵染主根，使整个维管束系统发病。病变部位呈黄褐色凹陷，后逐渐呈黑褐色，干枯腐烂。地上部分叶片萎蔫黄化，茎秆横切面可见维管束明显变褐，形成一圈褐色病变，维管束系统的输导功能无法正常进行，导致侵染后期叶片、须根干枯脱落，整个根茎呈海绵状黑褐色干腐，根茎皮层萎缩变皱，与木质部分离，最终导致全株死亡，极易从土壤中拔出（图18-3）。

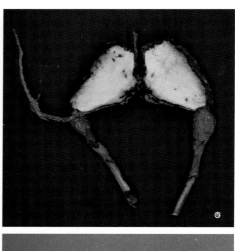
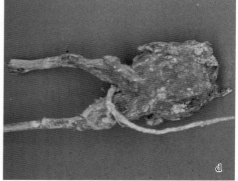

图18-3　白术根腐病症状
a、b.植株症状　　c、d.根茎症状

【病原】

　　白术根腐病主要由子囊菌无性型镰孢菌属（*Fusarium* spp.）真菌侵染所致，不同白术产区致病菌的种类可能不同，其中尖孢镰孢菌（*Fusarium oxysporum* Schltdl. ex Snyder et Hansen）和腐皮镰孢菌[*Fusarium solani* (Mart.) Appel et Wollenw. ex Snyder et Hansen]数量上占优势，为优势菌株。尖孢镰孢菌在PDA培养基上气生菌丝较为致密，为棉絮状，颜色从白色、淡红色到淡紫色、蜡黄色不等，生长后期可能形成菌丝球。腐皮镰孢菌在PDA培养基上呈黄白色轮纹状，气生菌丝较少。镰刀菌具有大孢子和小孢子两种分生孢子，孢子大小、形状因菌株而异。大型分生孢子大小一般为（5.64～36.56）μm×（1.69～6.81）μm，2～6个分隔，小型分生孢子大小一般为（5.65～11.19）μm×（1.30～4.46）μm，1个分隔或没有分隔。孢子形态从卵圆形、椭圆形到镰刀形不等（图18-4）。

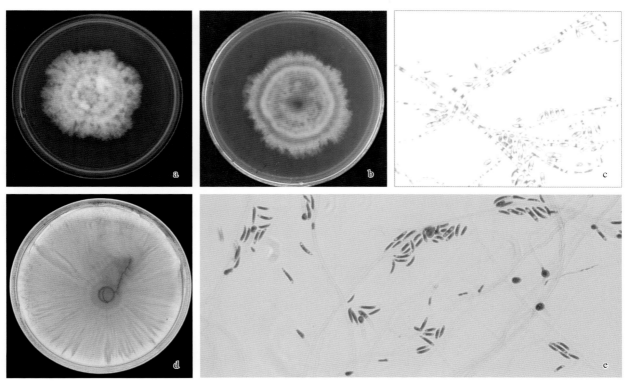

图18-4　白术根腐病病原菌形态

a、b.尖孢镰孢菌培养性状　c.尖孢镰孢菌分生孢子形态　d.腐皮镰孢菌培养性状　e.腐皮镰孢菌分生孢子形态

【发生规律】

病原菌以菌丝体、厚垣孢子的形式在种苗、病土、病残体中越冬，成为翌年的初侵染源。病原菌可通过虫害导致的机械伤口侵入或直接侵入，传染性强。一般4月中旬可初见病株，5—6月为发病盛期，8月后病情逐渐缓解，可持续至10月。高温高湿易发病，在白术生长中后期若久雨突然转晴，病害易大规模发生。风、雨水、农事操作、地下害虫都能传播该病，远距离传播则以土壤传播和种子传播为主。

【防控措施】

1.种苗选择　选择健康无菌、抗病力强、短秆阔叶白术的种子，大面积种植时可建立无菌苗圃。

2.种苗消毒　25%多菌灵可湿性粉剂400～500倍液浸泡12～24h，晾干后栽种。

3.科学选地　选择地势高、排水良好的沙壤土种植，尽量选择未种植过白术或新开垦的地块，减少土壤中的初始菌量，降低病害发生的概率。

4.加强田间管理　与玉米、甘蓝等浅根系作物轮作3年以上，忌连作；合理密植，雨后及时开沟排水，降低田间湿度；发现病株后立即拔除销毁，不能留在种植区内，以防病害蔓延。

5.药剂防治　发病初期及时拔除中心病株，并选用50%多菌灵可湿性粉剂或70%甲基硫菌灵可湿性粉剂500～1 000倍液等浇灌病穴及周围植株，也可选用3%中生菌素可湿性粉剂1 000倍液或98%噁霉灵可湿性粉剂1 000倍液等喷雾防治。

第三节　白术立枯病

白术立枯病俗称烂茎瘟，为白术幼苗期的主要病害，可为害未出土的种子及幼芽、幼苗和移栽后的大苗，严重时还可造成全田毁种。该病在全国大部分产区均有发生，一般田间发病率为5%～20%。

【症状】

幼苗出土后受到侵染，幼茎基部产生黄褐色病斑，略具同心轮纹，边缘颜色较深，随后病斑失水凹陷，颜色由黄褐色逐渐变为黑褐色。侵染初期幼苗在阳光下表现出失水萎蔫的症状，阴暗条件下恢复正常。随着病斑的扩展，病斑融合，绕茎一周，茎部干枯缢缩成"铁丝茎"，地上部分也随之萎蔫倒伏，幼苗枯死。遇高湿条件，茎基部会产生一些褐色蛛网状菌丝，或伴有大量黄褐色土粒状菌核。有时近地面的潮湿叶片也可被侵染，使叶边缘形成水渍状褐色病斑，随后扩展至全叶（图18-5）。

图18-5　白术立枯病症状

【病原】

白术立枯病病原菌为担子菌无性型丝核菌属立枯丝核菌（*Rhizoctonia solani* Kühn）。病原菌在PDA培养基上室温培养时，生长速度较快，菌落生长均匀，呈棕色薄毡状，背面黄色至黄褐色。菌落边缘参差或齐整。菌丝有隔，初为无色，后为浅褐色或黄褐色，菌丝直角分枝，基部略有缢缩。生长后期菌落上形成棕褐色菌丝球。菌核呈褐色不规则粒状，表面粗糙，湿润时质地松软（图18-6）。

【发生规律】

白术立枯病遇长期阴雨低温天气易发生，为低温高湿病害。早春时节，刚出土的白术幼苗组织

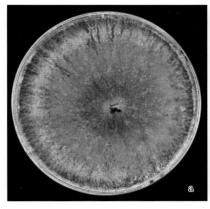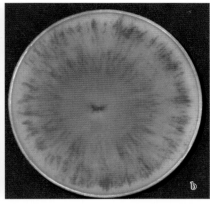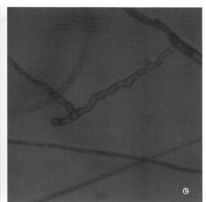

图18-6 白术立枯病病原菌形态
a、b.培养性状 c.菌丝

尚未木栓化，生长势较弱，易受到病害侵染，导致烂芽、烂种。3月下旬至4月上旬开始发病，4月下旬至5月上旬发病严重，之后逐渐减轻。病原菌以菌丝体或菌核的形式在土壤及病残体中越冬，可存活长达2～3年。在适宜的条件下，病原菌可直接通过表皮伤口侵染幼苗根茎，造成根茎死亡，再通过农具、灌溉水、雨水进行传播。立枯丝核菌喜低温高湿，13～22℃为适宜发育温度，适宜发育pH为3～9.5。多年连作或种植于易感病地块则发病重。

【防控措施】

1.种苗选择 选择无菌、健壮、性状优良的白术苗。

2.科学选地 宜选择山坡上排水良好、通风透气的沙壤土地种植。

3.土壤处理 对土壤进行消毒处理，降低土壤中的初侵染菌源。

4.加强田间管理 忌连作或与立枯丝核菌其他寄主植物轮作；雨后及时开沟排水，挖松土壤，降低田间湿度，减少病原菌滋生；及时拔除病株，避免病原菌积累；保持种植区域通风性良好；加强有机肥的施用。

5.药剂处理 发病初期可施用50%多菌灵可湿性粉剂1 000倍液、50%霜·福·稻瘟灵可湿性粉剂800～1 000倍液、5%石灰水或20%甲基立枯磷乳油1 000倍液。土壤处理时为避免药害，可在药剂与土壤混合后用清水喷洒白术叶片。

第四节 白术叶斑病

白术叶斑病在全国大部分产区均有发生，南方高温湿润的地区发病严重。一般田间发病率为10%～30%，严重地块高达80%以上。白术叶斑病引起叶片穿孔、腐烂，影响其光合作用，导致白术减产。

【症状】

白术叶斑病一般从叶尖和叶缘开始发病，出现不规则状褐色至黑褐色病斑，边缘界限清晰，蔓延速度快，逐渐从边缘和叶尖扩展至全叶，叶片变黑干枯，凋萎死亡。除叶片外，茎秆、枝干也能受害。病斑干燥时易开裂（图18-7）。

【病原】

不同白术产区的白术叶斑病病原菌不尽相同。据前人报道，浙江省磐安县的白术叶斑病主要由长柄链格孢菌 [*Alternaria longipes* (Ellis et Everh.) E.W. Mason] 引起。长柄链格孢菌在PDA培养

图 18-7　白术叶斑病症状

基上菌落圆形，气生菌丝致密，培养基正面呈浅灰色，菌落有区域分隔，背面深绿色。在 SNA 培养基上分生孢子近椭圆形至倒棍棒形不等，具 3 ～ 8 个横隔膜，0 ～ 2 个纵隔膜，大小为（14.2 ～ 58）μm×（98.0 ～ 200）μm，有时候多个孢子连接成链状。分生孢子梗浅棕色，一个或多个分隔，分枝较少。最适生长温度为 25 ～ 30℃。贵州省白术叶斑病的病原菌为细极链格孢菌 [*A. tenuissima* (Nees:Fr.) Wiltshire]。细极链格孢菌在 PDA 培养基上菌落稀疏，呈灰白色，之后菌丝绒毛状，较为致密，呈墨绿色至黑褐色。分生孢子褐色，倒棍棒状，具 4 ～ 7 个横隔膜，2 ～ 4 个纵隔膜，孢子大小为（20.0 ～ 44.5）μm×（7.5 ～ 13.0）μm（图 18-8）。

【发生规律】

病原菌以分生孢子或菌丝在病残体或土壤中越冬，翌年产生新的分生孢子后，随雨水和气流传播，从气孔或直接穿透表皮侵入植物。病原菌喜高温高湿，5 月中下旬为发病盛期，主要靠昆虫、雨水、不恰当的农事操作传播。

【防控措施】

1. 种苗选择　选择健壮无菌的种苗。

2. 加强田间管理　合理密植，植株密度控制在 13.5 万～ 15.0 万株/hm² 之间；保持田间通风透气，雨后及时排水；发现病株立即拔除销毁，保持田园清洁；露水较重的情况下尽量不要进行农事操作。

3. 药剂防治　发病初期可用 1 000 亿活芽孢/g 枯草芽孢杆菌可湿性粉剂 800 倍液对白术叶片进行喷雾处理。

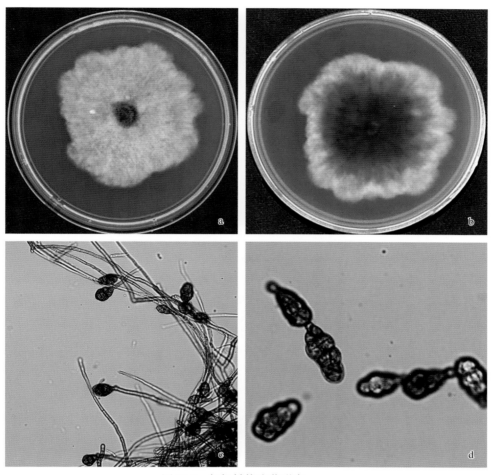

图18-8　细极链格孢菌形态

a、b.培养性状　c、d.分生孢子形态

第五节　白术偶发性病害

表18-1　白术偶发性病害

病害（病原）	症　状	发生规律
锈病 [双胞锈菌 (*Puccinia atractylodis*)]	先形成褪绿小病斑，病斑边缘伴有黄色晕圈，后病斑逐渐扩大，背面出现黄色隆起（锈孢子腔），破裂后散发出黄色粉末（锈孢子），叶片变黑穿孔	一般5—6月开始发病，6—7月为盛发期，7月末至8月开始减轻
纹枯病 [立枯丝核菌 (*Rhizoctonia solani*)]	茎秆受害后形成中间浅褐色、边缘深褐色的病斑，病斑融汇成云纹状，与水稻纹枯病病斑相似，故名纹枯病。病部向上扩展致整株枯死，后期病部可见萝卜籽大小的菌核	9月田间潮湿、施氮肥过多时为盛发期

第十九章 PARTNINETEEN

苍 术 病 害

菊科苍术属植物是东亚特有属，通常认为包括鄂西苍术 [*Atractylodes carlinoides*（Hand.-Mazz.）Kitam.]、南苍术（也常称为茅苍术）[*A. lancea*（Thunb.）DC.]、北苍术 [*A. chinensis*（Bunge）Koidz.] 等。除鄂西苍术外，苍术属的其他所有类群的根状茎均可入药。《中国植物志》将南、北苍术视为一种，统称为苍术（*A. lance*）。

苍术为多年生草本植物，以根茎入药。主要分布在湖北、江苏、河北、内蒙古、山西、河南、辽宁、吉林、黑龙江、甘肃、山西、青海等地。根茎粗肥，横断面有红棕色油点，具香气，有燥湿健脾、祛风散寒、明目功效。

苍术主要病害有根腐病、叶斑病、炭疽病、菌核病、白绢病、黑斑病、锈病、病毒病等。其中，根腐病等根部病害为害严重。

第一节　苍术根腐病

根腐病是苍术栽培上最常见的土传真菌性病害，致病因素复杂，为害严重，防治难度大。苍术根腐病发病率为15%～40%，部分道地产区发病较为严重，发病率高达70%，甚至绝产。

【症状】

病害为害前期，叶片发黄萎蔫，主根及须根呈现黄褐色，继而转为深褐色。由根部向茎秆扩展蔓延。发病后期，叶片枯萎脱落，茎秆腐烂，表皮层和木质部分离，残留木质部纤维和碎屑，或根部呈水渍状腐烂（图19-1）。

图 19-1　苍术根腐病症状

a、b.田间症状　c.植株症状　d、e.根部症状

【病原】

苍术根腐病病原菌为子囊菌无性型镰孢菌属（*Fusarium* spp.）真菌，包括腐皮镰孢菌 [*F. solani* (Mart.) Appel et Wollenw. ex Snyder et Hansen]、尖孢镰孢菌（*F. oxysporum* Schltdl. ex Snyder et Hansen）、条纹镰孢菌（*F. striatum* Sherb.）和层出镰孢菌 [*F. proliferatum* (Matsushima) Nirenberg]。根据全国不同苍术主产区样本病原菌鉴定情况，尖孢镰孢菌和腐皮镰孢菌为数量上的优势菌。尖孢镰孢菌气生菌丝棉絮状，菌丝多而紧实，呈白色、暗红色、紫色、粉红色、蜡黄色等，生长后期部分菌株会出现菌丝球。腐皮镰孢菌气生菌丝少，黄白色至浅灰色，呈同心轮纹状，中央有土黄色黏孢团。不同菌株孢子形态、大小差异较大，形状有镰刀形、椭圆形、卵圆形等，基细胞足状明显或不明显。小型分生孢子多为 0 ~ 1 个分隔，孢子大小为（5.65 ~ 11.19）μm ×（1.30 ~ 4.46）μm；大型分生孢子多为 2 ~ 6 个分隔，孢子大小为（5.64 ~ 36.56）μm ×（1.69 ~ 6.81）μm（图 19-2）。

【发生规律】

苍术根腐病在不同地区、不同种植基地发病时间、发病程度不同。病原菌以菌丝体、分生孢子或厚垣孢子随病残体在土壤中越冬，或随术块在室内越冬。通常 5 月中旬始发，部分基地 4 月开始发病，6—9 月为病害高发期。一般在雨季之后，高温高湿、土壤排水不畅会大面积暴发。伤口有利于病原菌的侵染。连作年限长的地块有利于该病害的发生。同时，术块、种子的消毒处理技术与病害的发生密切相关。

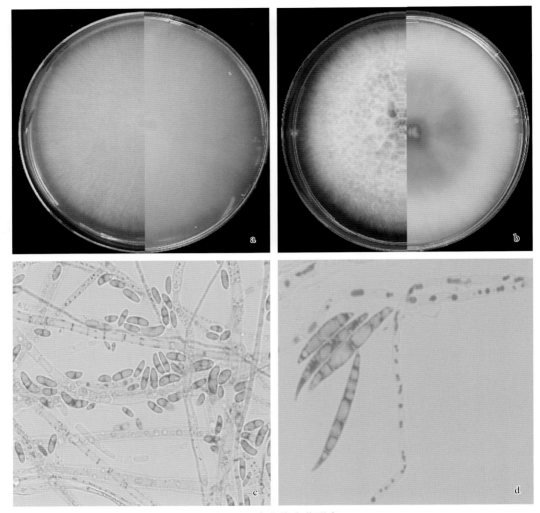

图 19-2　尖孢镰孢菌形态

a、b.培养性状　　c、d.分生孢子形态

【防控措施】

1.**科学选地**　苍术栽培适宜选择丘陵山区，半阴半阳的山坡或荒山，忌高温强光。阳光照射的平地及低洼积水地，黏性土壤、排水不畅的田块均易发病。

2.**土壤消毒**　做畦时，可用50%多菌灵可湿性粉剂7～8g/m²或三元消毒粉（配方为草木灰：石灰：硫黄粉=50：50：2）7.5×10³g/m²进行土壤消毒。

3.**种苗消毒**　芽头育种要严格筛选所用术块：通常选用含2个芽头以上的块根作种苗，严格剔除有病术块。育苗所用种子表面进行消毒处理：严格筛选所用术块，块根可用50%多菌灵可湿性粉剂800～1 000倍液或大蒜素浸种。块根伤面晾晒1～2d，伤口愈合后再进行种苗移栽，减少病原菌侵染的机会。

4.**加强栽培管理**　忌连作和栽培密度大，连作年限越长，发病越重。新栽地和轮作地发病率低。种过苍术的地块易与禾本科作物（如小麦、玉米等）轮作，周期为3年以上，不宜在前茬为根腐病菌寄主的豆科、茄科或葫芦科作物等田块种植。苍术生长期内及时清理发病植株残体，并在周围撒上草木灰消毒，防止病情扩散。施足底肥，提高苍术植株抵抗力。

5.**生物防治**　苍术栽种或育苗阶段在土壤中施用哈茨木霉菌、盾壳木霉菌等生防菌，可以起到防病作用。

第二节 苍术叶斑病

苍术叶斑病是苍术主要病害之一，各株龄均可发病。该病害发生普遍，在辽宁沈阳、抚顺等地都有发现，分布广泛，扩散速度快。植株病叶率一般在50%以上，病害后期可达80%以上，造成叶片大量枯死，影响植株的正常生长。

【症状】

苍术叶斑病主要发病部位在底层老龄叶片，后期蔓延至植株上部叶片，也可侵染茎秆。病害发生初期，叶片表面产生白色病斑，病斑外缘黑色，病健交界处有黄色晕圈。后期病斑逐渐扩大，病斑上产生肉眼可见的黑色分生孢子器，埋生或半埋生于叶片表皮层下部。田间发病状况多分散，存在多个发病中心，降雨后病害程度明显加重（图19-3）。

图19-3 苍术叶斑病症状

a.田间症状 b.叶片症状

【病原】

苍术叶斑病病原菌为子囊菌无性型菊异茎点霉（*Paraphoma chrysanthemicola*）。病原菌在PDA培养基上菌落呈深褐色，外缘灰白色。菌落近圆形，边缘不规整。菌丝呈浅黑褐色，有隔，部分菌丝外壁有不同程度增厚。分生孢子透明，单胞，呈椭圆形短棒状，长$6.5 \sim 9\mu m$，宽$1.75 \sim 2.95\mu m$。产孢细胞安瓿瓶形或瓮形，直径$2.5 \sim 3\mu m$。分生孢子器近球形，含有4～6层拟薄壁组织，直径$80 \sim 253\mu m$，高$65 \sim 140\mu m$，外壁黑色，有孔口，呈瓶形或安瓿形（图19-4）。

【发生规律】

病原菌以分生孢子器在田间病残体或土壤中越冬，成为翌年的初侵染源。条件适宜时分生孢子借助雨水及虫媒传播。在辽宁地区，病害最早可在6月下旬始发，一直持续到10月中旬。受降雨和温度的影响，7—8月为盛发期。天气寒冷、雨水缺少时，病害扩散程度明显降低。种植过密使环境内湿度上升，增加了叶片间互相感染概率，有利于病原菌的侵染。

【防控措施】

1.加强栽培管理 及时清除田间病株。合理密植，以利于田间通风透光，降低株间湿度。雨后及时排水，增施有机肥及磷、钾肥，增强植株抗病力。冬季清园，扫除落叶，集中深埋或销毁，减少

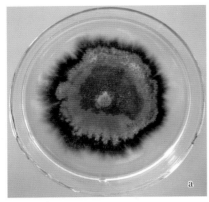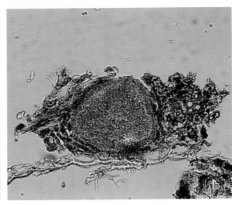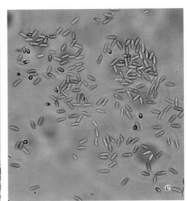

图 19-4 苍术叶斑病病原菌形态

a.培养性状 b.分生孢子器 c.分生孢子

越冬菌源基数。

2.药剂防治 发病初期及时进行药剂防治，药剂可选用75%百菌清可湿性粉剂600倍液，或65%代森锌可湿性粉剂500倍液，或80%代森锰锌可湿性粉剂600～800倍液，或70%甲基硫菌灵可湿性粉剂600倍液，7～10d 1次，喷2～3次。

第三节 苍术炭疽病

苍术炭疽病是苍术主要叶部病害之一。该病害发生普遍，分布广泛。植株病叶率一般为10%～50%，严重时可达80%以上，可造成叶片大量枯死，影响植物的正常生长。

【症状】

苍术炭疽病主要为害叶片，病斑较小，多呈近圆形或不规则形，初期病斑褐色，病健分界明显，随后病斑扩展，合并，发展成深棕色，略凹，病斑的表面出现散生或轮纹状排列的小黑粒，这种小颗粒即病原菌的分生孢子盘。在高湿条件下，病斑上出现大量红色黏质团，即为病原菌的分生孢子团。底部成熟叶片先变黄，枯萎脱落。发病严重时，顶部嫩叶和花萼也染病（图19-5）。

【病原】

苍术炭疽病病原菌为子囊菌无性型苍术炭疽菌（*Colletotrichum atractylodicola*）。分生孢子盘盘状聚生，黑色或黑褐色。刚毛顶端较尖，深褐色，1～3个隔膜。分生孢子梗圆柱形，无色，单胞，顶端尖，大小为（9～28）μm×（2.5～3.9）μm。分生孢子圆柱形，无隔膜，透明，光滑，有1～2个油球，大小为（15～25）μm×（4～6）μm（图19-6）。

【发生规律】

病原菌以菌丝体和分生孢子在病残体内越冬，翌年成熟的分生孢子成为初侵染源，借助风雨和灌溉水或昆虫、农事活动等传播。温湿度是苍术炭疽病发生的重要条件，5月下旬开始发病，7—8月为盛发期。具有发病中心，一旦病害发生，蔓延极快，常致叶片呈点状成批枯死。

【防控措施】

1.加强田间管理 注意保持田园卫生，降低菌源基数。秋末、初冬及早清除田间枯枝落叶，集中销毁或深埋，减少翌年初侵染菌源。及时追施肥料。合理排灌，秋季多雨时，加强排水，降低湿度。加强早期除草，增施有机肥，提高植株抗病性。

图 19-5　苍术炭疽病症状

a.田间症状　b、c.叶片症状　d.叶片上的孢子角

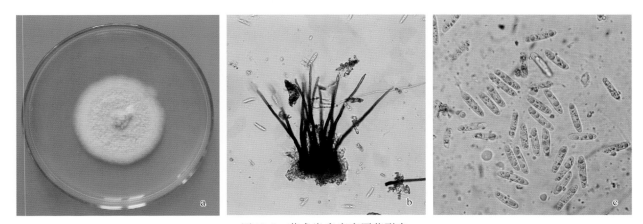

图 19-6　苍术炭疽病病原菌形态

a.培养性状　b.分生孢子盘和刚毛　c.分生孢子

2.药剂防治　发病初期及时进行药剂防治，可选用70%甲基硫菌灵可湿性粉剂600 ~ 800倍液、250g/L咪鲜胺乳油600 ~ 800倍液或80%炭疽·福美可湿性粉剂600倍液。

第四节　苍术菌核病

苍术菌核病是苍术重要病害之一。该病害发生较普遍，各道地产区均有发生，一般发生率为10%～30%，严重时可达50%以上。

【症状】

苍术菌核病主要为害根及根茎，也可为害茎基部。受害植株底层老熟叶片首先开始变黄、枯萎，逐渐向上蔓延，最终导致全株性枯死，茎基部和根茎出现褐色或黑褐色腐烂，病健交界不明显，皮层腐烂，易露出里层纤维组织。湿度大时病部可见白色棉絮状菌丝，后续病部产生直径0.8～6.9mm、卵圆形或不规则形的黑色菌核（图19-7）。

图19-7　苍术菌核病症状

a.地上部症状　b、c.根部症状　d.茎基部症状

【病原】

苍术菌核病病原菌为子囊菌门核盘菌属雪腐核盘菌（*Sclerotinia nivalis* I. Saito）。病原菌在PDA培养基上形成圆形菌落，气生菌丝发达，绒毛状，初期白色，后期呈肉桂色。7d后培养皿边缘气生菌丝较浓厚处首先出现菌丝纠结，形成突起，初期较小，白色，随后突起逐渐膨大，颜色加深，形成黑色菌核，菌核之间有白色菌丝分布，菌落中心区域未见形成菌核。菌核球形或近球形，大小不一，

直径为0.5～4.5mm，部分菌核延长或融合成不规则形，并紧贴于培养基表面，菌核表面不粗糙，组织紧密，质地坚硬（图19-8）。

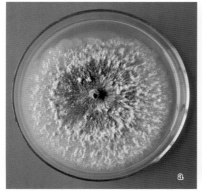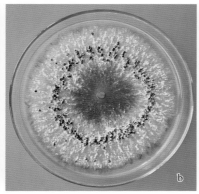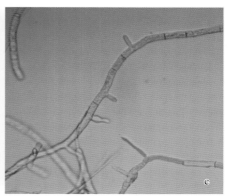

图19-8 苍术菌核病病原菌形态

a.7d培养性状 b.14d培养性状 c.菌丝形态

【发生规律】

病原菌以菌核和菌丝在土壤中或混杂在病残体间越冬，成为翌年初侵染源。生长期菌核萌发，菌丝随雨水和灌溉水传播，或萌发形成子囊孢子，借风雨飞散进行再次侵染，扩大为害。发病后期在病株根茎附近及土表形成菌核。田间4月中旬发病，4月下旬到5月为发病盛期。偏施氮肥、排水不良、管理粗放、雨后积水等均有利于发病。

【防控措施】

1.科学选地 选用未种过苍术的土地种植，并避免在上年苍术田相邻地块栽植。

2.加强栽培管理 春季多雨时，雨后要及时松土，并做好开沟排水工作，以降低田间湿度。从4月上旬开始，经常检查苍术地，发现病株及时拔除并销毁，在病穴及其周围撒施石灰粉消毒。

3.药剂防治 发病初期喷洒65%代森锰锌可湿性粉剂400～600倍液，每亩用量75～100kg，隔7d喷1次，连续喷2～3次。

第五节　苍术白绢病

白绢病是苍术种植中仅次于根腐病的根部病害，各道地产区均有发生，严重地块发病率达40%～50%。

【症状】

发病初期，地上部植株无明显症状。发病后期，叶片萎蔫直至枯死，但并不脱落，地上部症状类似软腐病。苍术根茎或茎基部感病后，发病部位呈水渍状腐烂，呈褐色，发病后期病部仅残留网状维管束组织，可见白色菌丝体，附着于病株或其周围，形成球形或椭圆形的菌核，菌核直径0.4～1.2mm，形似油菜籽，植株易拔起（图19-9）。

【病原】

苍术白绢病病原菌为担子菌无性型小核菌属齐整小核菌（*Sclerotium rolfsii* Sacc.），有性型为罗尔阿太菌 [*Athelia rolfsii* (Curzi) C.C. Tu et Kimbr.]。菌丝呈白色，附着于病株或其周围，形成球形或椭圆形的菌核。菌核初为乳白色，逐渐变为米黄色、黄褐色至红褐色。在PDA培养基上菌丝呈白色

图 19-9　苍术白绢病症状

a.田间症状　b、c.菌核　d、e.根部症状

绢丝状，向四周辐射型扩散，培养后期产生大量菌核。菌核初期呈乳白色，逐渐变为米黄色，最后变为茶褐色，球形或不规则形（图 19-10）。

【发生规律】

病原菌主要以菌核在土壤中越冬，也能以菌丝体在种苗或病残体上越冬，在条件适宜时，菌核萌发产生菌丝体，侵染苍术根茎及茎基部，形成初次侵染。病株上的菌丝不断产生菌核，随水流、土壤移动形成再侵染，引起植株发病。病原菌喜高温高湿，30～35℃潮湿环境下最适宜生长，温度和湿度是影响该病为害程度的关键因素。一般 6 月上旬至 8 月中旬为发病高峰期，适宜条件下发病迅速，可快速向周围扩展。

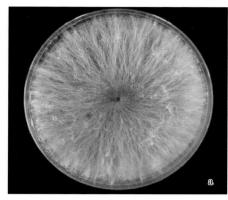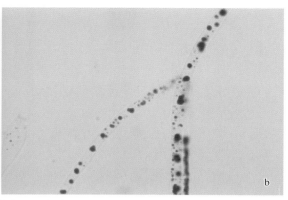

图 19-10　苍术白绢病病原菌形态

a.培养性状　b.菌丝形态

【防控措施】

1.选苗　选用无病健壮的种苗或根茎种植，选用优良抗病品种。

2.加强栽培管理　切忌与感病的茄科、豆科及瓜类等作物连作；做好田间管理，种植密度不宜过大，注意做好排水措施；发现病株后，应立即将带菌核的植株及土壤移出田外销毁，病穴中撒施石灰消毒。

3.药剂防治　在苍术发病初期或发病后，可选用一些低毒、低残留、高效的药剂进行防治。可选用25%嘧菌酯悬乳剂1 000 ～ 1 500倍液、10%苯醚甲环唑水分散粒剂1 200 ～ 1 500倍液或70%代森锰锌可湿性粉剂400 ～ 500倍液在畦面喷雾防治。另外，还可用甲基硫菌灵和多菌灵进行防治。

第六节　苍术黑斑病

苍术黑斑病发生分布广泛，发病率高，主要为害苍术叶片，后期导致枯萎、落叶症状，影响苍术植株的光合作用。该病还易导致幼苗死苗。一般地块减产10% ～ 15%，严重的可达90%以上。

【症状】

感病初期，苍术茎基部的叶片开始发病，逐渐向上部叶片扩展，病斑为圆形或不规则形，多从叶片边缘及叶尖部发生，扩展较快。病斑部位在叶片正反面均可产生黑色霉层。为害后期，病斑灰褐色，连成片至叶片枯萎脱落，仅剩植株茎秆（图19-11）。

【病原】

苍术黑斑病病原菌为子囊菌无性型链格孢属链格孢菌（*Alternaria alternata*）。菌丝深褐色，分生孢子多数分3个横隔，1个纵隔，倒棍棒形。镜检孢子大小为（35 ～ 102）μm×（11 ～ 26）μm。在PDA培养基上菌落背面青色至黑色，菌丝平铺，质地较为坚硬。菌丝最适生长温度为20 ～ 25℃，适合在pH为5.0 ～ 6.0的偏酸性环境中生长（图19-12）。

【发生规律】

病原菌以菌丝体或分生孢子在苍术病残体上越冬。翌年条件适宜，可产生分生孢子，借助风雨或昆虫传播，侵染并为害苍术叶片。一般在5月中旬，平均气温20℃左右、相对湿度85%时开始发病。7—8月相对湿度约为90%时，发病达到高峰期。9月下旬温度降低，病害发展缓慢。

图19-11　苍术黑斑病症状

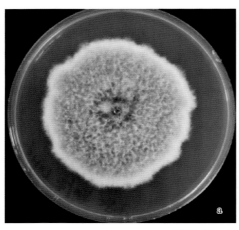
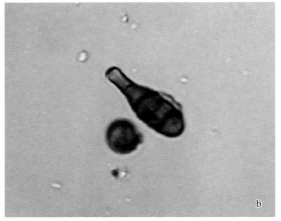

图19-12　苍术黑斑病病原菌形态

a.培养性状　　b.分生孢子形态

【防控措施】

1.种苗筛选　采用无病健壮的种子育苗移栽种植。

2.加强栽培管理　收获后，深翻土壤并清除病残体；与水稻轮作可加速病原菌的死亡。

3.药剂防治　发现病株可喷施30%苯甲·丙环唑乳油或10%苯醚甲环唑水分散粒剂，可抑制病原菌蔓延为害。

第七节　苍术锈病

苍术锈病主要为害苍术叶片，在全国各道地产区均有发生，分布广泛。病害发生后期可导致枯萎、落叶症状，影响苍术植株的光合作用。

【症状】

苍术锈病主要发生在叶片上，幼嫩叶片较老叶易于感病。发病初期在叶片正面产生淡黄色斑点，相应叶背出现变色斑；随着病情的发展，叶片正面出现稍凹陷褪绿斑痕，叶片背面长出淡黄色疱疹状突起，为冬孢子堆（图19-13）。

图19-13　苍术锈病症状

【病原】

苍术锈病病原菌为担子菌门柄锈菌属苍术柄锈菌［*Puccinia atractylodis* P. Syd. et H. Sydow］。夏孢子球形或椭圆形，大小为（20 ~ 26）μm×（19 ~ 29）μm，壁厚，黄褐色。冬孢子散生，深褐色，棍棒状，顶端斜尖或钝平，隔膜处轻微缢缩，大小为（56 ~ 62）μm×（15 ~ 19）μm（图19-14）。

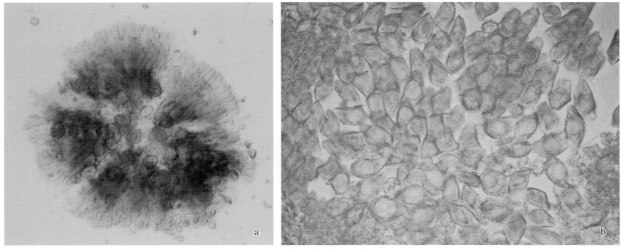

图19-14　苍术锈病病原菌形态

a.夏孢子堆　b.冬孢子堆

【发生规律】

病原菌以冬孢子越冬，以夏孢子重复侵染。5月中旬病害始发，6—7月盛发。靠风雨传播，湿度过高有利于病害的发生流行。

【防控措施】

1.加强栽培管理　合理密植，注意通风，防止田间湿度过高。

2.药剂防治　发病初期用15%三唑酮可湿性粉剂1 000 ~ 1 500倍液或50%萎锈灵乳油800倍液喷施防控。

第八节　苍术病毒病

苍术病毒病在全国各产区均有发生，一般发病率为5% ~ 30%。

【症状】

苍术病毒病受害植株表现为花叶、矮小和皱缩等症状。发病初期，叶片表现为深绿、浅绿或浅黄色，严重时叶片变形、皱缩、卷曲，甚至枯死。植株生长不良，地下块根畸形、瘦小、质地变劣（图19-15）。

【病原】

苍术病毒病病原为黄瓜花叶病毒（*Cucumber mosaic virus*，CMV），属雀麦花叶病毒科（*Bromoviridae*）黄瓜花叶病毒属（*Cucumovirus*），是一种典型的三分体单链正义RNA病毒（图19-16）。

【发生规律】

CMV的传播途径十分广泛，主要通过蚜虫进行非持久性传播，介体昆虫主要为棉蚜与桃蚜，也可

图19-15 苍术病毒病症状

经汁液接触进行机械传播，或者种子传播，种传率一般可达4%～8%。苍术出苗后至4～5叶时开始发病，5—6月为发病高峰期。蚜虫为再侵染的主要传播途径，当蚜虫大量发生时，发病率显著增加。

【防控措施】

1.选用耐病品种　选用耐病品种是防控病毒病的有效措施。

2.加强栽培管理　培养壮苗，适期定植，一般在当地晚霜之后立刻定植，保护地可以适当提前。

3.合理施肥　施用生物有机肥如海藻肥，采用配方施肥技术，并加强管理。

4.防控传毒媒介　使用防虫网，防控传毒蚜虫。

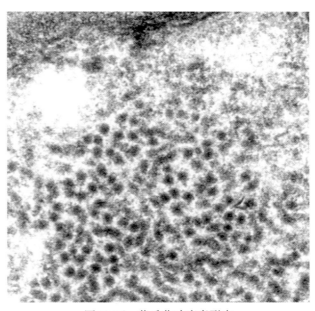

图19-16 黄瓜花叶病毒形态

第九节 苍术偶发性病害

表19-1 苍术偶发性病害

病害（病原）	症状	发生规律
枯萎病 [腐皮镰孢菌（Fusarium solani）和木贼镰孢菌（F.equeseti）]	感病苍术下部叶片最先失绿发病，逐渐沿茎秆向上蔓延至整个植株，叶片发黄枯死，但不落叶，感病植株个别枝条出现"半边疯"的黄叶症状，后期蔓延至整个植株	6月中旬左右开始发病，7—8月为盛发期，10月上中旬开始减轻
软腐病 [胡萝卜欧文氏菌胡萝卜致病变种（Erwinia carotovora pv. carotovara）]	感病植株根茎腐烂，呈浆糊状或豆腐渣状，有酸臭异味。发病初期，植株须根变褐腐烂，地上部无明显症状，随病情发展，扩展至主根，并向地上部茎秆蔓延，维管束呈褐色，易被拔起。被破坏的维管束输水功能丧失，叶片水渍状萎蔫至枯死	一般6月初开始发病，10月中旬田间湿度降低时病害减轻
灰斑病 [苍术尾孢（Cercospora atractylodis）]	主要为害叶片，叶片病斑近圆形，直径2～4mm，中央灰白色，边缘暗褐色，上生灰黑色霉层	病原菌在根茎残桩和病残体上越冬，翌年产生分生孢子进行初侵染，以后又引起再侵染

灯盏花病害

灯盏花 [*Erigeron breviscapus* (Vant.) Hand.-Mazz.] 又名短葶飞蓬、灯盏细辛，是菊科飞蓬属多年生草本植物，全草入药。灯盏花生长于海拔 1 100 ~ 3 500m 的向阳山坡地、草丛、林缘和疏林下，在云南、四川、贵州、广西、湖南等地有分布。云南产全国95%以上灯盏花药材，年种植面积保持在1万亩左右，种植区域包括红河、曲靖、大理、昆明、玉溪、楚雄等地，目前以红河、曲靖为主。

灯盏花原是云南苗族、彝族、德昂族等民族习用草药，性温，味辛，微苦，具有活血通络、止痛、祛风除湿的功效，传统多用于治疗中风偏瘫、胸痹心痛、风湿痹痛、头痛、牙痛等。自20世纪70年代被医药工作者发掘至今，灯盏花已发展成为治疗闭塞性脑血管疾病和脑出血后遗症的天然特效药物，先后收载于1974年版、1996年版《云南省药品标准》，1977年版、2005年版、2010年版、2015年版、2020年版《中华人民共和国药典》。

灯盏花主要病害有根腐病、锈病、霜霉病、根结线虫病等，其中根腐病造成的损失最为严重。

第一节　灯盏花根腐病

根腐病是灯盏花最重要的病害，灯盏花各生育期均可发生，是常见的根部病害，云南省几乎所有种植地块都会出现，对灯盏花产量和种植经济效益有严重影响。灯盏花采用种植一次、刈割多次的生产方式，一般可以有效刈割3次，最多时可刈割5次，单次刈割产量和刈割次数形成最终产量，灯盏花有效刈割次数受根腐病直接影响，根腐病发生严重的地块有效刈割次数减少为1 ~ 2次，造成严重减产。该病的发生与灯盏花种植地的土壤、气候、管理水平以及刈割次数等相关，未经刈割的地块发病率通常低于1%，部分地块刈割3次后，发病率达80%以上。

【症状】

病原菌通常从灯盏花近地面的根、茎结合处侵入，发病初期无明显症状，病原菌侵染维管束组织造成水分运输障碍，致使植株地上部出现萎蔫，随着病害加重，叶片、花枯萎死亡，根部发黑、腐烂，有时根部可观察到白色霉层（图20-1）。

【病原】

灯盏花根腐病由子囊菌无性型镰孢菌属（*Fusarium*）多种真菌侵染引起，已报道的病原菌种类包括尖孢镰孢菌（*F. oxysporum* Schltdl. ex Snyder et Hansen）、腐皮镰孢菌 [（*F. solani* (Mart.) Appel et Wollenw. ex Snyder et Hansen)]、拟轮枝镰孢菌（*F. sporotrichioides* Sherb.）、半裸镰孢菌

图20-1　灯盏花根腐病症状

a.田间症状　b、c.叶片萎蔫、枯萎　d.根部腐烂

（*F. semitectum*）、胶孢镰孢菌（*F. subglutinans*）、禾谷镰孢菌（*F. graminearum* Schwabe）等，其中以尖孢镰孢菌和腐皮镰孢菌最为常见。

尖孢镰孢菌在PDA培养基上25℃培养6d后菌落直径为8.5cm。气生菌丝较发达，绒毛状，菌落圆形，疏松，白色至粉白色。小型分生孢子着生于单生瓶梗上，常在瓶梗顶端聚成球团，单胞，数量多，肾形，假头状着生在产孢细胞上，大小为（6.4～14.0）μm×（2.5～3.5）μm。大型分生孢子镰刀状，稍弯，多数3个分隔，大小为（15.0～32.6）μm×（3.5～4.0）μm。容易产生厚垣孢子，厚垣孢子球形，单生、对生或串生，直径为6.0～8.6μm（图20-2a、b）。

腐皮镰孢菌在PDA培养基上25℃培养6d后菌落直径为7.4cm。气生菌丝绒毛状，呈白色或浅灰色，间有淡黄色的分生孢子座，容易产生大量土黄色黏孢团，培养基不变色。小型分生孢子卵形、肾形，假头状着生，0～1个分隔，大小为（11.5～20.5）μm×（3.5～6.0）μm。产孢细胞单瓶梗，在气生菌丝上为长筒形，在分生孢子座上成簇产生，多分枝，长短不一，具隔膜，大小为（31.2～101.4）μm×（2.6～4.5）μm，大多数瓶梗长于50μm，有时可达到200μm。大型分生孢子生于气生菌丝、分生孢子座和黏孢团中，椭圆形弯曲，顶端细胞短、圆钝，有时喙状，基端细胞圆钝，3～5个分隔，大小为（25.5～40.0）μm×（5.5～6.0）μm。厚垣孢子较多，卵形，在菌丝或孢子顶端或中间单生、间生，直径6.2～9.8μm（图20-2c、d）。

【发生规律】

灯盏花根腐病全年均有发生，一般4—10月发生较为普遍，以6—10月雨季最为严重，几乎所有地块均可发生，未经刈割的地块零星发生，发病率随着刈割次数增加而增加，严重的地块发病率可达70%以上，使田间出现缺垄断苗现象。

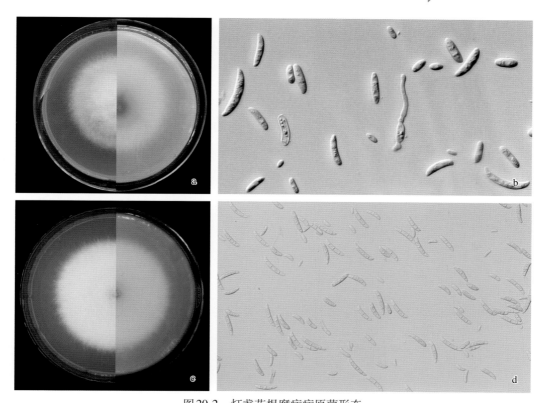

图 20-2　灯盏花根腐病病原菌形态

a.尖孢镰孢菌培养性状　b.尖孢镰孢菌分生孢子　c.腐皮镰孢菌培养性状　d.腐皮镰孢菌分生孢子

高温、高湿的环境，刈割产生的伤口等是诱发灯盏花根腐病的主要原因。灯盏花可采用直播和育苗移栽两种栽培方式。直播栽培在苗期搭建小拱棚，雨季撤除拱棚，地表没有覆盖物，雨季田间湿度较低，根腐病发生相对较轻。育苗移栽为了控制杂草和旱季保水，通常需要覆盖黑色地膜，雨季田间湿度相对较高，根腐病较易发生。未经刈割的灯盏花不易发生根腐病，刈割次数越多，刈割后根腐病发生越严重，刈割时田间湿度大（降雨、灌溉、露水）、留茬过短（破坏生长点）及刈割前后管护不到位（用肥、用药不规范）易造成根腐病严重发生。

【防控措施】

1.科学选地　实行1年以上轮作，宜选择有一定坡度、排水良好、土质较为疏松的地块种植，地势平坦的地块应保证排水顺畅，墒面应理成中间高两边低的板瓦状。

2.加强栽培管理　灯盏花种植后通常刈割采收3～4次，施用尿素易造成刈割后根腐病发生严重，故除了最后一次刈割前可以使用尿素，其他阶段建议使用复合肥进行追肥。应选择晴朗干燥的天气刈割，留茬高度不低于2cm，以减少生长点损伤。雨季注意清沟排水，以降低田间湿度。

3.药剂防治　田间尚未出现根腐病时，可单独使用枯草芽孢杆菌喷雾预防，或使用噁霉灵、敌磺钠、克菌丹、福美双等对土传真菌性病害效果好的药剂，单种或复配喷雾预防，一般4—10月每月有效喷雾1次，可同时预防根腐病和其他真菌性病害。田间根腐病零星发生时，应及时清除病株，使用噁霉灵、敌磺钠、克菌丹、福美双等单剂或复配制剂，对病塘及周围健康植株灌根消毒。灯盏花刈割后，在伤口愈合前，使用苯醚甲环唑、吡唑醚菌酯、噁霉灵、敌磺钠等内吸性杀菌剂其中1种，复配克菌丹、代森锰锌、福美双等保护性杀菌剂其中1种喷雾预防。田间发病较为普遍时，视病害控制效果，交替使用上述1～2种内吸性杀菌剂复配1种保护性杀菌剂喷雾、灌根防治1～3次，用药间隔期通常为7d。药剂浓度和用量应根据具体药剂的使用说明书进行配制，未使用过的药剂，应进行小面积试验，确保没有药害后再大面积使用。

第二节　灯盏花锈病

锈病在灯盏花各个生育时期均可发生，以夏季发病较为严重，是常见的叶部病害。锈病发生普遍，目前在云南红河、曲靖等灯盏花主要产地均有发生，通常为局部地块发生，大棚设施栽培较易出现，部分大棚发病株达75%以上，导致灯盏花绝收，露地栽培发病株率通常低于1%。

【症状】

锈病主要为害灯盏花基生叶，花葶等部位也见受害。发病初期，病部先出现失色褪绿，叶背面病部形成凸起，叶表皮破裂产生黑褐色粉末，为病原菌的冬孢子堆。随着病害的加重，叶片正面也会出现冬孢子粉末，发病严重的叶片大部覆盖病原菌孢子粉。受害植株矮小，叶片褪绿、畸形，严重时全株枯萎死亡（图20-3）。

图20-3　灯盏花锈病症状

a.植株受害状　b.叶片正面病斑褪绿　c～e.叶片背面病斑上的冬孢子堆

【病原】

灯盏花锈病病原菌为担子菌门锈菌目柄锈菌属多夫勒柄锈菌（*Puccinia dovrensis* Blytt）。病原菌只见冬孢子，冬孢子黄褐色，中部具1隔膜，隔膜缢缩使冬孢子呈两端近等大的葫芦形，长29.7～44.9μm，平均（38.8±3.2）μm，宽13.8～23.3μm，平均（20.0±1.4）μm。冬孢子基部具柄，易脱落，壁厚，侧壁厚1.1～3.5μm，平均（2.30±0.03）μm，顶壁加厚形成圆形或钝圆凸起，厚1.7～7.0μm，平均（4.1±0.1）μm（图20-4）。

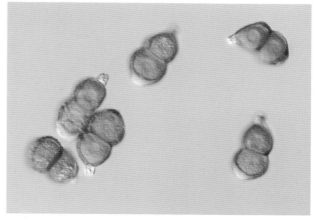

图20-4 灯盏花锈病病原菌冬孢子

【发生规律】

灯盏花锈病一年四季均可发生，设施栽培条件下更易发病，局部地块发病率100%。冬孢子可借助气流、雨水和灌溉水滴溅、农事操作碰触、昆虫携带等方式传播，由于病原菌在灯盏花植株上产孢量大，病害发生后如未及时防治，可在短时间内造成较大面积危害。

【防控措施】

1.清除病株　日常生产管理过程中注意观察田间发病情况，一旦发现病株需及时清除销毁（清除过程中注意避免造成人为传播）。

2.药剂防治　药剂处理是防治灯盏花锈病最有效的手段，病害发生后，通常选择1种内吸性杀菌剂复配1种保护性杀菌剂使用，内吸性杀菌剂可选三唑酮、多菌灵、苯醚甲环唑、吡唑醚菌酯等，保护性杀菌剂可选百菌清、福美双和代森锰锌等。零星、轻微发病，通常喷雾1次即可控制病害，施药后注意观察有无复发。如果病害发生较重，或单次喷雾后有复发迹象，则应连续喷雾3次，间隔期7d左右，内吸性药剂应交替使用，以避免病原菌产生抗药性。施药时具体参考药剂的说明书确定浓度和用量。

第三节　灯盏花霜霉病

霜霉病是灯盏花苗期主要病害之一，是常见的叶部病害。在云南红河、曲靖、玉溪和大理等灯盏花种植区均有发生，通常为局部发生，在苗期较为常见，由于种植户对该病普遍熟悉，药剂防治效果理想，通常病害发生率能控制在5%以内。

【症状】

灯盏花霜霉病典型症状为叶片、叶柄背面覆盖白色霜状霉层，病害严重时叶片正面也有霉层，受害部位发黄，空气干燥时病叶逐渐枯萎，空气湿度大时叶片腐烂，病害严重时可造成30%植株死亡（图20-5）。

【病原】

灯盏花霜霉病病原菌为卵菌门盘梗霉属莴苣盘霉（*Bremia lactucae* Regel）。孢囊梗大小为（275～812）μm×（8～15）μm，顶部二叉状分枝3～6次，顶枝上部膨大呈盘状，上缘周生2～5个小梗，小梗大小为（4～9）μm×（2～4）μm。孢子囊近球形，大小为（15～21）μm×（12～18）μm（图20-6）。

【发生规律】

病原菌在病株残体内越冬，主要在4—6月为害灯盏花幼苗，一般先从下部叶片开始发病，逐渐

图20-5　灯盏花霜霉病症状

a.叶背面覆盖白色霜状霉层　b.叶正面发黄并覆盖霉层

扩散至全株。育苗密度大、田间湿度高、春季昼夜温差大易诱发该病。病原菌侵染后在灯盏花叶片上形成大量孢子囊，可通过气流、灌溉、昆虫、农事操作等途径快速传播。

【防控措施】

1.加强栽培管理　合理密植，保证田间通风，科学灌溉，避免田间积水，发现病株及时清除深埋或销毁，以减少传染源。

2.药剂防治　甲霜灵和烯酰吗啉两种内吸性杀菌剂对灯盏花霜霉病效果很好，为了避免产生抗药性，根据病害情况，每隔7d交替使用甲霜·锰锌、烯酰·锰锌、甲霜·百菌清喷雾2～3次。

图20-6　灯盏花霜霉病病原菌孢囊梗及孢子囊

第四节　灯盏花根结线虫病

根结线虫病是灯盏花生长期主要病害之一，是常见的根部病害。该病害发生普遍，目前已知灯盏花根结线虫病发生的地区有云南红河、曲靖、玉溪、大理和楚雄等，主要发生在旱作山地，该病的发生率与种植地块的土壤直接相关，局部地块发病率50%以上。

【症状】

根结线虫为害较轻时，灯盏花植株地上一般无明显症状，发病严重时叶片发黄、植株矮小，须根上形成大量根结。解剖镜下，根结表面常见结痂状的线虫卵块，内含大量白色、透明的卵，揭开卵块露出雌性线虫虫体，单个根结上有1至数头雌虫（图20-7）。

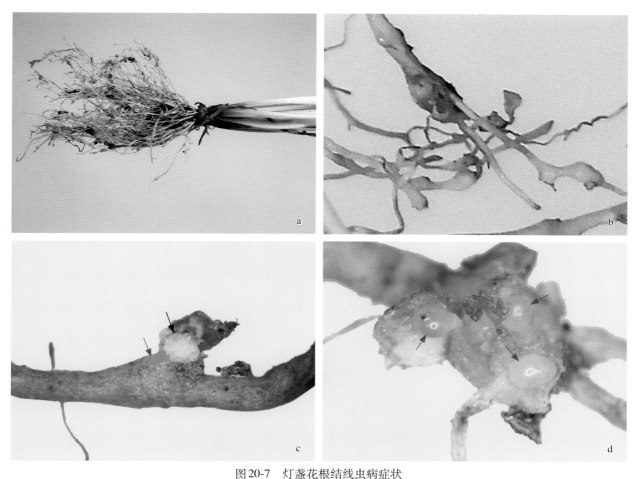

图 20-7　灯盏花根结线虫病症状

a、b.灯盏花须根上形成根结　c、d.根结上的雌性线虫（红色箭头所示）和卵块（黑色箭头所示）

【病原】

灯盏花根结线虫病由南方根结线虫（*Meloidogyne incognita*）引起（图20-8）。病原线虫雌雄异形。雌虫虫体膨大，呈球形或洋梨形，有明显突出的颈部；唇区稍突起，略呈帽状；排泄孔位于口针基部球水平处；会阴花纹有变异，花纹呈椭圆形或近圆形；通常背弓较高，背弓顶部圆或平，有时呈梯形；背纹紧密，背面和侧面的线纹呈波浪形或锯齿状，有的平滑，侧区不明显，侧面线纹有分叉；腹纹较少，光滑，通常呈弧形，由两侧向中间弯曲。雌虫体长620.2（408.0 ～ 1 019.8）μm，最大体宽350.9（283.6 ～ 550.1）μm，口针长15.5（14.0 ～ 15.8）μm，DGO 2.91（2.5 ～ 3.6）μm，口针基部球高2.6(1.8 ～ 3.6)μm，口针基部球宽3.9(3.1 ～ 4.3)μm。雄虫线形，头冠高，唇盘大、圆，中央凹陷；口针锥体部顶端钝圆，杆部常为圆柱形，在近基部球处变窄，基部球与杆部界限明显；基部球扁圆到圆形，前端有缺刻。雄虫体长1 450.3（1 118.0 ～ 1 850.0）μm，口针长24.5（22.5 ～ 29.3）μm，DGO 2.0（1.8 ～ 2.6）μm，交合刺长33.5（25.7 ～ 40.3）μm，雄虫一般不易观察到。二龄幼虫线形，体长385（350 ～ 450）μm，口针长11.0（9.0 ～ 11.3）μm，DGO 2.5（2.0 ～ 3.0）μm，尾长40.5（38.3 ～ 45.0）μm，尾透明区长11.6（11.3 ～ 13.5）μm。卵椭圆形或长椭圆形，大小为75.5（61.3 ～ 87.7）μm×31.0（23.7 ～ 35.0）μm（图20-8）。

【发生规律】

灯盏花根结线虫病全年均可发生，由于该病为害持续期较长，病情发展较慢，植株地上部通常无明显症状，发病严重时地上部症状与灯盏花根腐病症状较为相似，须根上根结较小，常将其误诊为

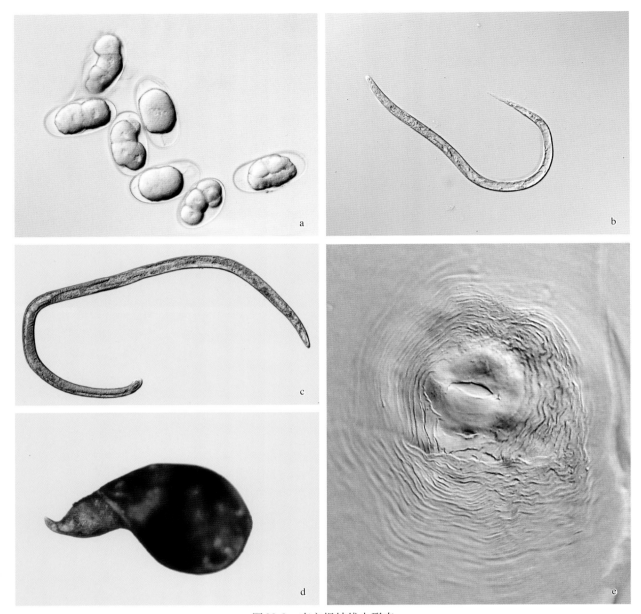

图 20-8　南方根结线虫形态

a.卵　b.二龄幼虫　c.雄虫　d.雌虫　e.雌虫会阴花纹

根腐病。土壤带病是该病发生的主要原因，在无宿主植物条件下，病原线虫卵和幼虫可以在土壤中存活数年，实际生产中，一些种植灯盏花的地块相对固定，特别是建造大棚等设施的基地，虽然进行轮作，但在复种灯盏花时仍易出现根结线虫病。

【防控措施】

1.合理轮作　灯盏花或其他作物发生根结线虫病的地块，如果未处理过土壤，3年内忌种灯盏花；灌、排水方便的地块，通过轮作水稻等作物实现水旱轮作，可有效减轻根结线虫为害。

2.药剂防治　整地时，喷施或撒施阿维菌素、噻唑膦等杀线虫药剂，翻耕入土进行消毒；根结线虫严重的地块，撒施棉隆、威百亩后翻耕土壤，严密覆盖塑料薄膜进行土壤熏蒸处理；生长期发生病害，使用阿维菌素和噻唑膦进行灌根处理。

第五节 灯盏花偶发性病害

表20-1 灯盏花偶发性病害

病害（病原）	症 状	发生规律
叶斑病［链格孢菌 (Alternaria alternata)］	侵染灯盏花叶片，严重时整株叶片枯死。发病叶片正面呈紫色，个别中央为灰白色，背面为灰白色或浅褐色，病斑不规则或近圆形，病健部由隆起的紫色环线分开，病斑有黑色颗粒，病斑外围黄绿色，由外往内病斑呈轮纹状，内部枯死	一般6—9月雨季较易发生，病原菌在病部产生大量的分生孢子，主要通过气流进行传播，病原菌寄主较为广泛，可营寄生或腐生在寄主活体或残体上越冬，气候适宜时产生分生孢子进行新的传播
黄萎病［黑白轮枝孢菌 (Verticillium albo-atrum)］	病害主要发生在成株期，发病初期，植株基部叶片由叶尖叶肉部分开始褪绿，之后整个叶片的叶组织褪绿，叶缘和侧脉之间发黄，呈斑驳状，后转褐，叶片变厚发脆，后期病情逐渐向上位叶蔓延，植株下部叶片全部干枯死亡，发病严重的植株花前即死亡，横剖病株、病茎可见维管束褐变	6—9月雨季较易发生，病原菌在病部产生大量的分生孢子，随气流或雨水进行近距离或远距离传播，病株上的菌丝也可近距离侵染邻近的植株。病原菌在灯盏花或其他寄主活体或病残体上以菌丝等形式越冬，条件适宜时以菌丝或产生分生孢子进行新的侵染

菊 花 病 害

中药材菊花为菊科菊属植物菊（*Chrysanthemum morifolium* Ramat.）的干燥头状花序。我国栽培菊花的历史非常悠久，通过长期的人工栽培选育以及根据生境和采收加工方法的不同，我国药用菊花主要分为亳菊、滁菊、贡菊、杭菊、怀菊、祁菊等。

菊花性微寒，味甘、苦，归肺、肝经。菊花具有散风清热、平肝明目、清热解毒的功效。常用于风热感冒、头痛眩晕、疔疮肿毒、目赤肿痛。现代药理研究已证实，菊花具有改善心肌营养、去除活性氧自由基、加强毛细血管的抵抗力、降低血液中脂肪和胆固醇含量、抑制肿瘤、延缓衰老及增强人体免疫力等功效。

菊花主要分布在湖北、浙江、安徽、河南、河北、江苏等地，生产上菊花常见病害有枯萎病、根腐病、白绢病、黑斑病、叶枯病、褐斑病、黄斑病、炭疽病、霜霉病以及病毒病等。

第一节　菊花枯萎病

枯萎病是菊花栽培上最常见的土传真菌性病害之一，传播快，为害严重，防治困难，在菊花主产区均有发生。发病率一般为10%～50%，部分基地发病较为严重，发病率高达80%，甚至造成绝产。

【症状】

菊花枯萎病是导致菊花减产的重要原因之一，其田间症状较为明显，会出现叶下垂、发黄、萎蔫、枯萎等症状；同一植株中也有黄化枯萎叶片出现于茎的一侧，而另一侧的叶片仍正常。由于入侵维管束组织的病原菌不断增殖，可观察到茎下部出现裂隙和褐变，将茎秆横切或纵切，发现其维管束变褐，有时可见髓部中空，向上扩展导致枝条的维管束也逐渐变成淡褐色，向下扩展导致根部外皮坏死或变黑腐烂，根毛脱落。随着病害的发展，维管束组织被阻塞，无法转运水分和所需的营养物质，最终导致植物死亡（图21-1）。

【病原】

菊花枯萎病由子囊菌无性型镰孢菌属（*Fusarium*）的尖孢镰孢菌菊花专化型（*F. oxysporum* Schltdl. f. sp. *chrysanthemi* Snyder et Hansen）单株侵染或与其他多株镰孢菌复合侵染引起。病原菌在PDA培养基上气生菌丝茂盛，絮状，菌丛背面粉红色至桃红色、浅紫色至紫色、白色。大型分生孢子纺锤形或镰刀形，壁薄，两端尖，多具3个隔膜，少数4个或5个，大小为（9.8～32.18）μm×（2.59～5.12）μm；小型分生孢子生于单柄梗或较短的分生孢子梗上，数量很多，肾形至椭圆形，无隔膜最为常见，也有1～2个隔膜者，大小为（3.89～9.95）μm×（1.50～4.29）μm；厚垣孢子球

图21-1　菊花枯萎病症状

a、b.田间症状　c.植株症状　d～f.患病菊花茎秆纵剖

形至椭圆形，1～2个细胞，顶生或间生，单生或双生，个别串生（图21-2）。

【发生规律】

病原菌以菌丝体、分生孢子以及厚垣孢子在病株、病土中越冬，厚垣孢子可存活多年，病原菌由水流、土壤及病残体传播。夏季高温（24～32℃）、雨后排水不良、土壤偏酸、植株长势差、伤口多、种植过密等都利于病害发生。

【防控措施】

1.合理轮作　与其他作物进行轮作与间作，如进行水稻-菊花、小麦-菊花、夏枯草-菊花等轮作。

2.加强栽培管理　病株拔除并销毁，选择适宜的植株密度，便于植株间通风，控制土壤含水量，选择排水良好的地块，定期用杀菌剂进行土壤消毒。

3.合理施肥　种植前用有机肥作为基肥，后期增施有机肥如微生物菌肥。

4.药剂防治　每亩使用（100亿芽孢/g）枯草芽孢杆菌可湿性粉剂60g，或用400g/L氟硅唑微乳

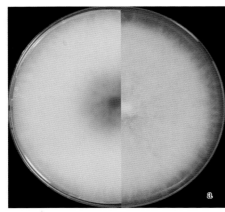
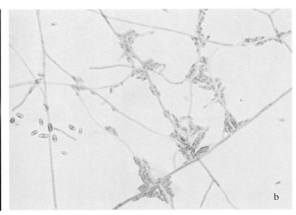

图21-2　菊花枯萎病病原菌形态
a.培养性状　b.分生孢子及菌丝

剂10 000倍液、250g/L丙环唑乳油1 000倍液、10%苯醚甲环唑水分散粒剂1 000倍液每株灌0.4 ～ 0.5L，视病情连续灌2 ～ 3次。

第二节　菊花根腐病

根腐病是菊花种植中的重要病害，在湖北、浙江、江苏、安徽、河北等地均有发生，发病率平均为30%左右，受害严重地块发病率可高达100%。

【症状】

菊花根腐病主要症状为根系不发达，皮层腐烂脱落，木质部完全变为黑色，呈纤维状；地上部分茎基部腐烂，表皮层易脱落，木质部黑褐色，叶片枯黄凋萎，严重时整株枯死，植株极易拔出。该病在菊花整个生育期均可发生，特别是在苗期发病最为严重，且传播蔓延速度较快。病茎缢缩不明显，病部腐烂处的维管束变褐，不向上发展，区别于枯萎病。生产上根腐病常与枯萎病并发（图21-3）。

【病原】

菊花根腐病病原菌为子囊菌无性型镰孢菌属腐皮镰孢菌 [Fusarium solani (Mart.) Appel et Wollenw. ex Snyder et Hansen]。病原菌在PDA培养基上气生菌丝絮状，较稀疏，菌落正面白色，背面淡黄色。大型分生孢子纺锤形或镰刀形，壁薄，两端尖，多具3 ～ 4个隔膜，少数5个，大小为（19.87 ～ 43.51）μm×（3.39 ～ 5.42）μm；小型分生孢子生于单柄梗或较短的分生孢子梗上，数量

图21-3　菊花根腐病症状
a～c.田间症状　d、e.根部症状

很多，肾形至椭圆形，具1～2个隔膜，大小为（7.47～20.20）μm×（3.01～6.33）μm；厚壁孢子球形至椭圆形，1～2个细胞，顶生或间生，单生或双生，个别串生，大小为（6.51～10.57）μm×（4.05～9.39）μm（图21-4）。

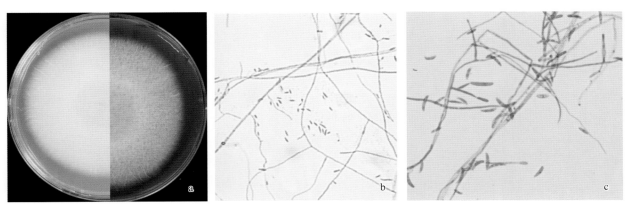

图21-4　菊花根腐病病原菌形态
a.培养性状　b.小型分生孢子　c.大型分生孢子

【发生规律】

病原菌在带病秧苗、土壤和病残体中越冬，成为翌年的初侵染源。病原菌在土壤中可存活6年以上。种植带病秧苗可直接发病。5—11月均可发病，6—8月为发病盛期，9月以后逐渐减轻。雨量多、土壤湿度大，特别是田间积水，利于病原菌繁殖和传播；低洼潮湿、肥力较差的地块发病较重；地下害虫及根结线虫等造成的伤口更有利于病原菌侵染，会加剧根腐病的发生。

【防控措施】

1.合理轮作　可与其他作物进行轮作与间作，如进行水稻-菊花、小麦-菊花、夏枯草-菊花等轮作。

2.加强栽培管理　栽种前土壤消毒，栽植后保持土壤排水良好，及时清理病残体。

3.合理施肥　氮、磷、钾合理配比，增施有机肥或微生物菌肥。

4.药剂防治　每亩使用100亿芽孢/g枯草芽孢杆菌可湿性粉剂60g，或用400g/L氟硅唑微乳剂8 000倍液、250g/L丙环唑乳油1 000倍液、10%苯醚甲环唑水分散粒剂600倍液每株灌0.1L，视病情连续灌2～3次。

第三节　菊花白绢病

菊花白绢病对菊花为害较大，可在植株生长发育的任何时期发病。菊花白绢病在湖北、浙江等地有发生，发病率一般为30%～50%。

【症状】

菊花白绢病在成株期主要为害根茎的基部以及茎部，患病后会导致根腐、茎基腐等症状。当致病部位为茎基部或茎秆时，会致使染病部以上的部分枯黄、落叶。发病初期，茎基部产生水渍状褐色不规则病斑，下部叶片及枝条变色、萎蔫，并迅速向上蔓延，叶片由正常的深绿色变为淡绿色，其后产生白色菌丝逐渐成为菜籽状菌核。菌核初为白色，后为黄色，最终呈褐色，茎基部腐烂坏死。剖开茎部可见髓部半空，内壁有白色丝状物。白绢病为毁灭性病害，受害轻的造成植株烂根，导致发育不良或烂茎，植株矮小，分枝较少；发病重的导致茎秆折断，整株枯死（图21-5）。

【病原】

菊花白绢病病原菌为担子菌无性型小核菌属齐整小核菌（*Sclerotium rolfsii* Sacc.）。菌丝白色绢丝状，呈扇状或放射状扩展，而后集结成菌索或纠结成菌核。显微镜下菌核似油菜籽状，先为白至黄白色，后棕褐色，中央呈灰白色，表面光滑，直径1.4～4.2mm。病原菌可在15～35℃温度下生长，最适宜温度为30℃，若温度在15℃以下，菌丝生长较缓慢，但当温度低于5℃或高于40℃时，由于温

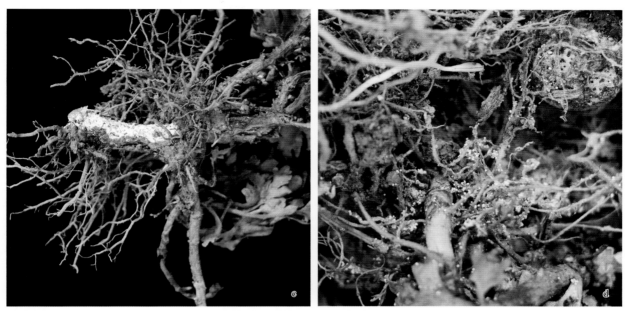

图 21-5　菊花白绢病症状

a、b.田间症状　c、d.根部症状

度不适而导致菌丝停止生长。一般温度 25 ～ 35℃、空气相对湿度 80% ～ 95% 时，利于病原菌生长（图 21-6）。

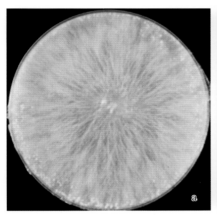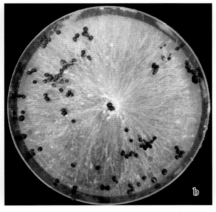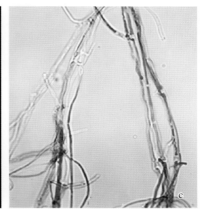

图 21-6　菊花白绢病病原菌形态

a、b.培养性状　c.菌丝

【发生规律】

病原菌以菌核在病残体或土壤中越冬。翌年温湿度条件适宜时，菌核产生菌丝进行初侵染，菌丝萌发后即可侵染寄主。病株产生的绢丝状菌丝延伸接触邻近植株进行传播，菌核借风雨或白粉虱、蚜虫等媒介昆虫的活动传播蔓延。连作或土质黏重及地势低洼条件下发病严重。发病时间一般为 6 月中下旬至 9 月下旬，7—8 月由于高温高湿，为病情高发时间，9 月上旬病情发展趋缓。

【防控措施】

1.合理轮作　可以与其他作物进行合理轮作，如进行水稻-菊花轮作。

2.加强栽培管理　植株拉秧后及时清除病残体，深翻整地，施足基肥。

3.药剂防治　发病初期，喷施 29% 石硫合剂水剂 500 倍液，或 400g/L 氟硅唑微乳剂 8 000 倍液，或 20% 丁子香酚水乳剂 600 倍液等，视病情每隔 7d 左右喷 1 次，连喷 3 ～ 4 次。

第四节 菊花黑斑病

黑斑病是菊花常见的重要病害之一，发病极其严重，此病在湖北、浙江、安徽、江苏、河南等产区均普遍发生，在这些产区有许多地块发病率高达100%，一般发病率为50%～80%。

【症状】

菊花黑斑病在菊花整个生长期均可发生，在适温、高湿环境中发病更为严重，每年7—8月是黑斑病发病的高峰期。下部叶片先发病，逐渐向上扩展。前期先在叶片上出现不规则的黑褐色霉状斑点，后逐渐扩大成不规则或近圆形黑褐色斑块，病斑周围有时有黄色晕环。后期病斑汇合成较大的斑块，造成整片叶发黄、枯死，叶片枯死后不脱落（图21-7）。

图21-7 菊花黑斑病症状

a、b.田间症状   c～e.叶片症状

【病原】

菊花黑斑病病原菌为子囊菌无性型链格孢属链格孢菌 [*Alternaria alternata* (Fr.) Keissl.]、细极链格孢菌 [*A. tenuissima* (Nees:Fr.) Wiltshire]、菊链格孢菌 (*A. chrysanthemi* Crosier & Heit)。其中链格孢菌菌落在PDA培养基上培养7d菌丝灰白色。在PCA培养基上培养7d菌丝灰褐色、黑褐色。在

PCA培养基上，分生孢子梗从主菌丝上直接产生，多为单生，直立或略弯曲，有分隔，淡褐色至黄褐色。成熟的分生孢子呈淡褐色至黄褐色，倒棍棒形、倒梨形、卵形或近椭圆形、近圆形，具横隔膜、纵隔膜和斜隔膜，孢子大小为（6.46～14.89）μm×（17.67～46.98）μm（图21-8）。

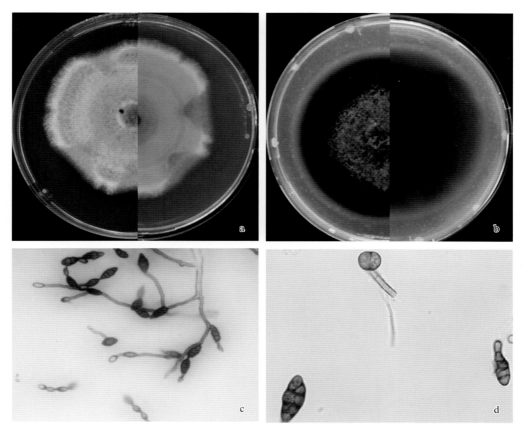

图21-8　链格孢菌形态

a.在PDA培养基上的菌落形态　b.在PCA培养基上的菌落形态　c.链生分生孢子（400×）　d.分生孢子（1 000×）

【发生规律】

病原菌主要以菌丝体和分生孢子丛在病残体上越冬，以分生孢子进行初侵染和再侵染，借气流及雨水溅射传播蔓延。通常多雨或雾大露重的天气有利于发病。在出现阴雨连绵、大量积水导致久湿、昼夜温差大、植株生长不良或偏施氮肥长势过旺等情况时易出现大面积发病。

【防控措施】

1.加强栽培管理　合理密植，保持适当的通风透气。清理植株枯枝残叶，及时摘除病叶集中销毁。忌重茬，实行轮作。

2.药剂防治　病害发生初期，可使用10%苯醚甲环唑水分散粒剂1 000倍液，隔10d喷1次，共喷3～5次；发病后可用3%噻霉酮微乳剂500倍液、30%噁霉灵水剂500倍液或80%乙蒜素乳油2 000倍液，每隔1周喷1次，共喷3～4次，至花蕾透色前停止喷药。

第五节　菊花病毒病

菊花病毒病广泛分布在菊花栽培地区，全株发病，为害较重，尤其在浙江地区发病最为严重，严重地块植株全部感染，发病率为30%～35%。

　　菊花病毒病普遍为害症状为叶片出现花叶、明脉、褪绿、坏斑、黄化、皱缩以及植株矮化等。菊花病毒病由多种病毒复合侵染引起。菊花B病毒引起的常见症状有植株矮小，幼嫩叶片不规则失绿、变小、卷曲畸形，严重时叶片会有坏死斑产生。番茄不孕病毒，主要引起植株矮化，叶片扭曲畸形，同时嫩茎折断后伴有维管束红褐色至棕褐色损伤，以及花畸形，花朵较小。烟草花叶病毒引起的主要症状为幼嫩叶片侧脉及支脉组织呈半透明状，叶脉两侧叶肉组织渐呈淡绿色（图21-9）。

图21-9　菊花病毒病症状

a、b.田间症状　c.菊花B病毒为害症状　d～f.番茄不孕病毒为害症状

【病原】

　　造成菊花病毒病的主要有菊花B病毒（*Chrysanthemum virus B*，CVB）、番茄不孕病毒（*Tomato aspermy virus*，TAV）和烟草花叶病毒（*Tobacco mosaic virus*，TMV）。CVB属香石竹潜隐花叶病毒属单链正义RNA病毒，是一个长形棒状结构的粒子，经常包围在叶绿体四周，大小为685nm×12nm。TAV属黄瓜花叶病毒属单链正义RNA病毒，是一个球形结构的粒子，成片存在。病毒粒子为等轴对称，直径为22～28nm。TMV病毒颗粒主要由单链RNA和外壳蛋白(CP)组成，为杆状病毒，相对分子质量为$2×10^6$，大小为300nm×9 nm，6395个核苷酸，约由2 140个蛋白亚基组成一个螺旋结构，盘绕在2nm的核酸柱周围。沉降系数大约为194 S，核蛋白吸收峰A260/A280约为1.19。TMV是极其稳定的一种病毒，在寄主体外可保存多年，能在寄主体内快速复制和累积。TMV在90℃温度中持续10min就能被钝化，但稀释到10^6的烟草汁液还具有一定的侵染性（图21-10）。

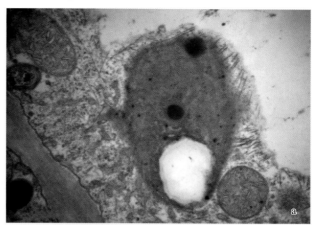

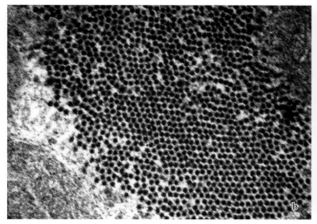

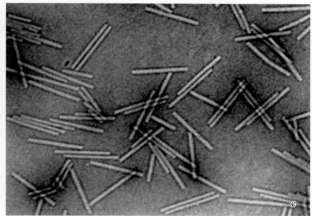

图21-10　菊花病毒病病原病毒形态

a.CVB透射电镜观察　b.TAV透射电镜观察　c.TMV透射电镜观察

【发生规律】

菊花病毒病通过蚜虫、蓟马、叶蝉、红蜘蛛等传播，也通过嫁接、机械损伤等途径传播。病毒在留种菊花母株内越冬，靠分根、扦插繁殖传毒。气温高，湿度大，蚜虫发生早，会导致菊花病毒病暴发。

【防控措施】

1.严格检疫　染病菊花是带毒体，引种时要严格检疫，防止人为传播到无病区。

2.使用健康繁殖材料　选择生长健壮的植株留种，增施磷、钾肥，增强植株抗病力；从无病株上取嫩枝作繁殖材料。

3.药剂防治　防治传毒蚜虫可喷洒50%抗蚜威可湿性粉剂500mg/L。发病初期每亩可喷洒6%寡糖·链蛋白可湿性粉剂75～100g或5%菌毒清可湿性粉剂2 500mg/ L、20%盐酸吗啉胍·铜可湿性粉剂1 667～2 000mg/L、20%盐酸吗啉胍水溶性粉剂2 000mg/L，隔7～10d喷1次，连续防治3次。

第六节　菊花叶枯病

菊花叶枯病在湖北、安徽、浙江、江苏、河南等地均有发生，且发病率较高，许多地块发病率超过50%，严重者整片地块植株均发病，是菊花叶部的严重病害。

【症状】

菊花叶枯病下部叶片先发病，逐渐向上扩展。最初表现为叶片边缘和叶尖坏死，然后病斑逐渐扩大，形成不规则的浅棕褐色至黑褐色大斑块，并且斑块上密布黑褐色小点。最终整片叶出现坏死和卷曲，叶片枯死后不脱落（图21-11）。

图21-11　菊花叶枯病症状

【病原】

菊花叶枯病病原菌为子囊菌无性型高粱茎点霉 [*Phoma sorghina* (Sacc.) Boerema, Dorenb. et Kesteren]。在PDA培养基上菌丝生长初期为灰白色，后分泌猩红色素，培养基背面为红棕色，菌丝为灰褐色。单细胞厚垣孢子大小为 (7.91 ~ 32.23) μm× (12.03 ~ 38.42) μm，多细胞厚垣孢子大小为 (6.32 ~ 25.10) μm× (21.75 ~ 100.05) μm。在OA培养基上生长20 ~ 30d后菌落上的黑色球形分生孢子器产生大量液体状的橙红色分生孢子堆；分生孢子为单胞、无色、椭圆形，大小为 (4.10 ~ 5.93) μm× (1.98 ~ 3.18) μm（图21-12）。

【发生规律】

病原菌多以分子孢子器在病组织内越冬，当条件适宜时产生分生孢子，借风雨传播，从植株的气孔或伤口侵入。春末夏初或秋季连续阴雨天气最易发生。

【防控措施】

1.加强栽培管理　浇水次数应视天气情况而增减；生长发育阶段要注意控湿；清理植株枯枝残叶，及时摘除病叶集中销毁。忌重茬，实行轮作。

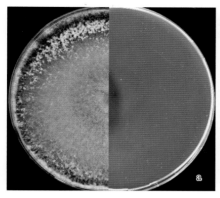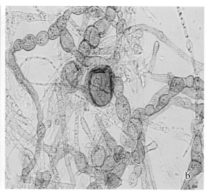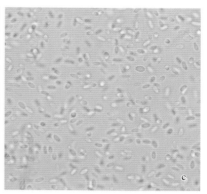

图21-12 菊花叶枯病病原菌形态
a.培养性状 b.厚垣孢子 c.分生孢子

2.药剂防治 病害发生初期可使用10%苯醚甲环唑水分散粒剂1 000倍液，隔10d喷1次，共喷3～5次；发病后可用3%噻霉酮微乳剂500倍液、50%多·福可湿性粉剂500倍液或30%噁霉灵水剂500倍液，每隔1周喷1次，共喷3～4次，至花蕾透色前停止喷药。

第七节 菊花褐斑病

菊花褐斑病是菊花叶部的严重病害，此病在湖北、浙江、安徽、江苏产区均普遍发生，在这些产区有许多地块发病率高达100%，一般发病率在30%左右。

【症状】

弱苗易感染菊花褐斑病，染病后下部叶片先发病，逐渐向上扩展。前期先在叶片上出现褐色小斑点，外围具有明显的黄色晕圈，后逐渐扩大成近圆形或不规则形斑块，边缘为黑褐色，中部颜色稍浅，为棕褐色，容易破裂，且中部可见褐色微小颗粒。最后整片叶枯死，叶片枯死后不脱落（图21-13）。

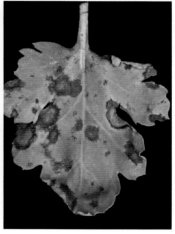

图21-13 菊花褐斑病症状

【病原】

菊花褐斑病病原菌为子囊菌门亚隔孢壳属美洲亚隔孢壳 [*Didymella americana* (Morgan-Jones et J. F. White) Q. Chen et L. Cai]（异名：*Phoma americana* Morgan-Jones et J. F. White）。在PDA培养基上菌丝稀疏，为白色至黑褐色，背面为淡黄色；在OA培养基上菌丝更为稀疏，但培养7d后菌落上形成黑色球形分生孢子器，10～15d后产生大量液体状的乳白色分生孢子堆，分生孢子单胞、无色、长椭圆形，大小为（4.14～7.01）μm×（8.58～16.56）μm（图21-14）。

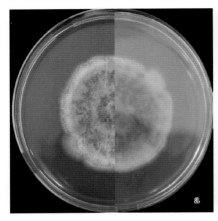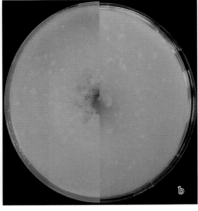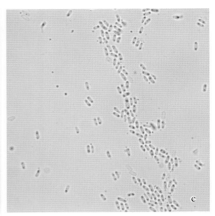

图21-14　菊花褐斑病病原菌形态

a.PDA培养基上的菌落培养性状　b.OA培养基上的菌落培养性状　c.分生孢子

【发生规律】

病原菌多以分生孢子器在病组织内越冬，当条件适宜时产生分生孢子，分生孢子经风雨传播，从植株的气孔或伤口侵入。春末夏初或秋季连续阴雨天气最易发生。

【防控措施】

1.加强栽培管理　合理密植，保持适当的通风透气；清理植株枯枝残叶，及时摘除病叶集中销毁。忌重茬，实行轮作。

2.药剂防治　病害发生初期可使用10%苯醚甲环唑水分散粒剂500倍液，隔10d喷1次，共喷3～5次；发病后可用50%多·福可湿性粉剂500倍液、80%乙蒜素乳油2 000倍液或3%噻霉酮微乳剂500倍液，每隔1周喷1次，共喷3～4次，至花蕾透色前停止喷药。

第八节　菊花黄斑病

菊花黄斑病仅在湖北地区有发现，发病率在20%左右。

【症状】

下部叶片先发病，逐渐向上扩展。前期先在叶片上出现向下凹陷的褐色小斑点，后逐渐扩大成不规则或近圆形棕褐色至黑褐色斑块，病斑略向下凹陷，周围有明显的黄色晕环。后期病斑汇合成较大的斑块，造成整片叶枯死，叶片枯死后不脱落（图21-15）。

【病原】

菊花黄斑病病原菌为子囊菌无性型镰孢菌属锐顶镰孢菌（*Fusarium acuminatum*）。在PDA培养基上菌丝生长快且茂盛，7d左右即可长满直径9cm的培养皿，菌落正面浅粉红色，背面分泌粉红色至橙红色色素。大型分生孢子纺锤形或镰刀形，壁薄，两端尖，多具3～4个隔膜，少数5个，大小为（28.64～46.08）μm×（4.00～7.96）μm；小型分生孢子生于单柄梗或较短的分生孢子梗上，肾形至椭圆形，无隔膜或具1～2个隔膜，大小为（6.86～12.98）μm×（1.90～3.45）μm（图21-16）。

图21-15　菊花黄斑病症状

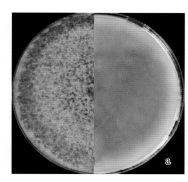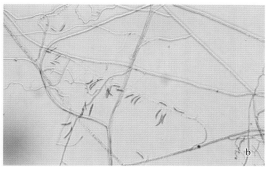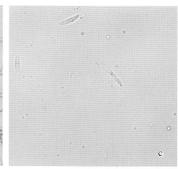

图21-16　菊花黄斑病病原菌形态
a.培养性状　b.分生孢子（400×）　c.分生孢子（1 000×）

【防控措施】

1.加强栽培管理　合理密植，保持适当的通风透气；清理植株枯枝残叶，及时摘除病叶集中销毁。忌重茬，实行轮作。

2.药剂防治　病害发生初期可使用10%苯醚甲环唑水分散粒剂500倍液，隔10d喷1次，共喷3～5次；发病后可用3%噻霉酮微乳剂500倍液、50%多·福可湿性粉剂500倍液或80%乙蒜素乳油2 000倍液，每隔1周喷1次，共喷3～4次，至花蕾透色前停止喷药。

第九节　菊花炭疽病

菊花炭疽病是菊花常见病害，在全国范围内均有分布，发病率在30%左右。

【症状】

菊花炭疽病下部叶片先发病，逐渐向上扩展。前期先在叶片上出现灰白色至黄褐色小斑点，后扩展为不定形至近圆形黑褐色病斑，斑块边缘为黑褐色，中间为灰白色或棕褐色。病斑中间稍凹陷，边缘稍隆起，有时可见同心环纹。后期病斑汇合成较大的斑块，造成整片叶发黄、枯死，叶片枯死后不脱落（图21-17）。

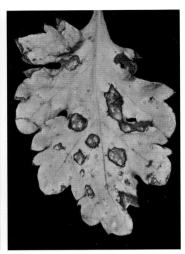

图 21-17　菊花炭疽病症状

【病原】

菊花炭疽病病原菌为子囊菌无性型炭疽菌属果生炭疽菌（*Colletotrichum fructicola* Prihastuti）、菊炭疽菌 [*C. chrysanthemi* (Hori) Sawada]。其中果生炭疽菌在 PDA 培养基上培养 7d 菌落白色或灰白色。培养 20d 左右形成分生孢子盘，分生孢子梗常无色，内壁芽生，产生短椭圆形、椭圆形、新月形、无色、无隔或有 1 个隔膜的分生孢子，有时含油球。椭圆形孢子大小为（3.29 ～ 5.68）μm ×（11.93 ～ 17.66）μm，新月形孢子大小为（3.17 ～ 4.99）μm ×（11.36 ～ 21.32）μm。菊炭疽菌菌落带有稀疏的白色气生菌丝，从下面看呈深橄榄色。有时橙色的分生孢子团块在菌饼附近形成，分生孢子大小为（7.9 ～ 13.7）μm ×（2.5 ～ 4.1）μm。菌丝在 10 ～ 35℃下生长，最适生长温度为 25 ～ 27.5℃（图 21-18）。

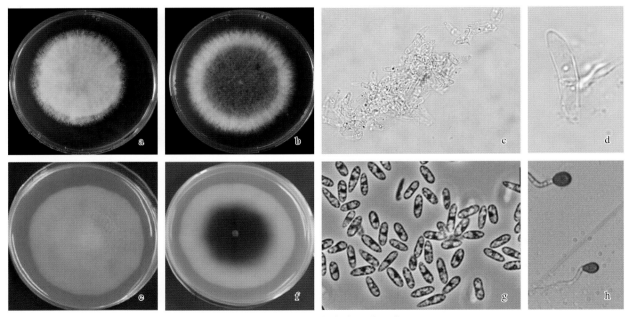

图 21-18　菊花炭疽病病原菌形态

a、b.果生炭疽菌培养性状　c、d.果生炭疽菌分生孢子　e、f.菊炭疽菌培养性状　g.菊炭疽菌分生孢子　h.菊炭疽菌厚垣孢子

【发生规律】

病原菌以菌丝体、分生孢子盘在种苗或病残体上越冬，第二年春季产生分生孢子，成为初侵染

源，发病后产生大量分生孢子进行再侵染，生长季节不断出现的新病叶是病原菌反复侵染、病害蔓延的重要来源。分生孢子借风雨和昆虫传播，落到叶面上萌发生成芽管、附着胞及侵入丝，经气孔、伤口或直接侵入。

【防控措施】

1. 加强栽培管理　苗期避免阳光直射，浇水次数应视天气情况而增减；生长发育阶段要注意控湿。进行轮作及土壤消毒。

2. 药剂防治　发病期间可交替喷洒3%噻霉酮微乳剂500倍液、30%噁霉灵水剂500倍液或10%苯醚甲环唑水分散粒剂1 000倍液，7～10d喷洒1次，连续数次。

第十节　菊花霜霉病

菊花霜霉病在安徽、湖北、浙江、江苏等地较为常见，在适温、高湿环境中发病严重。

【症状】

菊花霜霉病为害菊花叶片、叶柄、花梗、花蕾和嫩茎。下部叶片先发病，逐渐向上扩展。前期先在叶片上出现不规则灰黄色斑块，背面密布白粉，斑块不断扩大，最后整片叶枯死，枯死叶片上密布白色菌丛，叶片枯死后不脱落。春季发病多造成幼苗枯死或弱苗，秋季遇低温多雨天气，病害再次发生，叶片、花梗、花蕾布满白色菌丛，最后全株变褐枯死（图21-19）。

图21-19　菊花霜霉病症状

【病原】

菊花霜霉病病原菌为卵菌门霜霉属的菊花霜霉（*Peronospora radii* de Bary）（异名：*P. danica* Gäum）。孢囊梗1～4枝，从气孔伸出，菌丛白色或污白色。孢囊梗二叉状分枝，末端分枝呈直角，直或微弯。孢子囊无色，椭圆形、卵形、圆形，无乳突，大小为（24.08～34.88）μm×（18.87～26.96）μm，孢子囊萌发产生芽管（图21-20）。

【发生规律】

病原菌以菌丝在留种植株上越冬，也可以卵孢子在病残体上越冬。主要通过气流、浇水、农事操作及昆虫传播。田间种植过密、定植后浇水过早过大、土壤湿度大、排水不良等容易发病。春末夏初或秋季连续阴雨天气最易发生。春季发病严重，最高气温达到30℃以上时，病害停止发展，9月下旬以后，遇低温多雨天气，病害再次发生。

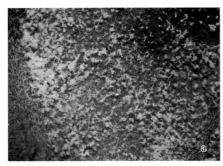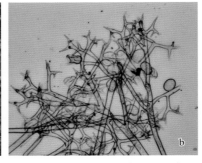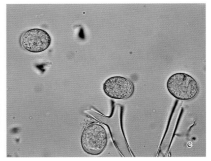

图21-20　菊花霜霉病病原菌形态

a.白色菌丛（10×）　b.孢囊梗（400×）c.孢子囊（1 000×）

【防控措施】

1.加强栽培管理　合理密植，及时排水控湿；清理植株枯枝残叶，及时摘除病叶集中销毁。

2.药剂防治　移栽前幼苗用40%疫霉灵可湿性粉剂300倍液浸苗，发病初期可选用66.8%丙森·缬霉威可湿性粉剂1 000倍液、69%烯酰·锰锌可湿性粉剂1 000倍液、72%霜脲腈·锰锌可湿性粉剂1 000倍液或72.2%霜霉威水剂800倍液叶面喷雾。注意药剂交替使用，避免产生抗药性。

第十一节　菊花偶发性病害

表21-1　菊花偶发性病害

病害（病原）	症　状	发生规律
灰斑病 [Albifimbria verrucaria（异名：Myrothethium verrucaria）]	叶片正面先出现银灰色小斑点，边缘黑褐色，背面棕褐色至黑褐色，后期逐渐形成近圆形至不规则形斑块，且斑块易碎	在菊花整个生长期均可发生，在适温、高湿环境中发病更为严重，每年7—8月是发病高峰期
镰孢菌叶枯病 [尖孢镰孢菌（Fusarium oxysporum）、木贼镰孢菌（F. equiseti）、杏镰孢菌（F. armeniacum）、藤仓镰孢菌（F. fujikuroi）]	尖孢镰孢菌、木贼镰孢菌引起叶片边缘出现褐色至红褐色的不规则斑块；其后病斑逐渐向叶片基部蔓延，直至整个叶片变为褐色或灰褐色。杏镰孢菌使叶片上出现向下凹陷的褐色小斑点，后逐渐扩大成不规则或近圆形棕褐色至黑褐色斑块，病斑略向下凹陷，周围有明显的黄色晕环。期病斑汇合成较大的斑块，造成整片叶枯死，叶片枯死后不脱落。藤仓镰孢菌引起叶片边缘出现灰褐色病斑，病斑边缘有时可见黄色晕圈，易卷曲且极易破碎；其后病斑逐渐向叶片基部蔓延，直至整个叶片变为灰褐色	7—8月为高发期。雨季之后，高温高湿、土壤排水不畅时大面积暴发
红斑病 （Stagonosporopsis chrysanthemi）	叶片正面先出现红色近圆形小斑点，边缘为褐色，有时可见黄色晕圈，背面病斑呈褐色，后期病斑逐渐扩大，中部呈棕黑色，边缘黑褐色	7—8月为高发期。雨季之后，高温高湿、土壤排水不畅时大面积暴发
叶斑病 [菊异茎点霉（Paraphoma chrysanthemicola）]	下部叶片先发病，逐渐向上扩展。前期先在叶片上出现褐色小斑点，周围有时见淡淡的黄色晕圈，背面为浅褐色，后逐渐扩大成近圆形或不规则形斑块，边缘黑褐色，中部颜色较浅，为黄棕色	7—8月为高发期。雨季之后，高温高湿、土壤排水不畅时大面积暴发
白锈病 [堀氏菊柄锈菌（Puccinia horiana）]	主要为害菊花幼嫩叶片和花芽。发病初期，叶背出现细小的白斑，叶片正面对应处有细小褪绿斑；随着病害发展，叶背白斑上长出淡黄色的小黏块，叶片正面对应处褪绿斑稍凹陷；随着病害的进一步发展，背面的黏块状小堆扩展变成淡黄色的疱状突起，即冬孢子堆，随后冬孢子堆变成白色或灰白色，产生大量担孢子。发病严重时，叶片正面中央也出现小块淡黄色冬孢子堆并且孢子堆互相连接成片，造成叶片早期枯黄、脱落，以致植株死亡	7—8月为高发期。雨季之后，高温高湿、土壤排水不畅时大面积暴发

穿心莲病害

穿心莲 [*Andrographis paniculata* (Burm. F.) Nees] 是爵床科穿心莲属草本植物，又名春莲秋柳、金香草、金耳钩、榄核莲、苦胆草、印度草、苦草、一见喜等。

穿心莲在我国海南、广西、云南、福建、广东等地常见栽培，江苏、陕西亦有引种。穿心莲具有清热解毒、凉血和消肿的功效。用于感冒发热、咽喉肿痛、口舌生疮、顿咳劳嗽、泄泻痢疾、热淋涩痛、痈肿疮疡、蛇虫咬伤。

穿心莲主要病害有枯萎病、立枯病、黑茎病、疫病及病毒病等。

第一节　穿心莲枯萎病

穿心莲枯萎病能引起穿心莲植株凋萎，叶片黄化脱落，严重时植株枯死。该病在广西、广东穿心莲产区发生较为普遍，发病率为10%～50%，部分地区发病较为严重，发病率可达80%以上。

【症状】

穿心莲枯萎病主要为害根及茎基部，造成根部和茎基部腐烂，植株凋萎，叶片黄化脱落，最终枯死。主要症状为茎基部表面有长条状黑斑，皮层组织腐烂剥离，剖视茎内组织，维管束变为褐色至黑褐色，在幼苗和成株期都能发生。幼苗期发生，环境潮湿时在茎基部和周围地表出现白色绵毛状菌丝体。成株期发生，植株顶端嫩叶发黄，植株矮小，后期根及茎基部变黑，全株死亡（图22-1）。

图22-1　穿心莲枯萎病症状

【病原】

穿心莲枯萎病病原菌为子囊菌无性型镰孢菌属尖孢镰孢菌（*Fusarium oxysporum* Schltdl. ex Snyder et Hansen）。在PDA培养基上气生菌丝茂盛，絮状，菌落背面淡紫色至紫色，少数白色，具有小型分生孢子、大型分生孢子和厚垣孢子，小型分生孢子大小为（6 ～ 14）μm ×（2.7 ～ 3.6）μm，大型分生孢子一般有3个分隔，大小为（25 ～ 36）μm × 4.7μm（图22-2）。

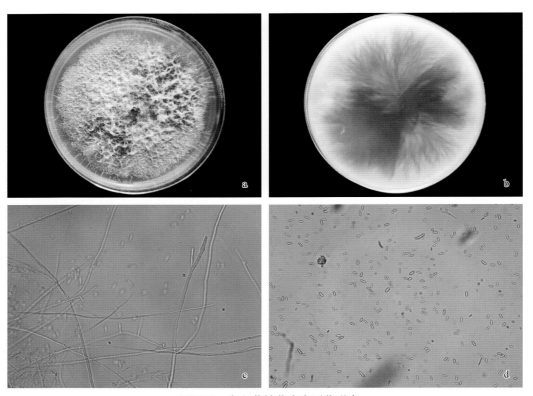

图22-2　穿心莲枯萎病病原菌形态
a.菌落正面　b.菌落背面　c.菌丝　d.小型分生孢子

【发生规律】

幼苗和成株均可发病，病原菌在土壤中越冬。在广东和海南该病一般8—10月发生。病原菌以菌丝体、分生孢子和厚垣孢子在土壤及病残体中越冬。分生孢子经雨水、灌溉水传播，从根部或茎基部的伤口侵入引起发病。高温高湿有利于病害发生。

【防控措施】

1.农业防治　幼苗定植前彻底清除病残体，减少初侵染源。选择地势较干燥的地块种植，提倡采用高畦栽培。实行轮作，加强田间管理，小心进行农事操作，不要伤及茎基部和根部，注意减少伤口；及时通风降温排湿，提早中耕管理，追肥时控制氮肥施用量，增施磷、钾肥，可提高植株抗病性。

2.生物防治　可用复合木霉菌预防，将种子喷适量水或黏着剂搅拌均匀，然后倒入木霉菌可湿性粉剂，种子与粉剂比例为4∶1，均匀搅拌，使种子表面都附着药粉，然后播种。也可将木霉菌可湿性粉剂与有机质或低含量化肥按3∶4混合后施用。也可每亩使用复合木霉菌可湿性粉剂200 ～ 300g，对水50 ～ 60kg，均匀喷雾，每隔5 ～ 7d喷1次，连续防治2 ～ 3次。

3.化学防治　发病初期喷淋或浇灌36%甲基硫菌灵悬浮剂600倍液或50%苯菌灵可湿性粉剂800倍液；发病后期选用75%代森锰锌可湿性粉剂500倍液、50%多菌灵可湿性粉剂500倍液等，每隔10d喷1次，共喷2次。

第二节　穿心莲立枯病

穿心莲立枯病是穿心莲苗期的主要病害之一，广泛分布在全国各大穿心莲产区。立枯也称"死苗"，难以防治，对穿心莲的生长发育造成极大的危害，严重影响穿心莲的产量。

【症状】

立枯病常在穿心莲幼苗近地面茎基部产生黄褐色水渍状、长条形病斑，向茎部周围扩展，形成绕茎病斑，病部失水干缩，失去输送养分和水分的功能，使幼苗枯萎，成片倒折而死亡（图22-3）。

图22-3　穿心莲立枯病症状
a.田间症状　b.根部症状　c.病根（左1、2）和健根（右）对比

【病原】

穿心莲立枯病病原菌为担子菌无性型丝核菌属立枯丝核菌（*Rhizoctonia solani* Kühn）。在PDA培养基上菌落开始无色，后转为灰白色、棕褐色、灰褐色或深褐色，后期形成菌核。菌丝发达，蛛网状，粗壮，生长迅速，初期无色、较细，宽5～6μm，近似直角分枝，离分枝点不远处生有1个隔膜（图22-4）；经染色观察，一般1个细胞内有3～16个细胞核，多为4～5个。老熟菌丝常为一连串桶形细胞，黄褐色，较粗壮，宽8～12μm，分枝处也多呈直角分枝。菌核无一定形状，浅褐至深褐色，由许多桶形细胞组成的菌丝交织而成，并靠绳状菌丝相连，质地松，直径为0.5～1.0mm。在人工诱发情况下，可产生担子和担孢子。担子无色，单胞，圆筒形或长椭圆形，顶生2～4个小梗，其上各生1个担孢子；担孢子椭圆形或卵圆形，无色，单胞。

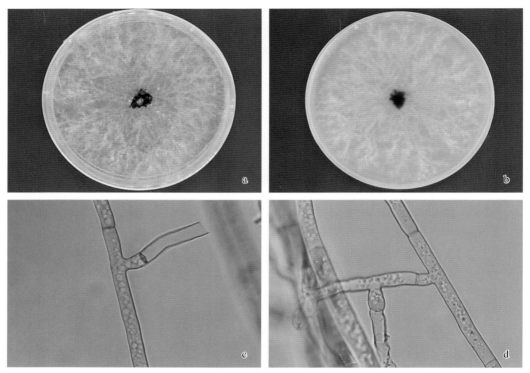

图22-4　穿心莲立枯病病原菌形态
a、b.培养性状　c、d.菌丝

【发生规律】

　　病原菌以菌丝和菌核在土壤或病残体上越冬，腐生性较强，可在土壤中存活2～3年。混有病残体的未腐熟堆肥，以及在其他寄主植物上越冬的菌丝体和菌核均可成为该病的初侵染源。病原菌通过雨水、流水、带菌农具以及带菌堆肥传播，从幼苗茎基部或根部伤口侵入，也可穿透寄主表皮直接侵入。病原菌生长适宜温度为17～28℃，12℃以下或30℃以上生长受到抑制，故苗床温度较高，幼苗徒长时发病重。土壤湿度偏高，土质黏重以及排水不良的低洼地发病重。光照不足，光合作用差，植株抗病能力弱，也易导致植株发病。

【防控措施】

　　1.农业防治　　清除田间混杂的病残体，以降低苗期感病的机会。及时铲除苗床及附近的杂草或野生寄主以减少毒源。科学施肥，避免施用未经充分腐熟的混有病残体的肥料。适当提高钾肥用量，及时喷施多种微量元素肥料，提高植株抗病能力。实行轮作，加强田间管理，及时通风降温排湿。

　　2.生物防治　　研究发现枯草芽孢杆菌GH18、GH19菌株可以有效防治立枯丝核菌，并且提高植株叶片中的防御酶活性，可用于防治穿心莲立枯病。

　　3.化学防治　　可用40%五氯硝基苯粉剂处理土壤、浸种或浇灌病区：处理土壤用药量为每亩1～1.5kg，在播前均匀拌入土中；浸种用500倍液浸10min；浇灌病区用200倍液，浇湿土壤深度5cm。或用20%咪锰·甲霜灵可湿性粉剂800～1000倍液喷雾。

第三节　穿心莲黑茎病

　　穿心莲黑茎病又称穿心莲青枯病，是穿心莲上发生的一类茎部病害。在广西穿心莲产区零星发生，发病率为5%～20%，部分地区发病较为严重，发病率可达50%以上。

【症状】

穿心莲黑茎病常在接近地面的茎部发生长条状黑斑，并向上下扩展，使茎秆抽缩细瘦，叶色黄绿，叶片下垂，叶边缘向内卷。剖视茎内部组织可见变黑，严重时整株黄萎枯死（图22-5）。

图22-5　穿心莲黑茎病症状

【病原】

穿心莲黑茎病病原菌为子囊菌无性型镰孢菌属腐皮镰孢菌 [*Fusarium solani* (Mart.) Appel et Wollenw. ex Snyder et Hansen] 与木贼镰孢菌 [*F. equiseti* (Corda) Sacc.]。腐皮镰孢菌在PDA培养基上菌落较大，白色、近圆形、绒毛状，菌丝内有横隔膜，将菌丝分隔成若干段，每一段都含有细胞质和一个或多个细胞核。病原菌产生大小两种类型的分生孢子。大型分生孢子梭形至月牙形，无色透明，两端较钝，具 2 ~ 4 个隔膜，多为3个，大小为 (22.5 ~ 37.5) μm × (3 ~ 4) μm；小型分生孢子为纺锤形或卵圆形，具 0 ~ 1 个隔膜，大小为 (4.5 ~ 24) μm × (2.5 ~ 4) μm。木贼镰孢菌在PDA培养基上菌落白色，绒絮状，浅黄褐色，背面黄褐色。大型分生孢子弯镰刀形，基细胞足状，细长，顶细胞渐尖，延长呈鞭状，大小为 (52 ~ 66) μm × (4.0 ~ 4.9) μm；小型分生孢子极少产生，形状为卵圆形或椭圆形；厚垣孢子极多，链状间生，少数顶生，无色或浅黄褐色，表面光滑，球形或椭圆形，大小为 (8.5 ~ 13) μm × (6.3 ~ 8.5) μm（图22-6）。

【发生规律】

病原菌的分生孢子在土壤和病残体中存留，并借风雨传播，进行再侵染。高温、高湿季节和多雨年份发生严重。6月为发病初期，7—8月为发病盛期。

【防控措施】

1.农业防治　　及时铲除苗床及附近的杂草或野生寄主以减少毒源；合理轮作，禁止连作或与其他感病寄主轮作；加强田间管理，科学施肥，避免施用未经充分腐熟的混有病残体的肥料，增施磷、钾肥，增强植株抗病力；雨后排除积水，降低土壤湿度，减少病害发生。

2.生物防治　　研究发现自然界中的微生物，如木霉、芽孢杆菌和放线菌等，对腐皮镰孢菌具有一定的拮抗抑制作用，可用来防治穿心莲黑茎病，且能有效改善农药使用带来的环境问题。

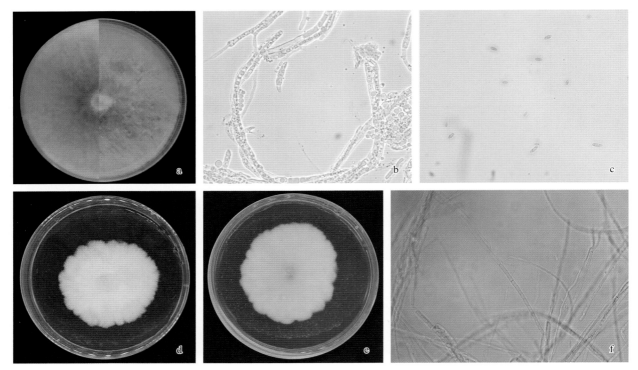

图22-6 穿心莲黑茎病病原菌形态

a.腐皮镰孢菌培养性状 b.腐皮镰孢菌大型分生孢子 c.腐皮镰孢菌小型分生孢子
d、e.木贼镰孢菌培养性状 f.木贼镰孢菌菌丝

　　3.化学防治　发病时用25%多菌灵可湿性粉剂、50%甲基硫菌灵可湿性粉剂或75%百菌清可湿性粉剂800～1 000倍液喷雾。

第四节　穿心莲疫病

　　穿心莲疫病可造成植株枯萎、死亡，严重影响穿心莲的产量。在广西主要穿心莲产区均有发生，发病率为10%～50%，部分地区发病较为严重，发病率可达80%以上。

【症状】

　　穿心莲疫病主要为害植株的叶片和茎，叶片受害产生褪绿的水渍状病斑，茎秆受害产生黑褐色条斑，病部缢缩而腐烂，引起植株萎蔫，逐渐枯死（图22-7）。

【病原】

　　穿心莲疫病病原菌为卵菌门疫霉属辣椒疫霉（*Phytophthora capsici* Leonian）。病原菌在V8培养基上菌丝粗细较均匀，分枝处稍有缢缩，未见有菌丝膨大体，厚垣孢子较少或不形成。孢子囊形态变异较大，椭圆形、梨形、卵圆形或不规则形，大多不对称，平均长为25.5～63.0μm，宽为20.0～32.5μm，长宽比约1.6。孢子囊乳突1个，不明显，平均厚度为3μm。孢子囊脱落，孢囊柄长短不一致，平均长为1.0～50.0μm。孢囊梗细长，单轴分枝或不规则分枝（图22-8）。

【发生规律】

　　穿心莲疫病在7—8月高温多雨时发生。病原菌以卵孢子随病残体在土壤中越冬，成为第2年的侵染来源。病原菌主要通过灌溉水、雨水、农事操作或气流进行传播蔓延。阴雨天气多、降水量大的

图22-7　穿心莲疫病症状

a.田间症状　　b ~ d.叶片症状

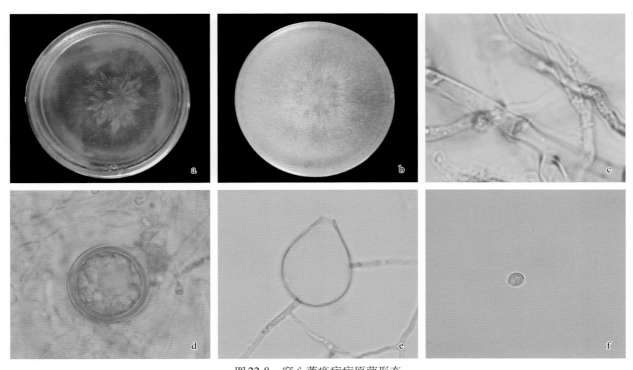

图22-8　穿心莲疫病病原菌形态

a.菌落正面　b.菌落背面　c.菌丝　d.卵孢子　e.孢子囊　f.游动孢子

年份易发病，雨后高温或湿气滞留发病重。病原菌在5～37℃的温度范围内均可生长发育，最适生长温度为25～30℃，在适宜发病的温度范围内，湿度是决定病害发生和流行的首要因素。温度高、土壤湿度大时，病害易于流行。

【防控措施】

1.农业防治　及时拔除田间病株，清除病残组织，减少来年菌源；选择高燥地块或起垄栽培，适度浇水，防止茎基部淹水，注意排灌结合；施用农家肥，增施磷、钾肥，适当控制氮肥；合理密植，进行轮作，减轻疫病发生。

2.物理防治　将种子在52℃的温水中浸泡15min进行消毒。

3.生物防治　哈茨木霉菌、枯草芽孢杆菌LY-38菌株以及万隆霉素对病原菌有明显的抑制或杀灭作用，可用来防治穿心莲疫病。

4.化学防治　在发病初期进行药剂防治，可用75%代森锰锌水分散粒剂500倍液、50%多菌灵可湿性粉剂500倍液进行喷雾或灌根，隔10d防治1次，根据病情防治2～3次。

第五节　穿心莲病毒病

病毒病是穿心莲的常见病害，在全国各穿心莲产区广泛发生，一般发病率为10%～50%，在部分地区为害严重，影响穿心莲的产量和质量。

【症状】

穿心莲病毒病可由多种病毒引起，不同病毒侵染所致症状有所不同。烟草花叶病毒侵染穿心莲在叶片上表现花叶、畸形症状，植株生长不良。黄瓜花叶病毒侵染使得苗期穿心莲子叶变黄枯萎，幼叶呈深绿与淡绿相间的花叶状，同时发病叶片出现不同程度的皱缩、畸形；成株期染病新叶呈黄绿相间的花叶状，病叶小且皱缩，叶片变厚，严重时叶片反卷（图22-9）。

图22-9　穿心莲病毒病叶片症状

【病原】

穿心莲病毒病常由烟草花叶病毒（*Tobacco mosaic virus*，TMV）和黄瓜花叶病毒（*Cucumber mosaic virus*，CMV）引起。TMV属烟草花叶病毒属（*Tobamovirus*），是一种单链RNA病毒，其病

毒粒子为直杆状，长280～300nm，直径17～18nm。CMV是雀麦花叶病毒科（*Bromoviridae*）黄瓜花叶病毒属（*Cucumovirus*）的典型成员，为单链RNA病毒，其病毒粒子为二十面体，直径为29～30nm（图22-10）。

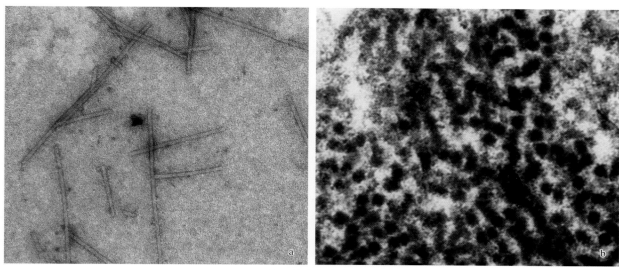

图22-10　穿心莲病毒病病原病毒形态
a.TMV粒子　b.CMV粒子

【发生规律】

TMV主要靠汁液接触传播且病毒抗逆性很强；CMV的寄主范围十分广泛，主要通过蚜虫进行非持久性传播，介体昆虫主要为棉蚜与桃蚜，也可经汁液接触进行机械传播，或者通过种子传播，种传率一般可达4%～8%。穿心莲病毒一般在4月初开始发病，5—6月为发病盛期。

【防控措施】

1.**农业防治**　清除混杂的病残体，以降低苗期感病的机会。及时铲除苗床及附近的杂草或野生寄主，尽早拔除苗床和早期发病的植株，以减少毒源。适当提高钾肥用量，及时喷施多种微量元素肥料，提高植株抗病能力。选用组培脱毒种苗，脱去在田间积累的病毒，增强抗性。

2.**药剂防治**　及早灭蚜防病，抓准当地蚜虫迁飞期在虫口密度较低时连续喷洒10%吡虫啉乳油1 500～2 000倍液；苗期喷施磷酸二氢钾4 000倍液或芽孢杆菌每亩30～50mL对水75L，促使植株早生快发；症状出现时，连续喷洒20%盐酸吗啉胍悬浮剂500倍液或30%毒氟磷可湿性粉剂500倍液。

白 及 病 害

白及属（*Bletilla* Rchb. f.）植物属兰科，通常认为包括小白及［*B. formosana*（Hyata）Schltr.］、黄花白及（*B. ochracea* Schltr.）、华白及［*B. sinensis*（Rolf）Schltr.］和白及［*B. striata*（Thunb. ex Murray）Rchb. f.］。中药材白及为白及（*B. striata*）的干燥块茎。

白及为多年生草本植物，产于陕西南部、甘肃东南部、江苏、安徽、浙江、江西、福建、湖北、湖南、广东、广西、四川和贵州。块茎呈不规则扁圆形，切面角质样，半透明，维管束小点状，散生，嚼之有黏性，具收敛止血、消肿生肌功效。

白及常见病害有锈病、炭疽病、褐斑病、根腐病等。

第一节　白及锈病

白及锈病发生普遍、传播快，全国各产区均可发生，可导致叶片提早枯黄、死亡，对白及的生长造成很大的危害。

【症状】

白及锈病主要为害叶片，尚未见病原菌侵染花、果。发病白及叶背面散生橘色近圆形裸生的小疱，病斑数量多且排布无规律，布满叶背；发生严重时，叶片背面布满橘色的孢子，植株形成大型枯斑，提前落叶（图23-1）。

图23-1 白及锈病症状

【病原】

白及锈病病原菌为担子菌门鞘锈菌属（*Coleosporium* sp.）真菌。夏孢子圆形或椭圆形，黄色，表面有一层网纹和疣突；冬孢子长椭圆形，黄褐色，底部有不孕细胞，单层排列（图23-2）。

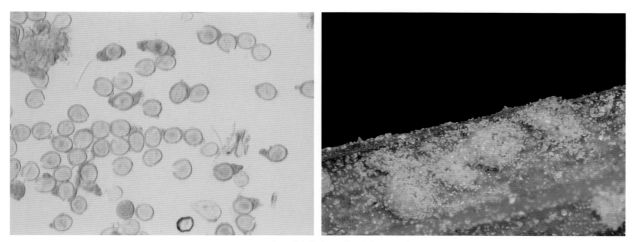

图23-2 白及锈病病原菌夏孢子形态

【发生规律】

白及锈病发生温度为26～28℃，日均气温低于22℃或高于33℃均不利于该病流行。6月上旬开始发病，叶片受侵染后正面产生黄色小斑点，背面着生黄色夏孢子堆，体视镜下孢子堆无包被，中心隆起，夏孢子散生。10月中旬，在夏孢子堆的周围逐渐出现红褐色的冬孢子堆，冬孢子堆单生或几个聚在一起呈环状排列，其表面光滑、蜡状、近圆形或不规则形。在高温、多雨潮湿的环境下发病率高。此外，海拔对白及锈病发病率及危害程度影响较大，800m以上和200～480m海拔发病率及危害程度较低，而海拔500～750m发病率及危害程度较高；不同土壤类型对白及锈病发生有明显影响，其中在黏土中种植的白及锈病发生率及危害情况较为严重。

【防控措施】

1.加强田间管理　加强肥水管理，采用配方施肥技术，施用充分腐熟的有机肥，适当增施磷、钾肥，提高植株抗病性。

2.药剂防治　发病初期可喷施70％代森锰锌可湿性粉剂1 000倍液加15％三唑酮可湿性粉剂2 000倍液，隔10～15d喷1次，连续防治2～3次。

第二节　白及炭疽病

白及炭疽病是白及常见的叶部病害之一，在各白及种植区分布广泛，发病率较高，严重威胁白及的生长发育。

【症状】

白及炭疽病侵染的叶片上呈现近圆形黑褐色病斑，中间灰白色，边缘黑色无晕圈，严重时叶片穿孔（图23-3）。

图23-3　白及炭疽病症状

【病原】

白及炭疽病病原菌为子囊菌无性型炭疽菌属（*Colletotrichum* sp.）真菌。在PDA培养基上菌落初为白色，后转为灰白色至灰色，最后变深灰色，气生菌丝密实，菌丝发达，绒毛状，培养孢子团外产生黑褐色的颗粒圈，即子囊盘。病原菌分生孢子盘生于表皮层下，无色或褐色，分生孢子梗不分枝，密集（图23-4）。

【发生规律】

病原菌主要以分生孢子或分生孢子盘在病残体上越冬。翌年条件适宜时萌发，随风雨传播。高温高湿有利于该病发生。一般5—6月开始发病，7—8月为盛发期。植株种植密度大、氮肥施用过多有利于病害的发生。

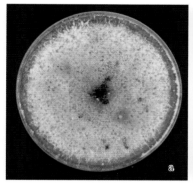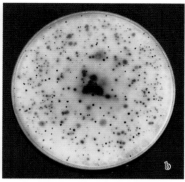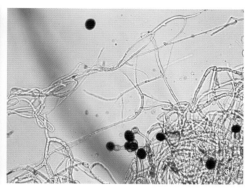

图23-4 白及炭疽病病原菌形态

a、b.培养性状 c.菌丝

【防控措施】

1.加强田间管理 合理密植，及时清除病残体。

2.药剂防治 发病初期可用80%炭疽·福美可湿性粉剂800倍液或50%多菌灵可湿性粉剂500 ~ 800倍液喷雾防治。

第三节　白及褐斑病

白及褐斑病在国内各产区发生分布广泛，发病率一般为10%~ 30%，严重威胁白及的生产。

【症状】

白及褐斑病主要为害白及叶片。受害叶片产生圆形、椭圆形或不规则形病斑，呈褐色或浅褐色。病健交界明显，有黄色晕圈。为害严重时，整个叶片变色枯死。湿度高时，病斑中间有灰黑色霉层附着（图23-5）。

图23-5 白及褐斑病症状

【病原】

白及褐斑病病原菌为子囊菌无性型链格孢菌属（*Alternaria* spp.）真菌，菌丝暗灰色或黑褐色。分生孢子梗较短，单生或丛生，大多数不分枝。分生孢子呈倒棒槌状或纺锤状，分隔，或成串出现（图23-6）。

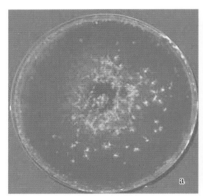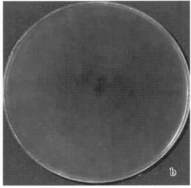

图23-6 白及褐斑病病原菌形态
a、b.培养性状 c.分生孢子

【发生规律】

病原菌以菌丝体和分生孢子在病残体或随病残体在土中越冬，翌年产生分生孢子进行初侵染和再侵染。该病通常5月初始发，6—7月雨季过后，气温升高为盛发期。

【防控措施】

1.加强田间管理　清理病残体，减少田间菌量。

2.药剂防治　发病初期可用80％炭疽·福美可湿性粉剂800倍液或50％甲基硫菌灵可湿性粉剂500～800倍液喷雾防治。

第四节　白及根腐病

根腐病是白及上常见的根部病害，为害严重，发生广泛，发病率较高，防治困难。

【症状】

根腐病主要侵染白及根部。染病白及地上部分叶片变黄，从叶尖开始枯萎。受害根部呈褐色纤维状腐烂。湿度大时，有大量白色气生菌丝（图23-7）。

图23-7　白及根腐病症状

【病原】

白及根腐病病原菌为子囊菌无性型镰孢菌属尖孢镰孢菌（*Fusarium oxysporum* Schltdl. ex Snyder et Hansen）。大型分生孢子3个隔膜的大小为（25 ～ 36）μm×4.7μm，4个隔膜的大小为（32 ～ 41）μm×（3.9 ～ 4.7）μm。小型分生孢子两端钝圆，长椭圆形或肾形，单胞或双胞，直径为9.4 ～ 19.7μm（图23-8）。

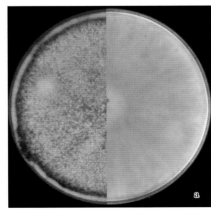

图23-8　白及根腐病病原菌形态
a.培养性状　b.分生孢子

【防控措施】

1.加强栽培管理　不宜连作，适宜与禾本科作物轮作；雨季注意排水；种苗消毒，加强地下害虫防治。

3.药剂防治　发病初期可用70%噁霉灵可湿性粉剂3 000倍液等药剂浇灌发病区域。

第五节　白及偶发性病害

表23-1　白及偶发性病害特征

病害（病原）	症　状	发生规律
疫病 [烟草疫霉 (*Phytophthora nicotianae*)]	最初以小斑点形式出现在叶片上，随后出现褐色斑点，形状不规则，几天后扩大为大病斑。心腐症状首先表现为老叶变色，其次是新叶出现褐色病斑。由于基部腐烂，后长出的叶片很容易被拉出。高湿时病斑上出现一层稀疏的白色菌丝体	病原菌喜潮湿，最适侵染温度为28℃，故每年4—5月雨水多时病害发生严重
白绢病 [齐整小核菌 (*Sclerotium rolfsii*)]	症状首先出现在茎基部和土壤的交界处，为坏死的深褐色茎病变。其他症状包括叶片变黄和枯萎、根腐，重者在温暖潮湿的天气中死亡。在田间植物的茎和根上有白色菌丝体和棕褐色至棕色菌核	病原菌在土壤中和病残体上越冬，条件适宜时菌核萌发产生菌丝体侵染白及根茎部，造成初次侵染。病株菌丝产生菌核随土壤和水流等传播造成再侵染。病原菌喜高温高湿，6月上旬至8月中旬雨水多时易发生

第二十四章 PART TWENTY-FOUR

石 斛 病 害

石斛属兰科石斛属，又名仙斛兰韵、不死草、还魂草、紫茎仙株、吊兰、林兰、禁生等。石斛属中的金钗石斛（*Dendrobium nobile* Lindl.）、霍山石斛（*D. huoshanense* C. Z. Tang & S. J. Cheng）、鼓槌石斛（*D. chrysotoxum* Lindl.）、流苏石斛（*D. fimbriatum* Hook.）被《中华人民共和国药典》收录，另有30余种石斛有可食用记录。石斛素有"九大仙草之首"和"草中黄金"之名。

石斛是多年生草本植物，以根茎入药。主要分布在安徽南部大别山区（霍山）、台湾、湖北南部（宜昌）、香港、海南（白沙）、广西西部至东北部（百色、平南、兴安、金秀、靖西）、四川南部（长宁、峨眉山、乐山）、贵州西南部至北部（赤水、习水、罗甸、兴义、三都）、云南东南部至西北部（富民、石屏、沧源、勐腊、勐海、思茅、怒江河谷、贡山一带）、西藏东南部（墨脱）等地。烘干后质坚实，易折断，断面平坦，灰白色至灰绿色，略角质状。气微，味淡，嚼之有黏性。益胃生津，滋阴清热。用于热病津伤、口干烦渴、胃阴不足、食少干呕、病后虚热不退、阴虚火旺、骨蒸劳热、目暗不明、筋骨痿软。

石斛常会受到病害的侵染，包括白绢病、叶斑病、病毒病、疫病和锈病等，其中白绢病、叶斑病和病毒病发生更为频繁，严重影响石斛的品质和产量，需要及时防治。

第一节　石斛白绢病

白绢病是石斛上常见的病害之一，在安徽、湖北、四川、广西等产区均有发生，主要为害石斛叶和茎，严重时可引起石斛整株枯死，一般发病率10%～30%，严重影响石斛的产量。

【症状】

在茎基部或栽培基质上形成白色菌丝，然后向茎秆和叶片扩展，逐渐引起叶片坏死，致使茎秆腐烂弯曲、死亡。后期在死亡的叶片和茎秆上会形成菌核，茎基部和根部也出现腐烂症状（图24-1）。

【病原】

石斛白绢病病原菌为担子菌无性型小核菌属的齐整小核菌（*Sclerotium rolfsii* Sacc.）和翠雀小核菌（*S. delphinii* Welch）。齐整小核菌在PDA培养基上菌丝白色棉絮状或绢丝状，放射状生长，初为由白色绢状菌丝体聚集而成的乳白色小球体。5d后菌落渐渐变为米黄色、黄褐色。2周后菌落变为深褐色，似油菜籽大小，球形或近球形，平滑，有光泽。3周后已经看不到白色菌落形态，只看到直径为1～5mm的深褐色菌核，圆形至椭圆形（图24-2），以1～2mm的菌核为多，3mm×5mm的菌核较少。菌核在培养皿内散生，周围的菌核比中间多，有时菌核在中间的接种点处聚生。

图24-1　石斛白绢病症状

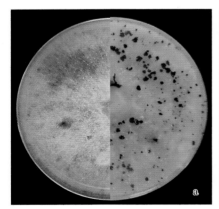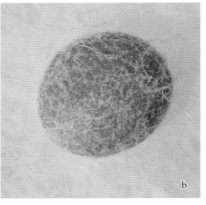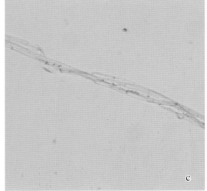

图24-2　石斛白绢病病原菌形态
a.培养性状　b.菌核　c.菌丝

【发生规律】

一般情况下，石斛白绢病发生的时间为5—10月，6—9月为发病高峰期，温度超过35℃病害发生减慢。最适生长温度为（25±2）℃，低于8℃或高于40℃时停止生长。病原菌主要以菌丝、菌核在栽培基质或植物的病残组织中越冬。病原菌可借水流、土壤、栽培基质或管理人员、农具携带进行远距离传播。病原菌有两种来源，一是本地菌源；二是外地传入。主要通过铁皮石斛的自然孔口与伤口，或昆虫为害造成的伤口侵入植株。菌核抵抗极端高温、低温天气的能力较强，在自然条件下能存活5～6年。

【防控措施】

1.选用抗病品种　种植高产抗病品种，可有效控制和减轻病害的发生，如森山1号具有较强的抗性。

2.农业防治　发现病株立即拔除，带出栽培基地深埋或销毁，并进行病穴消毒，更换病株栽培基质，用3%石灰水对基质进行消毒。合理轮作，禁止连作或与其他感病寄主轮作。

3.生物防治　哈茨木霉菌对石斛白绢病菌具有很强的拮抗作用。可选用哈茨木霉菌T-22菌株可湿性粉剂（3×10^{8}CFU/g）1 000～1 500倍液喷洒植株或灌根。枯草芽孢杆菌对石斛白绢病菌的拮抗作用也很强，可使用枯草芽孢杆菌可湿性粉剂1 500～2 000倍液喷洒。

4.化学防治　病害发生初期可使用80%多菌灵可湿性粉剂700～800倍液喷雾。

第二节　石斛叶斑病

叶斑病是石斛上最常见的病害，在安徽、江苏、广西等产区均可发生，发病率一般为10%～50%，部分田块可达80%以上，主要为害石斛叶部，也能为害茎，严重时叶片脱落，能导致整株枯死，影响石斛品质和产量。

【症状】

叶部受感染区先变黄，后变成淡褐色或黑褐色，边缘清楚，大多数有一个黄色的外围带，病斑随时间推移与植株体积变大，周围组织也变成黄色或淡绿色，且凹陷（图24-3）。

图24-3　石斛叶斑病症状

【病原】

石斛叶斑病病原菌为子囊菌无性型茎点霉属瓜茎点霉 [*Phoma cucurbitacearum* (Fr.:Fr.) Sacc.]（异名：*Phyllosticta citrullina* Chester），有性型为 *Didymella bryoniae* (Auersw.) Rehm。在PDA培养基

上菌落突起絮状，黑色。菌丝有隔，分生孢子大多椭圆或近圆柱形（图24-4）。

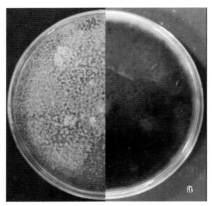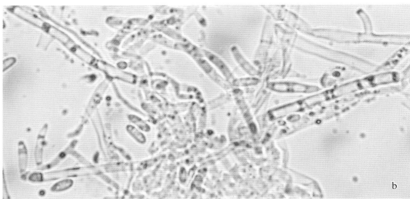

图24-4　石斛叶斑病病原菌形态

a.培养性状　b.菌丝与孢子

【发生规律】

石斛叶斑病在不同地区、不同种植基地发病时间和发病程度不同。通常在春末夏初发生，5—9月为病害高发期。病原菌多以分子孢子在病组织内越冬，当条件适宜时产生分生孢子，借风雨传播，从植株的气孔或伤口侵入。连作、过度密植、通风不良、湿度过大均有利于发病。

【防控措施】

1.农业防治　收获后及时清除病残体，早春精细修剪，剪除病枝、病叶，及时销毁，可以有效减少侵染菌源。生长期发现病株时立即拔除，带出栽培基地深埋或销毁，并进行病穴消毒，更换病株栽培基质。保持通风透气和光线充足。发病时要严格控水，及时去除病叶、病株，同时避免由上而下喷水。

2.生物防治　可选用哈茨木霉菌T-22菌株可湿性粉剂（3×10^8 CFU/g）1 000 ～ 1 500倍液喷洒植株或灌根。

3.化学防治　发病期间每隔15d喷1次0.5%波尔多液，共喷2 ～ 3次。也可用代森锰锌与铜制剂交替使用。

第三节　石斛病毒病

石斛种植一般以扦插和分株等无性繁殖为主，在长期的种植过程中，病毒会通过无性繁殖材料积累，导致石斛种性退化。石斛病毒病被称为石斛等兰科植物的"癌症"，无法根治，一旦发生，对石斛的品质和产量具有不可忽视的影响。石斛病毒病在全国各产区均可发生，发病率一般较低。

【症状】

感病叶片出现黄化、褪绿、花叶、畸形，严重时病叶坏死、脱落（图24-5）。

【病原】

已报道侵染石斛的病毒有黄瓜花叶病毒（*Cucumber mosaic virus*，CMV）、建兰花叶病毒（*Cymbidium mosaic virus*，CyMV）、齿兰环斑病毒（*Odontoglossum ringspot virus*，ORSV）和兰花斑点病毒（*Orchid fleck virus*，OFV）（图24-6）。

图24-5　石斛病毒病症状

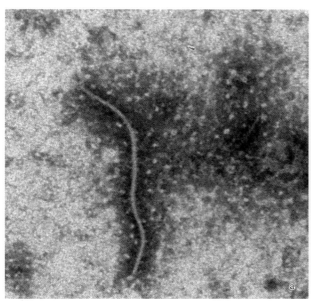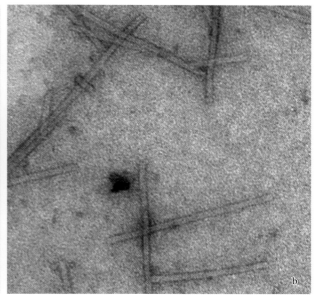

图24-6　石斛病毒病病原病毒形态
a.CyMV粒子　b.ORSV粒子

【发生规律】

CMV的传播途径十分广泛，主要通过蚜虫进行非持久性传播，介体昆虫主要为棉蚜与桃蚜，也可经汁液接触进行机械传播，或者通过种子传播，种传率一般可达4%～8%。CyMV和ORSV只能经由机械性伤口侵入植物体内，因此在组织培养或温室栽培管理过程中，所有可能造成表面伤口的操作，包括切花梗、修剪，甚至植株叶片间的摩擦，都可能成为病毒侵入感染的途径。OFV主要通过汁液和种苗传播。

【防控措施】

1.农业防治　及时拔除病株并销毁，对修剪工具进行严格消毒。不用病株作繁殖材料，选用生物组培脱毒种苗。清理植株周围的杂草，减少传染源。施用叶面肥，增强植株对病毒的抵抗能力。

2.物理防治　在田间放置银色反光片来驱避棉蚜与桃蚜等。

3.化学防治　防治蚜虫等刺吸式口器的害虫，可用1.8%阿维菌素乳油3 000～5 000倍液、10%

吡虫啉可湿性粉剂2 000倍液、50%抗蚜威可湿性粉剂1 500 ～ 2 000倍液等，也可用30%毒氟磷可湿性粉剂500倍液进行预防。定植前每亩施用20%盐酸吗啉胍可湿性粉剂150 ～ 250g，2 ～ 3d喷1次，定植后10 ～ 15d再喷1次。

第四节　石斛偶发性病害

表24-1　石斛偶发性病害

病名（病原）	症　状	发生规律
疫病 [烟草疫霉 (*Phytophthora nicotianae*)]	主要为害当年移植的石斛苗，引起死亡。发病初期，茎基部出现水渍状黑褐色病斑。病斑向下扩展，造成根系死亡，引起植株叶片变黄、脱落、枯萎。遇到连阴雨气候条件，病斑沿茎向上迅速扩展至叶片	病原菌通过雨水和灌溉水传播。每年4—8月多雨季节是病害发生流行最为严重的时期，菌丝块在水中产生大量的游动孢子囊，并通过水流附着在石斛根部，极易造成疫病大面积发生
锈病 [花椒鞘锈菌 (*Coleosporium zanthoxyli*)]	主要为害叶片。发病初期叶片正面出现褪绿、圆形的黄斑，后逐渐扩大，7d左右在叶片背面出现黄色或橘黄色的夏孢子堆，散生。为害严重时，植株会提前落叶，生长减慢，直接影响当年产量。9月下旬冬孢子开始形成，冬孢子堆生于夏孢子堆的位置，通常呈圆环状	病原菌以菌丝和冬孢子在病残体内越冬。发病期为5—11月。在症状出现以后，随着温度升高，降水量增加，病害逐渐扩展蔓延，7—9月发病严重时，会导致植株提前落叶

细 辛 病 害

细辛（*Asarum sieboldii* Miq.）为马兜铃科细辛属多年生草本植物。中药材细辛具有祛风、散寒、行水、开窍的功效，可用于治风冷头痛、鼻渊、齿痛、痰饮咳逆、风湿痹痛等。

细辛包括辽细辛和华细辛。辽细辛也称北细辛，主产于我国东北的吉林、辽宁；华细辛主产于陕西、四川、湖北等地。通常以东北生产的辽细辛质量最好，华细辛则以陕西省华阴县生产的质量较好。日本和朝鲜也有细辛的种植和分布。

细辛主要病害有叶枯病、菌核病、疫病和锈病等。其中，叶枯病和菌核病等病害为害严重。

第一节　细辛叶枯病

细辛叶枯病是细辛生产上为害最严重的病害，各细辛产区均有发生，在辽宁清源、新宾、桓仁、凤城等主产区均有发生。发病田块病株率可达100%，一般减产达30%～50%，严重地块地上部分全部枯死，甚至绝产。

【症状】

各年生细辛植株均可感病，主要为害叶片，也可侵染叶柄、花、果及芽苞，一般不为害根系。叶片感病后，初期出现褐色小斑点，后期斑点逐渐扩大为近圆形，直径5～18mm，具有6～8圈明显的同心轮纹，病斑边缘具有黄褐色或红褐色的晕圈。严重时病斑之间互相连合，造成穿孔，使整个叶片枯死。叶柄病斑呈梭形，黑褐色，逐渐扩大并凹陷，切断输导组织，致使整个叶片枯萎。花、果感病后，病斑黑褐色凹陷，直径3～6mm，使萼片变黑，果实早期脱落，不能成熟。芽苞感病后即腐烂，严重时可造成根部腐烂。以上各发病部位在高湿条件下均可生出褐色霉状物，即病原菌的分生孢子梗和分生孢子（图25-1）。

【病原】

细辛叶枯病病原菌为子囊菌无性型刺孢菌属的槭菌刺孢菌［*Mycocentrospora acerina*（R. Hartig）Deighton］。分生孢子梗淡褐色，屈膝状。分生孢子倒棍棒形，无色或淡褐色，具3～11个隔，基部平截，顶端渐细，形成长喙，直或弯，分隔处不收缩或稍有收缩，有或无基部附属刺，大小为（15～30）μm×（15～20）μm。人工培养菌落呈红色，一般在PDA培养基上不易产孢（图25-2）。

【发生规律】

病原菌主要以分生孢子和菌丝体在田间病残体和罹病芽苞上越冬。种苗可以带菌传病。分生孢

图25-1　细辛叶枯病症状

子主要借助气流和雨水飞溅进行田间传播。低温、高湿、多雨的天气条件有利于病害的发生和流行。最适发病温度15～20℃，25℃以上的高温天气会抑制病原菌的侵染和发病。遮阴栽培细辛较露光栽培发病轻。一般5月上旬开始发病，6—7月是病害盛发期。细辛出苗展叶期温度过低，使细辛茎、叶组织受到一定程度的伤害，会降低抗病能力；生长中期如遇低温多雨天气，晴天后空气湿度大叶枯病易发生。土壤质地疏松、通透性好的腐殖土、沙壤土地发病较轻，低洼易涝黏土地发病较重，同一块地地势较低处发病率较高燥处高。栽植密度过大，田间通风不良易发生叶枯病。田间杂草多，尤其细辛病残植株清理不干净，给病原菌营造寄生再侵染条件，发病率明显增高。

【防控措施】

1.种苗消毒　栽植前采用50%腐霉利可湿性粉剂800倍液浸细辛种苗4h进行消毒，可以杀死种苗上携带的全部病原菌，从而有效防止种苗带菌传病。

2.田园清洁　秋季细辛自然枯萎后，应当及时清除床面上的病残体，集中到田外销毁或深埋。春季细辛出土前，采用50%代森铵水剂400倍液进行床面喷药消毒杀菌，可以有效降低田间越冬菌源量。

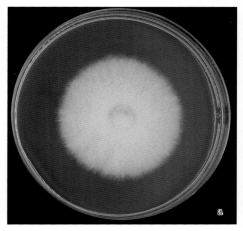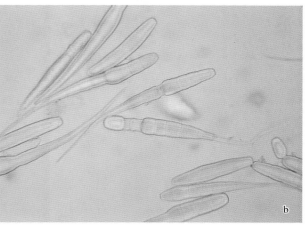

图25-2 细辛叶枯病病原菌形态
a.培养性状 b.分生孢子

3.遮阴栽培 遮阴栽培细辛与全光栽培细辛相比发病程度明显降低，因此，可以利用林下栽培或挂帘遮阴栽培减轻发病。

4.药剂防治 目前化学药剂是细辛叶枯病防治的必要手段。经过室内和田间试验，筛选出以下药剂：50%腐霉利可湿性粉剂1 000倍液、50%异菌脲悬浮剂或可湿性粉剂800倍液、50%噁霉灵可湿性粉剂600倍液。从发病初期开始喷药，视天气和病情每隔7 ~ 10d喷1次，需喷多次。喷药要求细致周到，特别是细辛长大封垄后应尽可能喷洒叶片正、反面，防效会显著提高。

第二节　细辛菌核病

细辛菌核病是细辛的重要病害之一，在细辛各种植区均有发生，目前已知有细辛菌核病发生的省份有辽宁、吉林。该病于1979—1982年在辽宁省新宾、凤城和宽甸等细辛产区大面积流行，一般发病率为15% ~ 30%，个别田块大面积枯死，全田毁灭。该病扩展迅速，危害性大，特别是在老病区出现发病中心后，经过2 ~ 3年的扩展蔓延就可以导致全田毁灭。

【症状】

细辛菌核病主要为害根部，也可侵染茎部、叶片和花果。一般先从地下部开始发病，逐渐蔓延至地上部分。病斑褐色或粉红色，表面生颗粒状绒点，最后变为菌核。菌核椭圆形或不规则形，表面光滑，外部黑褐色，内部白色。生于根部的菌核较大，直径6 ~ 20mm，生于叶片和花果的菌核较小，直径0.4 ~ 1.6mm。严重发病时，地下根系腐烂溃解，只留外表皮，内外均生有大量菌核。病株叶片淡黄褐色，逐渐萎蔫枯死。前期病株地上部分与健株几乎一样，不易识别，容易贻误防治最佳时机（图25-3）。

【病原】

细辛菌核病病原菌为子囊菌门核盘菌属细辛核盘菌（*Sclerotinia asari* Wu et Wang）。在PDA培养基上菌丝体沿基质生长，菌落较薄，近无色至淡白色，经5 ~ 8d产生白色菌核，以后变为黑色菌核。菌核在春季萌生1 ~ 9个子囊盘，上生大量子囊孢子进行侵染。细辛核盘菌无性世代生长温度范围为0 ~ 27℃，适宜温度为7 ~ 15℃，属低温菌。菌核在2 ~ 23℃条件下均可萌发，处理后5 ~ 15d开始萌发。萌发方式是产生菌丝体，未见产生子囊盘。病原菌仅发现侵染细辛，未见侵染其他植物。

图 25-3　细辛菌核病症状

【发生规律】

病原菌以菌丝体和菌核在病残体、土壤和带病种苗上越冬。初侵染以菌丝体为主，从细辛根、茎、叶侵入。在自然条件下，菌核萌发主要产生子囊盘。在东北，4月中下旬细辛出土不久，土温1～4℃时菌核即开始萌发，5月上旬子囊盘出土，5月20日以后自然枯萎。子囊孢子主要从植株伤口侵入，不能直接侵入。5月上中旬病害始发，5月下旬为病害盛发期，6月中旬以后发病逐渐终止。该病为低温病害，2～4℃即开始发病，土温6～10℃发病蔓延最快，超过15℃停止侵染为害。低温高湿、排水不良、密植多草条件下发病严重。

【防控措施】

1. 选用无病种苗　做好种苗消毒，可用50%腐霉利可湿性粉剂800倍液浸种苗4h。

2. 加强栽培管理　早春于细辛出土前后及时排水，降低土壤湿度。及时锄草、松土以提高地温，均能大大减轻细辛菌核病的发生与蔓延。在松林下杂草少、有落叶覆盖和保水好的地块实行免耕栽培，防止病原菌在土壤中传播。田间锄草前应仔细检查有无病株，防止锄头传播土壤中的病原菌。发病早期拔除重病株，移去病株根际土壤，用生石灰消毒，配合灌施腐霉利或多菌灵等药剂，铲除土壤中的病原菌。

3. 药剂防治　发病初期进行药剂浇灌防治。可采用药剂有50%腐霉利可湿性粉剂800倍液、50%乙烯菌核利可湿性粉剂1 000～1 300倍液、50%多菌灵可湿性粉剂200倍液＋50%代森铵水剂800倍液。每平方米施药量2～8kg，以浇透耕作土层为宜，隔7～10d 1次，连续灌施3～4次。

第三节　细辛疫病

细辛疫病是细辛生产中的主要病害之一，在全国各种植区均有发生，在辽宁和吉林发生较重。

【症状】

细辛疫病主要为害叶柄基部及叶片。叶柄上病斑长条形，暗绿色，水渍状，易软腐。叶片上病斑较大，圆形，暗绿色，水渍状。高湿多雨季节病斑上产生大量白色霉状物，为病原菌菌丝及游动孢子梗。多雨高湿条件下，病情进展很快，叶柄软化折倒，叶片软腐下垂，导致细辛植株成片死亡（图25-4）。

图25-4 细辛疫病症状

a.发病初期症状 b.发病后期症状

【病原】

细辛疫病病原菌为卵菌门疫霉属的恶疫霉 [*Phytophthora cactorum* (Lebert et Cohn) J. Schröt.]。气生菌丝白色，绵毛状，无隔膜。游动孢子囊梗细长；游动孢子囊顶生或侧生，卵圆形，顶部有乳头状突起，萌发后产生游动孢子。卵孢子球形，黄褐色，单卵球。

【发生规律】

病原菌以菌丝体或卵孢子在病残体上或土壤中越冬，翌年春季条件适宜时侵染细辛茎基部及地上部分。病部产生的游动孢子经风雨传播进行再侵染，使病害扩展蔓延。高温、多雨、高湿有利于病害流行。

【防控措施】

1.农业防治　选择沙壤土和排水良好的地块栽培细辛。及时拔除病株，消灭发病中心。在病穴处用生石灰或0.5%～1%高锰酸钾溶液进行土壤消毒，降低土壤中带菌量。

2.药剂防治　在雨季开始前，喷施1∶1∶200波尔多液，或40%三乙膦酸铝可湿性粉剂300倍液，或25%甲霜灵可湿性粉剂600倍液，或58%瑞毒霉·锰锌可湿性粉剂500～600倍液。

第四节　细辛锈病

细辛锈病是细辛生产中的重要病害之一，在全国各种植区均有发生。该病最早由沈阳农业大学傅俊范教授于1993年在辽宁省桓仁县细辛园发现，少数植株因该病叶片枯死。目前，细辛锈病在各细辛园是一种常见病害。

【症状】

细辛锈病主要为害叶片，也可为害花和果。冬孢子堆生于叶片两面及叶柄上，圆形或椭圆形。初生于寄主表皮下，呈丘状隆起，后期破裂呈粉状，黄褐色至栗褐色，可聚生连片，在叶片上排成圆形，叶片正面比背面明显，直径4～7mm。冬孢子堆在叶柄上呈椭圆形或长条状，长达7～50mm，可环绕叶柄使其肿胀。严重发病时整个叶片枯死（图25-5）。

图25-5　细辛锈病症状

a.叶正面症状　b.叶背面症状

【病原】

细辛锈病病原菌为担子菌门柄锈菌属的细辛柄锈菌（*Puccinia asarina* Kunze）。其性孢子、锈孢子及夏孢子阶段均未发现。冬孢子双胞，椭圆形、长椭圆形、纺锤形或不规则形，大小为（30～51）μm×（16～25）μm，黄褐色至深褐色，两端圆形或渐狭，分隔处略缢缩；壁厚均匀，为1.5～2（2.5）μm；每胞具1个芽孔，其上具有透明乳突，上部细胞芽孔顶生，下部细胞芽孔近中隔生；柄无色，长达45μm以上，细弱易折断（图25-6）。

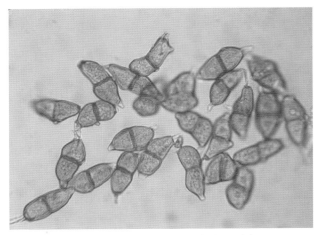

图25-6　细辛锈病病原菌冬孢子形态

【发生规律】

病原菌越冬方式及场所不详。在东北病害始发期为5月上旬，7—8月为发病高峰期。病株多集中于树下等遮阴处，高湿、多雨、多露发病严重。冬孢子借助气流及雨水飞溅传播。

【防控措施】

1. 加强栽培管理　促进植株发育健壮，增强植株抗病性。雨季及时排除田间积水。秋季彻底清除病株残体，集中于田外销毁。及时摘除重病叶片，降低田间菌源量。

2. 药剂防治　发病初期用25%三唑酮可湿性粉剂1 000 ～ 1 500倍液或62.25%腈菌·锰锌可湿性粉剂600倍液喷雾，或用95%敌锈钠可湿性粉剂300倍液喷雾防治。7 ～ 10d喷1次，连喷2 ～ 3次。

乌头病害

毛茛科乌头属是我国重要的药用植物属，《中华人民共和国药典》收录川乌、制川乌、附子、草乌、草乌叶多个药材。川乌和附子分别为乌头（*Aconitum carmichaelii* Debeaux）干燥的母根和子根。草乌和草乌叶分别为北乌头（*A. kusnezoffii* Reichb.）干燥的块根和叶。

乌头属为多年生草本药用植物，其中乌头（*A. carmichaelii*）主要分布于云南、四川、湖北、贵州、湖南、广西、安徽、陕西和河南等地，主要栽培于四川。北乌头（*A. kusnezoffii*）习称草乌，主要分布于山西、河北、内蒙古、辽宁、吉林和黑龙江等地。乌头属植物含有次乌头碱、乌头碱和新乌头碱等多种生物碱，具有祛风除湿、温经止痛之功效。

乌头属药用植物主要病害有立枯病、根腐病、叶斑病、霜霉病、斑枯病、白绢病、炭疽病、菌核病和病毒病等，其中以根腐病、白绢病、霜霉病对产量的影响较大，病毒病发生较为普遍。

第一节　北乌头根腐病

北乌头根腐病是北乌头生产中最常见的土传真菌病害，发病普遍，为害严重，病因复杂。主要为害块根和附子，引起地下部分腐烂，导致全株性枯萎、死亡。一般发病率为5%～10%，严重时可达80%以上，属毁灭性病害。

【症状】

北乌头根腐病主要为害块根和附子。发病初期，植株地上部分首先表现症状，植株出现缺水凋萎状，随着病情发展，底部叶片开始枯死，逐渐向上蔓延，导致全株性枯死。地下部分主根、侧根及附子均可发病，主要从母根开始，出现褐色或黑褐色大小不等斑块，逐渐向周围蔓延，母根腐烂发生早不能形成附子，发生晚附子瘦小，甚至腐烂。发病植株逐渐向周围蔓延，形成明显的田间发病中心，高温多雨季节，病情明显加重（图26-1）。

【病原】

北乌头根腐病病原菌为子囊菌无性型镰孢菌属的腐皮镰孢菌 [*Fusarium solani*（Mart.）Appel et Wollenw. ex Snyder et Hansen] 和木贼镰孢菌 [*Fusarium equiseti*（Corda）Sacc.]。腐皮镰孢菌在PDA培养基上菌落初期为黄白色，气生菌丝稀疏，菌丝致密，边缘规则，后期菌落仍为黄白色。大型分生孢子镰刀形，大小为（14.79～25.83）μm×（2.71～5.82）μm；小型分生孢子圆形，单胞，大小为（4.52～9.95）μm×（1.94～3.51）μm。木贼镰孢菌在PDA培养基上菌落初期为白色，气生菌丝发达，棉絮状，多而紧实，边缘不规则。大型分生孢子镰刀形，2～5个隔膜，大小为（34.16～43.14）μm×（1.81～

图26-1　北乌头根腐病症状

a.田间症状　　b～d.根部症状

4.75）μm；小型分生孢子圆形，单胞（图26-2）。

【发生规律】

病原菌以菌丝和分生孢子在土壤中或病残体上越冬，成为翌年主要初侵染源。病原菌从根茎部或根部伤口侵入，通过雨水或灌溉水进行传播和蔓延。地势低洼、排水不良、田间积水、连作、地下害虫或农事操作引起根部受伤的田块发病严重。东北地区一般6月下旬开始发病，7—8月雨水多发病严重，为盛发期。高温、高湿、多雨的年份发病重。由于菌源积累，二年生以上植株发病重。田间植株种植过密病害发生重。

【防控措施】

1.科学选地　尤其是移栽地应选排水好、腐殖质含量较高、含沙量略多的缓坡地。栽培地忌连作，可与其他科作物轮作。

2.加强田间管理，提高植株抗性　施肥应以农家肥为主，适量增施磷、钾肥。注意田间及时排水，降低土壤湿度。合理密植，保证田间通风透光良好。

3.注意田园卫生　在植株生长期间发现病株后应立即拔除深埋或销毁，病穴消毒，及时清除田间病残体。秋季将全田地上茎叶及其他杂物全部清理干净，集中销毁，保持田间清洁。

4.药剂防治　可用50%多菌灵可湿性粉剂500倍液或50%甲基硫菌灵可湿性粉剂500～1 000倍液灌根，间隔7～10d，连续施用2～3次。

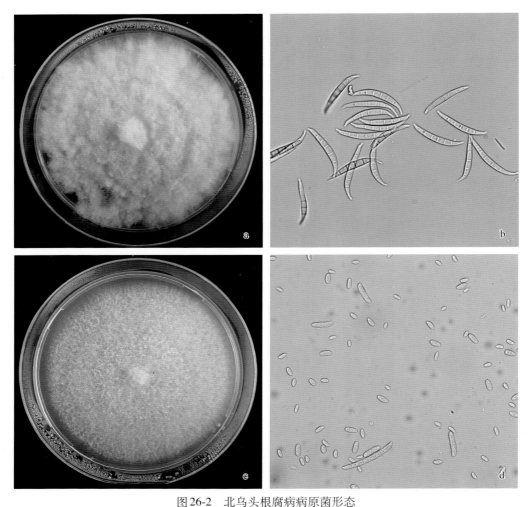

图26-2　北乌头根腐病病原菌形态

a.木贼镰孢菌培养性状　b.木贼镰孢菌分生孢子　c.腐皮镰孢菌培养性状　d.腐皮镰孢菌分生孢子

第二节　北乌头白绢病

北乌头白绢病是北乌头栽培上一种为害严重的根茎部病害，在全国各主产区均有发生，发生较普遍。产生的菌核存活时间长，该病传染速度快，防治难度大。

【症状】

北乌头白绢病主要侵染茎基部和根部。茎基部开始发病，表皮呈褐色水渍状，发病轻时可见少量白色菌丝。根部发病，一般为害较为严重，发现病株时根部均出现明显腐烂，白色菌丝发达，密布整个根部。病害发生早，地上部分全部枯死，病害发生晚，地上部分呈明显萎蔫状。严重发生时，病株土壤表面密生白色菌丝，快速向周围蔓延，后期形成黄色、黄褐色或黑褐色圆形或不规则形菌核（图26-3）。

【病原】

北乌头白绢病病原菌为担子菌无性型小核菌属齐整小核菌（*Sclerotium rolfsii* Sacc.）。病原菌的无性阶段只产生菌丝和菌核，不产生孢子。在PDA培养基上菌落白色，菌丝呈向四周放射状，中心菌丝稀薄，边缘规则。后期菌落白色，菌丝稀疏，在菌落边缘产生菌核，菌核初期黄白色，后期褐色或红褐色，球形或近球形，表面光滑，似油菜籽粒大小（图26-4）。

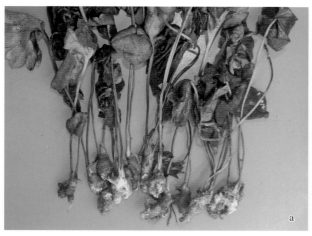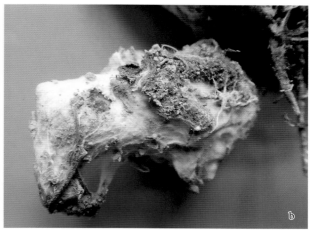

图26-3　北乌头白绢病症状
a.全株症状　b.根部症状

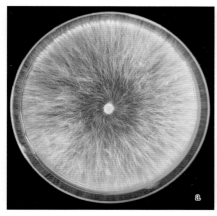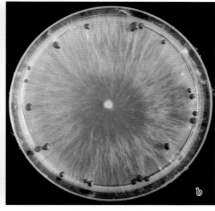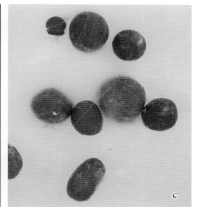

图26-4　北乌头白绢病病原菌形态
a.培养5d性状　b.培养14d性状　c.菌核

【发生规律】

病原菌以菌丝体和菌核在病残体和土壤中越冬。翌年条件适宜时，越冬后的菌丝和菌核萌发长出的菌丝从植物茎基部和根部直接侵入或从伤口侵入。病部长出的菌丝借接触传播进行再侵染。带病种苗可作远距离传播，高温、高湿、多雨有利于发病。低洼潮湿、植株过密、伤口较多容易发病。

【防控措施】

1.加强栽培管理　栽植不宜过密，减少植株伤口，增施有机肥，促苗健壮，提高植株抗病力。及时排水，降低田间湿度。田间发现病株应及时拔除，病穴可撒施生石灰消毒隔离。

2.轮作换茬　白绢病是典型的土传病害，病原菌在土壤中存活的时间较长，田间可与禾本科作物进行3～5年轮作，可大大减轻田间病情。

3.药剂防治　发病初期可喷施40%菌核净可湿性粉剂1 500倍液、43%戊唑醇悬浮剂3 000倍液或50%异菌脲可湿性粉剂1 500倍液等药剂。每隔7～10d喷施1次，连喷2～3次。

第三节　乌头霜霉病

乌头霜霉病在苗期发生尤为普遍，一般发病率为3%～20%，最高达30%。乌头霜霉病具有发病率高、传染性强的特点，重病苗最后褐化枯死，造成缺株，对附子药材的产量造成严重影响，也对药农造成严重的经济损失。

【症状】

乌头苗期发病，叶片呈现灰绿色反卷、狭小、变厚、直立，叶背产生灰紫色霉层，俗称"灰苗"。随之，乌头叶片由下向上逐渐变灰，重病苗最后变褐枯死，造成缺株。成株期顶部幼嫩叶被侵染后，局部褪绿变黄白色，变色长达20cm以上，俗称"白尖"；叶片侵染初期呈油渍状，病斑逐渐呈淡黄色，随后变成紫红色，病斑受叶脉限制，叶片扭曲，中脉变褐，叶背亦生紫褐色霜霉（图26-5）。

图26-5 乌头霜霉病症状

a.田间症状　b～f.叶片症状

【病原】

乌头霜霉病病原菌为卵菌门霜霉属乌头霜霉（*Peronospora aconiti* Yu）。菌丝密生于叶背，灰色或灰紫色。孢囊梗自气孔伸出，单生或丛生（1～5根），无色，主梗占全长的3/5～2/3，基部常膨大，顶端叉状分枝3～6回，常呈锐角，稍弯曲或直。孢子囊椭圆形或柠檬形、卵形或亚球形，近无色至淡褐色，少数有乳头状突起。藏卵器生于病叶组织内，亚球形、卵形或不整形，平滑。卵孢子球形，淡黄褐色，平滑，单生。卵孢子壁厚（图26-6）。

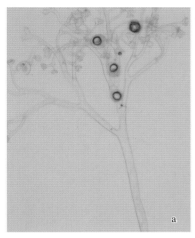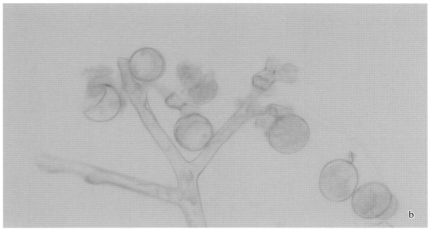

图26-6　乌头霜霉病病原菌形态
a.孢囊梗　b.卵孢子

【发生规律】

带菌土壤、带菌种根和病株残余组织中的卵孢子或菌丝体通常是霜霉病的初侵染源。通常3月上旬幼苗开始发病，4月平均气温在16℃以上、相对湿度达77%左右时，孢子囊借风雨传播，田间出现再次侵染。5月上中旬气温达到19℃以上，相对湿度达80%以上时，再侵染达高峰。气温上升到24℃以上时，叶片变老，不利于病原菌的萌发和侵染。因此，霜霉病在4—5月低温多湿、晴雨交替的天气条件下或低温、高湿、多雨季节最容易发生，病情发展迅速而严重。

【防控措施】

1.加强栽培管理　合理密植，及时排水控湿。清理植株枯枝残叶，及时摘除病叶集中销毁。

2.药剂防治　发病初期，选用66.8%丙森·缬霉威可湿性粉剂1 000倍液、80%烯酰吗啉水分散粒剂1 000倍液、72%霜脲·锰锌可湿性粉剂1 000倍液或72.2%霜霉威水剂800倍液叶面喷雾。

第四节　北乌头立枯病

北乌头立枯病是苗期大面积发生和流行的真菌病害，在东北各种植基地均有发生，田间发病有明显的发病中心，扩散速度快，常造成幼苗成片死亡，一般发病率为10%～15%，严重地块发病率可达40%以上，对于北乌头育苗及健康优质种苗供给影响较大。

【症状】

北乌头立枯病主要侵染幼苗的茎基部，发病初期可以观察到个别幼苗发病，病株茎基部呈现黑褐色的不规则长斑，随着病情发展，病部逐渐凹陷、缢缩，病斑逐渐扩大，茎基部死亡，地上部分叶片成片枯黄萎蔫，全株直立或倒伏枯死。一般田间发病中心明显，会向四周快速蔓延，造成植株成片死亡，田间出现缺苗断垄现象。湿度大时在茎基部可见白色丝状物。拔出病株，与健株相比须根明显减少，严重时主根和须根均发生腐烂（图26-7）。

图26-7　北乌头立枯病症状

a.发病初期　b.发病后期　c.发病中心　d.典型症状

【病原】

北乌头立枯病病原菌为担子菌无性型丝核菌属立枯丝核菌（*Rhizoctonia solani* Kühn）。在PDA培养基上菌落初期为白色或黄白色，逐渐变为黄色，菌丝呈放射状，在菌落表面菌丝纠结在一起形成菌核，菌核黄褐色。菌丝粗壮，菌丝直径6.9～10.4μm，菌丝细胞多核，分枝处呈直角或近直角，基部稍缢缩，有隔膜，老熟菌丝缢缩明显，部分膨大成念珠状（图26-8）。

【发生规律】

病原菌以菌丝体、菌核在土壤或寄主病残体上越冬，成为翌年主要初侵染源。病原菌可在土壤中存活2～3年及以上。病原菌从幼苗茎基部或根部伤口侵入，也可穿透寄主表皮直接侵入，通过雨水、灌溉水及农事操作进行传播和蔓延。在土壤温度为15℃以上，湿度条件适宜时即可发病。地势低洼、土壤黏重和排水不畅等可诱发病害的发生和流行。

【防控措施】

1.科学选地　选择土质肥沃、疏松通气的土壤，最好是沙壤土做苗床，做高床，以防积水，并注意雨季排水。

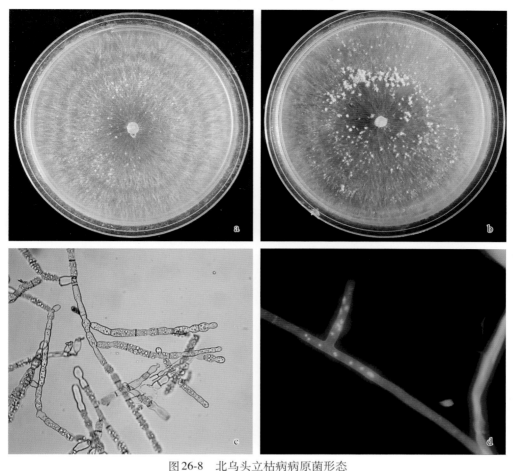

图26-8　北乌头立枯病病原菌形态

a.培养4d性状　b.培养14d性状　c.菌丝　d.核染色形态

　　2.**药剂拌种**　在播种前可用种子量0.1%～0.3%的50%多菌灵可湿性粉剂、50%福美双可湿性粉剂或50%腐霉利可湿性粉剂等拌种处理。

　　3.**土壤消毒**　做畦前可用50%多菌灵可湿性粉剂、75%百菌清可湿性粉剂、50%福美双可湿性粉剂或50%腐霉利可湿性粉剂等药剂10～15g/m²，拌入约5cm土层内进行消毒。

　　4.**加强苗期管理**　出苗后勤松土，以提高土壤温度，促使土壤疏松，通气良好。覆盖物应以洁净稻草或松针为主，不宜过厚。施用农家肥要充分腐熟，避免沤根或烧茎。

　　5.**药剂防治**　发病初期可用50%多菌灵可湿性粉剂、30%碱式硫酸铜悬浮剂200～300倍液或30%甲霜·噁霉灵水剂800～1 000倍液浇灌床面，以渗入土层3～5cm为宜，发病中心应加大浇灌量。

第五节　北乌头叶斑病

　　北乌头叶斑病是近年来在辽宁大面积发生和流行的一种叶部病害。幼嫩叶片和老熟叶片均可发病，一般发病率为10%～30%，严重时可达到70%，严重影响北乌头的正常生长。

【症状】

　　北乌头叶斑病主要侵染叶片。苗期主要在叶片上形成褐色的圆形或椭圆形斑点。成株期发病初期，叶片上形成黑色小斑点，随着病情扩展，在叶片上沿着叶脉形成圆形、椭圆形或长梭形病斑，病斑易受叶脉限制。病斑灰褐色，边缘黑色，周围有黄色晕圈。病斑从中心向外部坏死，中央逐渐形成穿孔，整个叶片腐烂萎蔫，最终地上部全部枯死（图26-9）。

图26-9　北乌头叶斑病症状

a.苗期叶片症状　b.成株期叶片症状

【病原】

北乌头叶斑病病原菌为子囊菌无性型茎点霉属（*Phoma* sp.）真菌。病原菌在PDA培养基上培养形成圆形菌落，菌落白色，边缘不规则，菌丝致密，中心菌丝比边缘菌丝发达。分生孢子器初埋生于表皮下，成熟后顶端突破表皮露出，呈小黑点状，黑褐色，近球形或扁球形。分生孢子单胞，无色，纺锤形或椭圆形，内含游球，大小为（15.5～21.1）μm×（6.3～7.2）μm（图26-10）。

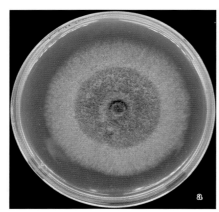
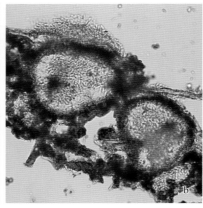
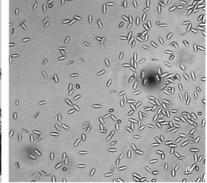

图26-10　北乌头叶斑病病原菌形态

a.培养性状　b.分生孢子器　c.分生孢子

【发生规律】

病原菌以菌丝和分生孢子器在土壤中或病残体上越冬，成为翌年的主要初侵染源。生长季温湿度适宜时，分生孢子借风雨传播，进行再次侵染，扩大为害。叶斑病的流行要求雨量较大、降雨次数较多、温度适宜的气候条件。田间郁闭、通风透光不良的条件下发病重。在辽宁地区，病害6月下旬始发，整个生长季均可发生，7—8月为盛发期。

【防控措施】

1.加强田间管理　保持田园卫生，冬初或早春及时清除田间病残体，集中销毁或深埋，减少翌年初侵染源。注意通风透光，及时追施肥料，合理排灌，雨后及时排水，降低田间湿度。施足腐熟有机肥，增施磷、钾肥，切忌偏施氮肥，增强植株抗病力。

2. **药剂防治**　发病初期及时进行施药，可选用50%代森锰锌可湿性粉剂600倍液、70%甲基硫菌灵可湿性粉剂800～1 000倍液、50%异菌脲可湿性粉剂1 500倍液或50%苯菌灵可湿性粉剂1 000倍液进行防治，7～10d左右1次，共喷2～3次。

第六节　北乌头斑枯病

北乌头斑枯病是辽宁地区大面积发生和流行的一种叶部病害，发生普遍，为害严重，一般发病率20%～30%，严重时病株率可达90%以上，严重影响北乌头的生长发育。

【症状】

北乌头斑枯病主要为害叶片，叶片正反面均产生病斑。发病初期于叶片两面出现许多分散的圆形或近圆形黑褐色小斑点，随着病情发展，叶片上形成大量明显受叶脉限制呈多角形或不规则形的黑褐色病斑，病斑中心灰白色，单个或多个连成片，病斑大小为3.4mm×6.2mm，边缘为褐色或黑褐色，有浅黄色晕圈，病斑上生小黑点，为病原菌的分生孢子器。叶尖和叶边缘发病会导致叶片翻卷。后期病害发生严重时病斑密集并汇合，导致叶片枯死，提早落叶（图26-11）。

图26-11　北乌头斑枯病症状
a.初期症状　b.后期症状

【病原】

北乌头斑枯病病原菌为子囊菌无性型壳针孢属（*Septoria* sp.）真菌。病原菌在PDA培养基上菌落正面白色或灰白色，背面褐色或红褐色。生长最适宜温度为20～25℃，不易产生分生孢子。分生孢子器生于叶上，埋生或半埋生，分散或较少聚生，球形至近球形，深褐色，分生孢子器大小为（86.3～89.9）μm×（126.8～146.4）μm，壁厚为4.2～13.4μm。分生孢子针形，基部钝圆，无色透明，正直或微弯，顶端略尖，有隔膜，分生孢子大小为（23.8～59.2）μm×（1.3～2.6）μm（图26-12）。

【发生规律】

病原菌以菌丝体在病株残体上越冬，翌春分生孢子随气流传播引起初侵染。生长期不断产生分生孢子，借风雨传播进行再侵染，扩大蔓延。偏施氮肥发病重，栽培密度大、多雨潮湿条件下发病

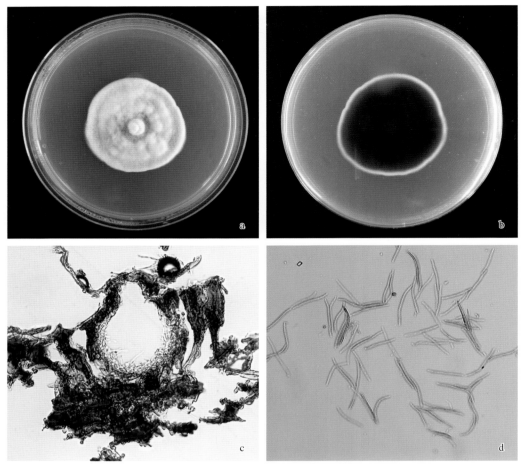

图26-12　北乌头斑枯病病原菌形态

a、b.培养性状　c.分子孢子器　d.分生孢子

重。东北地区一般6月下旬开始发病，7—8月为发病盛期。

【防控措施】

1.加强田间管理　北乌头为多年生植物，每年在植物出土前做好田间清理工作，喷施适当浓度的土壤消毒剂，降低在地表及病残体上的越冬菌源数量。雨期应开沟渠排水，降低田间湿度。培育壮苗，控制播种量，勤除田中杂草，使植株健康生长，提高抗病能力。收获后应及时清除田间残株病叶，带出种植田外集中销毁。

2.药剂防治　初发病时进行药剂防治。可喷施50%代森锰锌可溶性粉剂或45%代森铵水剂500～800倍液，每7d喷1次，连续喷3次。

第七节　乌头软腐病

乌头软腐病是近年在乌头上新发现的一种细菌性病害，在四川省绵阳地区多有发生，发病率约为20%，严重时可达80%左右。软腐病是系统性病害，主要引起全株腐烂、倒伏，整株死亡，严重影响乌头产量。

【症状】

软腐病为害乌头根、茎和叶。发病初期，叶片呈现水渍状病斑，逐步扩展至整个叶片。软腐病是系统性病害，可造成维管束腐烂，导致乌头茎部软化腐烂，有异味，严重时折断，整株倒伏，呈水烫状腐烂死亡（图26-13）。

图26-13　乌头软腐病症状

a、b.植株症状　c.茎部症状

【病原】

乌头软腐病病原菌为巴西果胶杆菌（*Pectobacterium brasiliense*），属变形菌门γ-变形菌纲肠杆菌目果胶杆菌科果胶杆菌属细菌。病原菌在NA培养基上呈乳白色圆形菌落，中间隆起，边缘不规则。革兰氏染色阴性，无芽孢。电镜下观察，菌体短杆状，大小为（0.5 ～ 1.0）μm×（1.0 ～ 13.0）μm，周生鞭毛。病原菌最适培养温度27 ～ 30℃，最适pH为7.1（图26-14）。

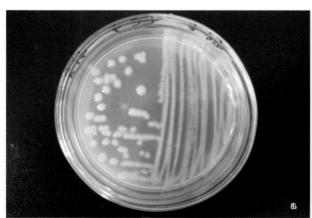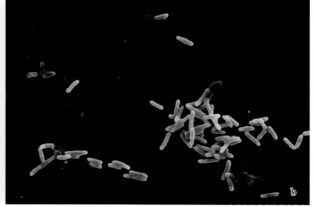

图26-14　乌头软腐病病原菌形态

a.培养性状　b.菌体形态

【发生规律】

病原菌在土壤及病残体上越冬，成为来年初侵染源，环境条件适宜时经伤口或自然孔口侵染乌头。雨水和昆虫是主要传播媒介，高温高湿条件下易发病。通常6月初开始发病，7月中下旬达到高峰期，传播和流行加快，阳光充足、暴晒后病情会受到抑制。

【防控措施】

1. 加强田间管理　清洁田园，及时清除田间病残体，减少初侵染源。注意通风透光，合理排灌，雨后及时排水，降低田间湿度。

2. 选用健康种苗　选用健康种苗并在播种前对种苗进行适当消毒。

3. 药剂防治　种植期发病可用抗生素和铜制剂进行防治，可喷施0.3%四霉素水剂或3%噻霉酮可湿性粉剂。

第八节　乌头病毒病

乌头病毒病又称乌头花叶病，发生较为普遍，在四川江油产区发病较重的年份田块发病率可达70%～80%。

【症状】

受害植株出现环斑和花叶症状。发病初期，叶片表现为深绿、浅绿或浅黄色，严重时叶片变形、皱缩、卷曲，直至枯死。受害植株生长不良，地下块根畸形瘦小，质地变劣（图26-15）。

图26-15 乌头病毒病症状
a.田间症状 b ~ e.叶片症状

【病原】

乌头病毒病病原病毒为黄瓜花叶病毒（*Cucumber mosaic virus*，CMV），属雀麦花叶病毒科（*Bromoviridae*）黄瓜花叶病毒属（*Cucumovirus*），是一种典型的三分体单链正义RNA病毒，3条基因组分别为*RNA1*、*RNA2*和*RNA3*，具有高度变异性和强适应性等特点。*RNA1*编码1a蛋白，*RNA2*编码2a蛋白，1a和2a蛋白参与病毒的复制；2b蛋白由亚基因组*RNA4A*编码，借助*RNA2*完成长距离移动，是一个多功能蛋白；*RNA3*编码3a移动蛋白（movement protein，MP）和外壳蛋白（coat protein，CP），MP决定病毒的移动，CP决定病毒粒子的移动及病毒的蚜传活性（图26-16）。

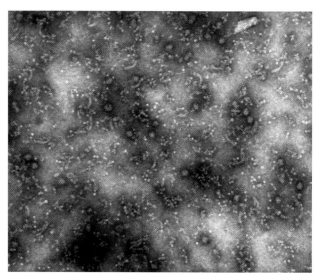

图26-16 黄瓜花叶病毒形态

【发生规律】

CMV的传播途径十分广泛，主要通过蚜虫进行非持久性传播，介体昆虫主要为棉蚜与桃蚜，也可经汁液接触进行机械传播或通过种子传播，种传率一般可达4%～8%。乌头出苗后至4～5叶时开始发病，5—6月为发病高峰期。蚜虫为再侵染的主要传播途径，当蚜虫大量发生时，发病率显著增加。

【防控措施】

1.选用耐病品种。

2.加强栽培管理　培养壮苗，适期定植，一般在当地晚霜之后立刻定植，保护地可以适当提前。使用防虫网，防止蚜虫传毒。

3.合理施肥　施用有机活性肥或海藻肥，采用配方施肥技术，并加强管理。

第二十七章 PART TWENTY-SEVEN

黄 连 病 害

中药材黄连基原植物为毛茛科黄连属植物黄连（*Coptis chinensis* Franch.）、三角叶黄连（*C. deltoidea* C. Y. Cheng & P. K. Hsiao）和云南黄连（*C. teeta* Wall.）。商品上分别称为味连、雅连和云连，生药统称黄连，以干燥的根茎入药。黄连主产于四川东部和湖北西部，以及陕西、湖南、贵州和甘肃等地。有清热燥湿、泻火解毒功效，用于湿热痞满、呕吐吞酸、泻痢、黄疸、高热神昏、心火亢盛、心烦不寐、心悸不宁、血热吐衄、目赤、牙痛、消渴、痈肿疔疮；外治湿疹、湿疮、耳道流脓。酒黄连善清上焦火热，用于目赤、口疮。姜黄连清胃和胃止呕，用于寒热互结、湿热中阻、痞满呕吐。萸黄连舒肝和胃止呕，用于肝胃不和、呕吐吞酸。

黄连主要病害有根腐病、白绢病、叶斑病、白粉病、炭疽病等，其中根腐病等根部病害为害尤为严重。

第一节　黄连根腐病

根部病害对黄连种植业的威胁很大，是制约黄连产业规模化发展的主要因素，常年发病率40%左右，严重的地块发病率80%～90%，甚至绝收。黄连根腐病严重影响药材的产量和质量，给药农造成较大的经济损失。

【症状】

黄连根腐病发病初期须根、贮藏根和根状茎呈黑褐色，干腐状，后期逐渐变黑，根部全部枯死；叶片发病初期从叶尖、叶缘开始形成紫红色不规则病斑，叶背面由黄绿色变紫红色，逐渐干枯、黄化并萎蔫，后期逐渐变为暗紫红色，直至坏死（图27-1）。

【病原】

黄连根腐病主要由子囊菌无性型镰孢菌属真菌侵染引起，单株侵染或复合侵染。病原菌种类包括尖孢镰孢菌（*Fusarium oxysporum* Schltdl. et Snyder et Hansen）、腐皮镰孢菌 [*F. solani* (Mart.) Appel et Wollenw. ex Snyder et Hansen]、三线镰孢菌 [*F. tricinctum* (Corda) Sacc.] 及深红镰孢菌（*F. carminascens* L. Lombard, Crous et Lampr.）。其中尖孢镰孢菌在分离出的病原菌中占据优势，可以认为是主要致病菌（图27-2）。尖孢镰孢菌菌落絮状，菌丝茂盛，前期白色，后期浅紫红色；小型分生孢子卵形或肾形，大小为（6～23）μm×（3～4）μm；大型分生孢子镰刀形，弯曲或端直，大小为（16～40）μm×（3～6）μm；厚垣孢子多，顶生或间生，直径6～14μm。腐皮镰孢菌菌落呈灰色薄绒状，气生菌丝稀少，培养基不变色，菌丝均为有隔菌丝；小型分生孢子肾形，0～1个隔膜，

图 27-1 黄连根腐病症状

大小为（6.0～8.0）μm×（2.5～4.0）μm；大型分生孢子近镰刀形，两端较钝，顶端稍弯，多为2～3个隔膜，大小为（10.0～20.0）μm×（2.5～4.5）μm。三线镰孢菌气生菌丝茂盛，培养基底部为深紫红色，表面中心为黄棕色，向外为粉红色至白色；小型分生孢子长椭圆形或倒卵形，大小为（6～13）μm×（3～7）μm，0～1个隔膜；大型分生孢子细镰刀形，两端尖，足细胞不明显，3～5个隔膜，大小为（17～39）μm×（3～75）μm。深红镰孢菌在PDA培养基上28℃光照培养7d，菌落直径达8cm，生长较快，气生菌丝白色薄绒状，菌落生长后期背面呈紫红色；大型分生孢子镰刀形，3～5个隔膜，大小为（23.0～41.3）μm×（3.1～5.4）μm；小型分生孢子形态多样，肾形或卵形，0～1个隔膜，大小为（6.21～17.9）μm×（2.7～4.3）μm（图27-2）。

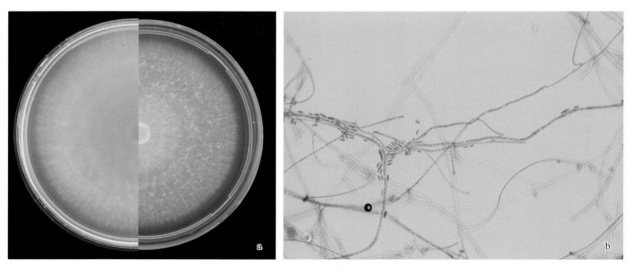

图 27-2 尖孢镰孢菌形态

a.培养性状　b.菌丝

【发生规律】

黄连根腐病在新垦园种植黄连2～3年后开始发生，一般4—5月开始发病，7—8月为发病高峰期，

9月以后病害开始减少。发病植株的须根呈黑褐色干腐，受害叶片萎蔫状，叶片变为暗紫红色，随后黄连枯死数量逐渐增加，至第4年严重恶化，部分田块大面积枯死。

【防控措施】

1. 科学选地　种植黄连以选择土层深厚、灌排水良好、疏松肥沃、富含腐殖质层的微酸性至中性土壤为宜。栽培地要选择海拔1 200～1 800m的林地或林间空地、半阴半阳地（早晚有斜光照射），坡度在15°～25°为宜。

2. 土壤消毒　在种植前使用覆膜方式，利用太阳能提高土层温度进行土壤消毒，或用96%噁霉灵原药800倍液对土壤进行消毒。此外，在发病区撒适量生石灰，能有效防止病情快速、大面积传播。

3. 加强栽培管理　忌连作。轮作应选择不同类型、非同科同属的作物。翻耕可促使病株残体在地下腐烂，同时也可把地下的病菌、害虫翻到地表，结合晒垡进行土壤消毒。深翻还可使土层疏松，有利于根系发育。适时播种，避开病虫为害高峰期。移栽当年和翌年中耕除草4～5次，做到除早、除小、除净。第三、四年每年除草3～4次，第五年除草1次。越冬后及时清除田间病株残体，防止病原菌扩散和再侵染。

4. 药剂防治　种植后施用30%噁霉灵·霜脲氰水分散粒剂300倍液进行预防，根腐病发生时施用25%丙环唑水乳剂1 000倍液进行治疗。

第二节　黄连白绢病

黄连白绢病是近几年黄连上较为严重的病害之一，各黄连产区均有发生，田间发病率5%～20%。

【症状】

病原菌首先侵染植株根颈部，使根颈变褐色，在近土表处形成白色绢状菌丝。后期菌丝扩展到叶片，叶柄和整个叶片呈紫褐色或橙黄色，严重时植株根颈和叶柄处往往呈湿腐状，随后整个叶片萎蔫呈褶皱状，直至整株枯死（图27-3）。

图27-3　黄连白绢病症状

【病原】

黄连白绢病病原菌为担子菌门阿太菌属的罗尔阿太菌 [*Athelia rolfsii*（Curzi）C.C. Tu et Kimbr.]，无性型为担子菌小核菌属的齐整小核菌（*Sclerotium rolfsii* Sacc.）。病原菌在PDA培养基上菌丝呈白色绢丝状，向四周辐射型扩散，28℃培养7d后产生大量菌核。菌核初期呈乳白色，逐渐变米黄色，最后变为茶褐色，球形或不规则形（图27-4）。在显微镜下观察，菌丝有分隔，直径约为6.45μm。菌丝生长和菌核萌发的适宜温度为20～30℃，最适温度为30℃，菌丝致死温度为60℃，菌核致死温度为65℃。菌丝在pH 2.0～13.0范围内均可以生长，pH 6.0时最适生长，形成菌核量最多。对碳源要求不高，可以利用多种单糖、双糖、多糖；对氮源的利用方面，以氯化铵和硫酸铵为氮源时利用程度较高，以甲硫氨酸和硝酸钙为氮源时利用程度较低。

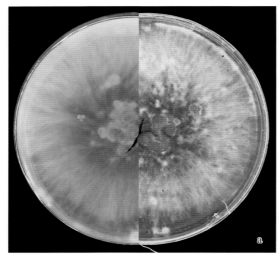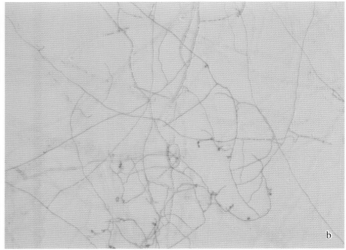

图27-4　黄连白绢病病原菌形态

a.培养性状　b.菌丝

【发生规律】

黄连白绢病的发生与气候关系密切，气温在25℃以上，多雨、湿度大时发生严重。病原菌的菌丝和菌核在病残体和土壤中越冬，成为下一生长季的初侵染源。菌核在高温高湿条件下容易萌发，经水流在田间传播，和植株接触后引起侵染。菌核抗逆能力很强，在土壤中可存活5～6年及以上。该病一般在5月下旬发生，8月是盛发期，田间约30%的黄连植株感病。不同种植年限的黄连地块发病差异较大，移栽后1～2年的黄连地发病较少，3～5年的黄连地发病较为严重。另外在栽培条件大致相同的情况下，低洼易积水的黄连地块发病严重。

【防控措施】

1.土壤消毒　田间土壤可用50%石灰水浇灌，或用50%多菌灵可湿性粉剂500倍液淋灌消毒。

2.加强栽培管理　忌连作，采用轮作。可与禾本科作物轮作，也可与川牛膝轮作，不宜与感病的玄参、芍药等轮作。当发现病株时将病株带土移出黄连棚，深埋或销毁，并在病穴及其周围撒生石灰粉消毒。

3.药剂防治　发病初期用50%石灰水浇灌，发病严重时用40%氟硅唑乳油1 000倍液、96%噁霉灵原药3 000倍液、70%代森锰锌可湿性粉剂1 000倍液喷雾，防效能达到90%以上。

第三节　黄连叶斑病

黄连叶斑病是黄连的主要病害之一，发病植株较矮小，田间发病率在30％以上，严重影响黄连的药用质量及商业价值。

【症状】

发病植株较矮小，前期病斑在叶片上呈黑色圆形，背面为黄褐色，边缘有黄褐色的晕圈，后扩大成椭圆形、圆形或者不规则状大病斑，病斑由黑色变为黄褐色，后期为黑褐色大病斑，严重时叶片枯死（图27-5）。

图27-5　黄连叶斑病症状

【病原】

黄连叶斑病病原菌为子囊菌无性型耧斗菜茎点霉（*Phoma aquilegiicola* M. Petrov）。病原菌在MA培养基上菌落茂密，菌丝发达，生长5d后菌落平均直径为6.72cm。菌丝生长的适宜温度范围广，最适宜温度为20℃，与寄主黄连生长适宜温度相符。不同光照条件对该病原菌生长的影响差异不显著。病原菌在pH 4.0 ～ 10.0时均可生长，其中pH为6.0时生长最好。病原菌对碳源的利用以麦芽糖效果最好，在供试氮源中，病原菌对蛋白胨的利用效果最好，其次是甘氨酸（图27-6）。

【发生规律】

黄连叶斑病多发生在高温高湿的7—8月。以分生孢子器在病残组织上越冬。多雨、潮湿、有雾

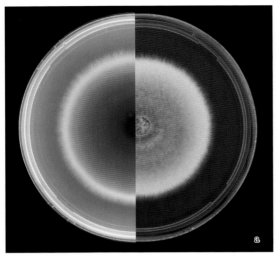 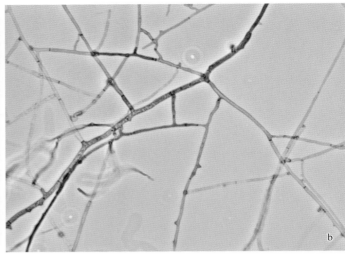

图27-6　黄连叶斑病病原菌形态

a.培养性状　b.菌丝

露的天气易扩散蔓延。

【防控措施】

1.科学选地　选择阔叶林带，地势低凹、向阳、土质肥沃疏松的地块种植黄连。

2.加强栽培管理　实行轮作；苗栽好后要及时搭棚遮阴，调节荫蔽度，适当增加光照，并注意排水。

3.药剂防治　苗期喷施70％甲基硫菌灵可湿性粉剂1 000～1 500倍液或40％多菌灵悬浮剂500～1 000倍液可有效降低病害导致的死苗率；当病害发生时可以使用10％苯醚甲环唑水分散粒剂6 000～7 000倍液、30％嘧环·戊唑醇乳油1 000～1 500倍液或者206.7g/L噁酮·氟硅唑喷雾，每10d喷1次，连喷2次以上。

第四节　黄连白粉病

黄连白粉病又名"冬瓜病"，是黄连的主要病害之一，在黄连产区发生普遍而严重，可引起黄连死苗缺株，一般减产50％以上。

【症状】

发病初期叶背出现直径为2～25mm的圆形或椭圆形黄褐色小病斑，不断扩大成大病斑，随后逐渐长出白色粉末，类似冬瓜粉状，且叶正面多于叶背。7—8月病害发生后期，病斑上可见黑色小点，为颗粒状子囊壳，正面多于叶背。病斑由老叶逐渐向新生叶片蔓延，白粉逐渐布满全株叶片，导致叶片凋零枯死，随之茎与根开始腐烂，轻者翌年可产生新叶，重者死亡（图27-7）。

【病原】

黄连白粉病病原菌为子囊菌门耧斗菜白粉菌变种 [*Erysiphe aquilegiae* DC. var. *ranunculi* (Grev.) R.Y. Zheng et G.Q. Chen]。菌丝体大多生于叶正面，少数生于叶背面，也生于叶柄上。分生孢子大多为柱形，少数桶形，大小为（25.4～38.1）μm×（11.4～17.5）μm。子囊壳散生或聚生，深褐色，扁球形，大小为（73.2～83.5）μm×（112.0～125.6）μm。壁细胞不规则多角形，直径6.3～18.5μm。附属丝有5～13根，一般不分枝，大多数弯曲，少数偏直，常常呈明显的曲折状或波状，有时近结

图27-7　黄连白粉病症状

节状，长度50.5～350.3μm，上下等粗，有时粗细略不均，直径3.8～7.5μm。附属丝有5～11个隔膜，基部有褐色隔膜，向上渐淡，有的近无色。子囊2～8个，卵形至近球形，少数具短柄，大小为（26.5～35.0）μm×（40.6～53.3）μm。子囊孢子2～6个，卵状椭圆形或长卵形，带黄色，大小为（16.3～18.8）μm×（6.8～10.2）μm。

【发生规律】

病原菌以菌丝体及子囊壳在病株残体或黄连老叶上越冬，成为翌年的侵染源。5月中旬，日平均气温超过16℃时，越冬菌丝萌发产生分生孢子开始侵染发病。当日平均气温超过24℃时，黄连白粉病开始快速发生，7—8月日平均气温为24～26℃时，也是黄连白粉病新增病株最快、发病率和病情指数最高的时期。干旱年份发病较重。

【防控措施】

1.科学选地　选择阔叶林带，地势低凹、向阳、土质肥沃疏松的地块种植黄连。

2.加强栽培管理　实行轮作；调节荫蔽度，适当增加光照，并注意排水；在冬季要清理药园，将枯枝落叶集中在一起销毁；发病初期可追施有机肥，使黄连幼苗返青，提高抗病能力。

3.药剂防治　发病黄连可用30%～50%石硫合剂仔细喷雾防治，每隔5～7d喷1次，连续喷2～3次，一般在发病初期用药1次，发病盛期用药2～3次。也可用70%甲基硫菌灵可湿性粉剂1 000～1 500倍液喷洒2～3次。

第五节　黄连炭疽病

黄连炭疽病是黄连生长过程中发生的重要病害之一，具有致病力强、潜伏期短、发病急以及病死率高等特点。病原菌主要侵染幼嫩叶片，尤其是刚抽出的新叶，田间发病率为10%～100%，产量损失达10%～30%。

【症状】

发病初期叶片出现油渍状病斑，然后逐渐扩散为中间灰白色边缘暗红色的轮纹状大病斑，病斑大小为3～20mm，同时叶片表面伴随着突起的黑色小点（即病原菌的分生孢子），后期容易穿孔；

发病植株的叶柄部会产生紫褐色病斑并向叶柄内部凹陷，导致叶柄部位叶片脱落，严重时全株叶片枯死，最终影响黄连的产量和品质（图27-8）。

图27-8 黄连炭疽病症状

【病原】

黄连炭疽病病原菌为子囊菌无性型炭疽菌属（*Colletotrichum* sp.）真菌。病原菌在PDA培养基上菌丝初期很薄且与培养基结合成紧密的白色菌落，后期菌落外缘仍为白色，呈绒毛状，内层气生菌丝黑色，菌落全缘，由中央向外有呈圆形的辐射状轮纹，在培养基上可由内向外产生分生孢子堆，菌落生长超过12d，在分生孢子堆周围可产生黑褐色的刚毛。菌丝生长温度为10～30℃，最适温度为20～24℃。分生孢子盘黑色，无刚毛，其上着生分生孢子梗；分生孢子梗无色，不分枝，具1～3个隔膜，大小为（15.0～20.0）μm×（3.0～4.0）μm，顶端着生分生孢子；分生孢子无色，单胞，圆筒形或长椭圆形，大小为（15.0～18.0）μm×（3.5～6.0）μm（图27-9）。

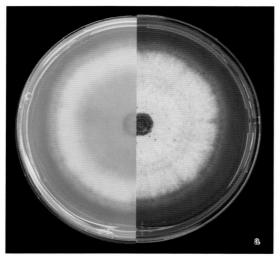
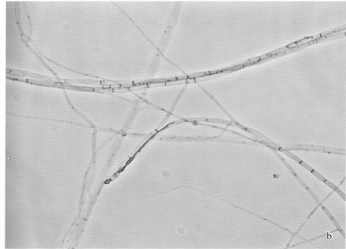

图27-9 黄连炭疽病病原菌形态

a.培养性状 b.菌丝

【发生规律】

黄连炭疽病3月下旬至7月在黄连产区发生普遍，有再侵染现象，病原菌可以直接侵入。温度在

20 ～ 30℃时，病原菌的潜育期为3 ～ 4d，温度愈高潜育期愈短。病原菌的分生孢子主要借雨水传播，可重复侵染致病；气流只有在雨水将黏结在一起的分生孢子堆浸散后才会起到传播病害的作用；风雨交加是分生孢子远距离传播的主要条件。无雨日分生孢子粘在一起，不易被风吹散，所以干旱不利于病原菌分散传播及病害流行。

【防控措施】

1.播前拌种　播种前用新高脂膜拌种，可保湿、保湿、吸胀，提高种子发芽率，使幼苗健壮。

2.加强田间管理　冬季注意田园卫生，将残枝病叶及杂草集中销毁，同时地面喷洒新高脂膜形成保护膜，防止病原菌侵入，消灭越冬病源。

3.药剂防治　发病初期喷洒1∶1∶100波尔多液＋新高脂膜，7d喷1次，连喷3 ～ 4次；发病后立即摘除病叶，喷洒50%硫黄·多菌灵可湿性粉剂800 ～ 1 000倍液，7d喷1次，连喷2 ～ 3次。

牡丹病害

牡丹（*Paeonia* × *suffruticosa* Andr.）为毛茛科芍药属植物，落叶灌木，茎可高达2m，分枝短而粗，喜温暖湿润气候，较耐寒、耐旱、怕涝、怕高温、忌强光。喜土层深厚、排水良好、肥沃疏松的沙质壤土或粉沙壤土，盐碱地、黏土地不宜栽培。牡丹皮，中药名，为牡丹干燥根皮，产于安徽、陕西、四川、山东、河南等地。牡丹皮苦、辛，微寒，归心、肝、肾经，具有清热凉血、活血化淤、退虚热等功效，以安徽省铜陵凤凰山产牡丹皮凤丹为上品。

目前，国内报道牡丹病害有30余种。牡丹病害以真菌病害为主，近年来牡丹真菌病害有逐年加重的趋势，尤其在牡丹生长后期最为严重，成为牡丹生产的最大限制因素，也直接影响牡丹皮产量、品质和牡丹的观赏价值。为害牡丹较严重的真菌病害有叶霉病、炭疽病、黑斑病和根腐病等。

牡丹病毒病也是制约牡丹生产的一个重要因素。目前，已经报道的牡丹病毒病有5种：牡丹黄化病毒病、牡丹花叶病毒病、牡丹环斑病毒病、牡丹曲叶病毒病和由烟草脆裂病毒引起的牡丹病毒病。我国以牡丹黄化病毒病和牡丹花叶病毒病较为常见。

为害牡丹的线虫主要是根结线虫，经形态学鉴定表明以北方根结线虫（*Meloidogyne hapla*）为主，也有南方根结线虫（*M. incognita*）、花生根结线虫（*M. arenaria*）和三环茎线虫（*Ditylenchus triformis*）等。主要为害牡丹须根，须根受害后产生许多绿豆大小、近圆形的根结，导致地上部植株生长衰弱，新生叶皱缩、变黄，最后逐渐枯黄，提前落叶，严重者整株死亡。

有关牡丹细菌性病害的报道在国内外均较少，危害程度尚不明确。

牡丹非侵染性病害中受强光照损伤比较普遍，也称牡丹日灼病，往往造成牡丹叶片或植株干枯，严重影响植株生长和牡丹皮产量。牡丹缺铁黄叶病是发生较为普遍的一种生理性病害，开始时叶片上叶肉变黄，叶脉仍保持绿色，严重时叶片黄化部分坏死，枝条也不充实，不易开花或花小。其次，牡丹有氟中毒等报道，主要是氟污染引起的牡丹叶片尖部干枯，不同牡丹品种抗性测定表明，牡丹品种对大气氟污染的抗性存在差异。另外，由于花蕾对低温和寒流等气候因素敏感，经常受到不同程度伤害，有的甚至发病严重。

第一节　牡丹叶霉病

牡丹叶霉病又称牡丹红斑病，是为害牡丹的主要病害之一。近年来，牡丹叶霉病在牡丹产区发生极为普遍，为害严重，常导致叶片早枯，严重影响植株的生长和花芽分化，是牡丹生产中亟待解决的问题。随着牡丹栽培面积的增大，品种的增多，牡丹叶霉病的发生呈上升趋势。牡丹叶霉病发病率因品种不同而异，大多数牡丹园发病率在50%左右，严重的可达90%以上。袁传国等（2010）对菏泽地区的牡丹叶霉病发病程度调查的结果表明，发病严重的牡丹园病株率达92%以上，大多数牡丹园发病率为70%～80%。

【症状】

该病主要为害叶片，其次是茎、叶柄、萼片、花瓣、果实及种子。叶片病斑初为褪绿淡褐色针头大小的凹陷斑点，自叶背向正面突起，后病斑逐渐变大，呈圆形或不规则形。叶面病斑红褐色至深褐色（不同品种差异显著），边缘紫褐色或黄色，叶背浅褐色，并带有明显的同心轮纹，直径3～30mm。在潮湿条件下，叶片病斑正背面均产生墨绿色霉层，为病原菌分生孢子梗及分生孢子。严重时，多个病斑互相连合可引起叶片焦枯，提早落叶，偶尔形成穿孔（图28-1）。

图28-1 牡丹叶霉病症状

茎部受害初期呈暗紫红色长圆形小点，稍有突起，后病斑缓慢扩展，后期病斑长度为3～5mm；病斑中间常开裂并下陷，严重时病斑相连成片，病斑上常有墨绿色霉层。导致牡丹植株矮小，或多数枝条枯焦死亡，不能抽枝和开花，甚至全株枯死，失去观赏价值，降低牡丹皮产量。

叶柄和果实上的病斑为长椭圆形或近圆形，褐色至黑褐色，直径为2～18mm，上有墨绿色霉层，湿度大的条件下尤为明显。

【病原】

牡丹叶霉病病原菌为子囊菌无性型枝孢属牡丹枝孢霉（*Cladosporium paeoniae* Pass.）。牡丹枝孢霉在PDA培养基上菌丝生长缓慢，菌落中央有墨绿色霉层，为分生孢子梗及分生孢子，菌体质地紧密，菌落边缘菌丝生长整齐，菌落背面常呈星状开裂。分生孢子梗分化明显，黑褐色，单生或簇生，线性或弯曲状，偶有分枝，其一侧有节状膨大物，2～7个隔膜，3～7根簇生；分生孢子单生或呈链状，黑褐色，卵形、梭形或纺锤形，单胞或多胞，大小为（6.6～27.1）μm×（5.5～6.7）μm（图28-2）。

【发生规律】

牡丹叶霉病病原菌主要以菌丝体在田间病残体中越冬。翌年春季菌丝生长产生分生孢子，借风雨或人为传播，直接侵入或从自然伤口侵入叶片等寄主组织。此病自春天花谢后至秋季均可发生。最先为害植株下部叶片，为害在4月下旬明显加重。在菏泽和济南两地，3月下旬开始在牡丹嫩茎、叶柄上出现病斑；4月上旬，针头状绿色小点会出现在刚抽出不久的新叶上；随着病情的发展，病斑逐渐扩大甚至相连成片；发病盛期为6月中旬至8月中上旬，此间叶片因病害而逐渐枯焦，发病严重的地块发病率达90%以上；到9月上中旬，多数叶片已枯焦，甚至脱落，直接影响芽的分化；11月中旬病原菌进入越冬期。而在南京，该病始发期为3月下旬，发病盛期为6—7月；在北京，该病始发期为

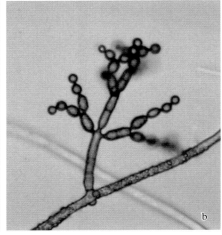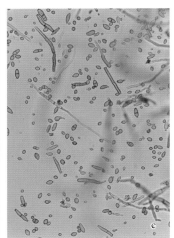

图28-2 牡丹叶霉病病原菌形态

a.培养性状 b.分生孢子梗及分生孢子着生方式 c.分生孢子

4月底至5月初,盛发期为7—8月。低温多雨和田间湿度大、地面积水、杂草较多、管理粗放的种植园发病重。营养不足或养分不均衡发病也重。

【防控措施】

1.利用抗病品种 选育和利用牡丹抗病品种防治牡丹叶霉病是最经济有效的途径。虽然尚未发现对叶霉病免疫的牡丹品种,但是牡丹品种之间存在明显的抗叶霉病差异,种植抗病性较强的品种可明显减少病害造成的损失。同时,还可以利用抗病种质进行新品种的培育,培育出更多的抗病品种,所以选育和利用牡丹抗病种质是防控叶霉病的重要措施。

2.保持田间整洁 秋季牡丹生长结束后,结合生产管理及时清除病叶和病枝,集中销毁或深埋于15cm以下土壤中,以减少翌年早春初侵染的病原菌来源。

3.加强栽培管理 栽植牡丹时要保持合理的株距和行距,保持植株通风透光,科学施肥、浇水和锄草,防止因营养供应不足和田间湿度过大增加植株感病率。在开花期间要提供充足的水分以供应植株正常生长,花谢后为防止抗逆性降低和减少营养消耗,应迅速剪掉残花。冬季在不伤及根芽的情况下,沿地面将地上部分的枝叶割去,这样既可改善通风透光条件,保证植株的长势,又可减少牡丹病害的发生。

4.生物防治 发病初期可喷施$3×10^8$CFU/g哈茨木霉菌可湿性粉剂或2%春雷霉素可湿性粉剂,可得到良好效果,另外,也可用0.5%苦参碱水剂等生物药剂进行防控。

5.化学防治 从3月中旬开始实施药剂防治,一直到7月中旬连续喷4次,可达到90%的防治效果,发病率也可得到有效控制。防治牡丹叶霉病的有效药剂有代森锰锌、甲基硫菌灵、多菌灵等。同时百菌清、石硫合剂等也是防治牡丹叶霉病的良好药剂。

第二节 牡丹黑斑病

牡丹黑斑病发生较为普遍,田间发病率一般可达40%左右。该病害可造成牡丹叶片干枯、脱落,严重时甚至导致整个植株死亡,对牡丹皮产量和品质造成严重影响。

【症状】

牡丹黑斑病主要为害叶片,也可以为害叶柄、茎和果实。叶片受侵染初期形成直径为1.1～3.2mm的圆形小病斑,灰黑色或黑褐色,中央颜色稍浅,后来逐渐扩大至直径为6.2～32.5mm的圆形或不规则形病斑，黑褐色，上生有墨黑色霉状物，手摸病斑有粗糙感，病斑有时脱落，常形成穿孔，重病株后期叶片全部枯死、脱落（图28-3）。

图28-3　牡丹黑斑病症状
a.田间症状　b.初期症状　c.后期症状

【病原】

牡丹黑斑病病原菌主要为子囊菌无性型链格孢属链格孢菌 [*Alternaria alternata* (Fr.) Keissl.]。另外，细极链格孢菌 [*A. tenuissima* (Nees:Fr.) Wiltshire]、牡丹生链格孢菌（*A. suffruticosicola* M. Zhang, Z.S. Chen et T.Y. Zhang）及牡丹链格孢菌（*A. suffruticosae* M. Zhang, Z.S. Chen et T.Y. Zhang）也能侵染牡丹，造成黑斑病。链格孢菌在PDA培养基上生长较快，7d左右就可以覆盖整个培养皿；菌丝初为白色，中央逐渐变为灰绿色或灰黑色，边缘白色，最后菌落变为灰绿色或灰黑色，气生菌丝较少，2d后就可在培养基表面产生大量分生孢子。链格孢菌的分生孢子梗淡褐色至褐色，由菌丝生出，单生或3～4根丛生，或生于子座，多呈屈膝状，少数直，分枝或不分枝，孢痕明显，基细胞膨大，具2～8个分隔。分生孢子梗顶生分生孢子，淡褐色至深褐色，卵圆形或倒棍棒状，有纵横隔膜，常链状着生，表面光滑或有疣，顶端常具喙状细胞。分生孢子大小为（13.1～68.2）μm×（7.3～13.1）μm，具横隔膜1～7个，多为4～5个，隔膜处缢缩，具纵隔膜0～3个。喙状细胞大小为（0～20.8）μm×（0～5.2）μm，0～1个分隔（图28-4）。

【发生规律】

病原菌主要以菌丝或分生孢子在田间病残体上越冬，第二年春天菌丝萌发产生分生孢子通过风雨传播，孢子萌发后从叶片伤口侵入。牡丹黑斑病的主要发生季节为夏秋季节，8—9月发病较为

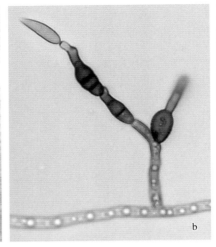

图28-4　链格孢菌形态

a.培养性状　b、c.分生孢子梗及分生孢子

严重。田间湿度大、品种易感病、密植的田块发病重。另外，田间管理粗放、施肥不及时或缺肥发病重。

【防控措施】

种植抗病的牡丹品种，加强田间栽培管理，合理施肥、灌溉和除草，提高牡丹植株对病害的抵抗能力是防治牡丹黑斑病的核心。

1.合理密植，科学施肥　药用牡丹种植密度不宜过大，提倡使用腐熟的有机肥，促进植株根系生长，增强植株抵抗力。雨季注意防止长时间的湿气滞留。尽量不用喷淋方式灌水。秋末彻底清除病残体，集中销毁，减少下一年的初侵染源。

2.加强田间管理　零星发病时，结合田间管理及时摘除病叶减少菌源，改善通风透光条件。

3.生物防治　发病初期喷施3%多抗霉素可湿性粉剂900倍液、4%嘧啶核苷类抗菌素水剂600～800倍液等药剂也能起到较好的防治效果。

4.化学防治　病害易发季节，在加强田间栽培管理的同时，还要进行有效的化学防治。初期可喷施50%异菌脲可湿性粉剂1000倍液、40%百菌清悬浮剂600倍液、70%丙森锌可湿性粉剂600倍液。发病普遍时，可喷施29%石硫合剂100～200倍液、20%噻菌铜悬浮剂500～800倍液、25%嘧菌酯悬浮剂1250～2500倍液，也可以喷洒70%代森锰锌可湿性粉剂400～600倍液、1%等量式波尔多液、75%百菌清可湿性粉剂800倍液等药剂进行防治，减轻病原菌对植株的侵害。

第三节　牡丹根腐病

牡丹根腐病俗称烂根病，是药用牡丹的主要病害，各种植区普遍发生，是牡丹皮生产的主要制约因素。近年来，随着药用牡丹种植面积增加及连作等原因，牡丹根腐病有逐年加重的趋势。

【症状】

牡丹根腐病主要为害植株根颈部和根部，主根、支根和须根都能被害发病，尤以老根受害最重。主根染病初期在根皮上产生不规则黑斑，此后病斑不断扩展，大部分根变黑，向木质部扩展，由木质部至髓部，肉质根剥落，造成组织腐烂，病斑处凹陷，病健交界处明显。为害严重时全根腐烂，地上植株萎蔫直至枯死。支根和须根染病，病根变黑腐烂，也能扩展到主根。由于根部被害，病株地上部分生长缓慢、衰弱，叶片变小发黄，蒸发量大时导致植株因失水萎蔫，发病重的植株枯死（图28-5）。

图28-5　牡丹根腐病症状

a.田间症状　b.植株症状　c、d.块根症状

【病原】

牡丹根腐病病原菌主要为子囊菌无性型镰孢菌属腐皮镰孢菌 [*Fusarium solani* (Mart.) Appel et Wollenw. ex Snyder et Hansen]。此外，尖孢镰孢菌（*F. oxysporum* Schltdl. ex Snyder et Hansen）、拟轮枝镰孢菌 [*F. verticillioides* (Sacc.) Nirenberg]、木贼镰孢菌 [*F. eguiseti* (Corda) Sacc.] 等也能侵染牡丹，造成根腐病。腐皮镰孢菌在PDA培养基上菌落为圆形，边缘整齐，绒毛状。不同菌株菌落颜色不同，有橘黄色、青黑色、酒红色等。有些菌株可产生黏质状的分生孢子团。腐皮镰孢菌能产生大型和小型两种类型分生孢子，大型分生孢子弯月形或镰刀形，顶胞尖，具圆形足细胞，有多个分隔，通常3～5个横隔；小型分生孢子卵圆形或长圆形，多为不分隔单胞，单个或呈链状着生。同时腐皮镰孢菌也能产生大量厚垣孢子，厚垣孢子顶生或间生，圆形，壁厚（图28-6）。

【发生规律】

病原菌主要以厚垣孢子在病根上或土壤中或粪肥中越冬，分生孢子和菌丝体也能在田间病残体上越冬，厚垣孢子可存活多年。病原菌通过土壤、雨水和灌溉水传播，经过虫伤、机械伤、线虫伤等

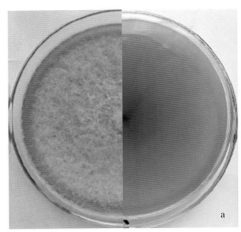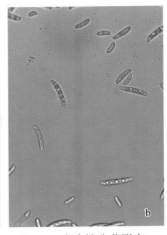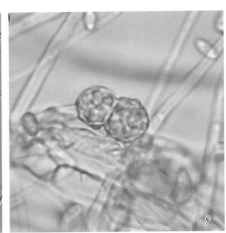

图28-6　腐皮镰孢菌形态

a.培养性状　b.分生孢子　c.厚垣孢子

伤口侵入。牡丹是喜肥作物，施肥不及时或不当，会导致生长受到影响，造成根腐病发生严重。连作对根腐病发生有利，连作时间越长发病越重，并影响土壤的理化性状，使肥效降低。碱性土壤中牡丹感病重。

另外，随着牡丹龄期增长，根腐病也会逐年加重，二十年生以上的牡丹进入老龄期，长势逐年衰落，抵抗病虫害的能力减弱，根腐病尤其严重。

【防控措施】

为了预防牡丹发生根腐病或造成严重危害，对牡丹根腐病须采取综合防治措施。

1.加强栽培管理　注意选择排水良好的地块种植牡丹，最大可能减少田间积水。有条件的地方要实行轮作，以减少病原菌的长期积累危害。

2.土壤消毒　根腐病病原菌是土壤习居菌，所以定植牡丹前要进行土壤消毒，可用有机－无机复混肥料，对过筛细土，充分拌匀撒施于土中，能够大大降低病害发生的可能性。发现病株及时拔除，病穴用石灰消毒。

3.生物防治　每亩用4%嘧啶核苷类抗菌素水剂、4%春雷霉素可湿性粉剂、1%申嗪霉素悬浮剂、5亿CFU/g多黏类芽孢杆菌KN-03悬浮剂等对水灌根都有一定防治效果。

4.化学防治　移栽时用36%甲基硫菌灵悬浮剂或10%多菌灵胶悬剂700倍液，适当加入微肥和肥土调成糊状，蘸根后栽苗。

第四节　牡丹灰霉病

牡丹灰霉病分布于各个栽培地区，尤其是沿江沿湖等湿度较大地区发病严重，是牡丹生产上的一种重要病害，常常造成牡丹植株叶片和花的腐烂，茎秆倒折，对牡丹皮药材采收和牡丹观赏造成严重影响。

【症状】

牡丹叶、茎、花等部位均可受灰霉病为害，但主要为害叶片和茎秆，尤其是下部叶片最易感病。发病初期产生近圆形或不规则形水渍状病斑，多发生于叶尖和叶缘；后期病斑多达1cm以上，病斑褐色至紫褐色，有时产生轮纹；湿度大时，叶片正面、背面均产生灰色霉层。茎秆上的病斑褐色，常常软腐，导致植株折断或全株倒伏。花受害变褐腐烂，产生灰色霉层，病部有时产生黑色菌核（图28-7）。

图28-7　牡丹灰霉病症状
a.初期症状　b.后期症状　c.叶片症状　d.茎秆症状

【病原】

牡丹灰霉病病原菌为子囊菌无性型葡萄孢属牡丹葡萄孢（*Botrytis paeoniae* Oudem.）。牡丹葡萄孢在PDA培养基上的菌落初期为白色，绒毛状，菌丝生长较快，之后菌落逐渐为灰白色，后期上面长有许多灰白色小点粒，为病原菌初期菌核，后期菌核黑色颗粒状，如鼠粪。分生孢子梗细长，顶端半球形，并产生2～7个小分枝，上生分生孢子。分生孢子近圆形或椭圆形，单胞，大小为（6.8～13.6）μm×（6.8～10.2）μm（图28-8）。

【发生规律】

病原菌以菌核在土壤或病残体中越冬，第二年春天菌核萌发产生菌丝、分生孢子梗及分生孢子，经风雨传播到达寄主叶片及其他感病部位，从伤口侵入。高温和多雨有利于分生孢子的大量形成和传

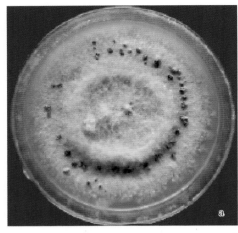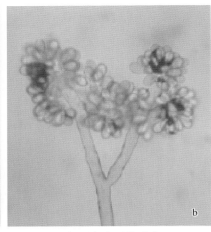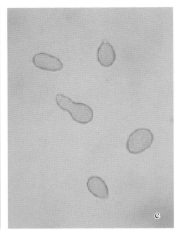

图28-8　牡丹灰霉病病原菌形态
a.培养性状　b.分生孢子梗及分生孢子　c.分生孢子

播，种植过密、田间湿度过大及光照不足，往往导致牡丹生长势弱，容易受病原菌感染，有利于病害发生。另外，连作地、氮肥施得偏多或养分不均衡地块，牡丹植株也发病严重。牡丹温室催花时，也极易发病，常引起花蕾萎缩、腐烂。此病在中原地区于4月20日左右开始发生，受害植株6月中旬前即落叶、枯焦，7—8月达到受害高峰。

【防控措施】

1.农业防治　实行轮作，合理密植，注意通风透光；科学配方施肥，增施磷、钾肥，提高植株抗病力；适时灌溉，雨后及时排水，防止湿度过大。

2.生物防治　可用0.3%丁子香酚可溶液剂、1%香芹酚水剂等对水喷施。

3.化学防治　发病初期喷洒50%腐霉利可湿性粉剂1 000 ~ 1 500倍液、65%异菌脲可湿性粉剂1 000倍液或50%甲基硫菌灵可湿性粉剂900倍液。对上述杀菌剂产生抗药性的地区可改用65%甲霜·噁霉灵可湿性粉剂1 000倍液，不同药剂最好交替使用。

第五节　牡丹褐斑病

牡丹褐斑病也是牡丹的一种常见病害，在北京、上海、长沙、南京、成都、贵阳、杭州、郑州等牡丹种植区均有发生，感病重的植株叶片提早枯萎，严重影响生长，甚至全株枯死。在西安植物园栽植的牡丹中，该病发生普遍，为害严重，病叶率最高可达89.3%。

【症状】

感病叶片初期出现大小不同的苍白色圆形病斑，病斑中部逐渐变为褐色，病斑圆形或近圆形，直径2 ~ 20mm，具同心轮纹。单个叶片病斑较密集，后期病斑连接形成不规则的大型斑块，上生灰色霉层，湿度大时尤为明显，发病严重时，叶片枯死（图28-9）。

【病原】

牡丹褐斑病病原菌主要为芍药尾孢（*Cercospora paeoniae* Tehon et Dan.），另外，变色尾孢（*C. variicolor* Wint.）也能侵染牡丹，均属无性菌类尾孢属真菌。芍药尾孢在PDA培养基上菌落生长缓慢，后期产孢但较少，菌丝白色，呈绒毛状；菌落中央凹陷，10d可以长满全皿，背面可见红褐色的小点（生于培养基下），中央颜色较深，有明显同心轮纹。芍药尾孢菌丝体通常内生，生在叶背面，从气孔伸出，浅青黄色，具隔膜，宽2.0 ~ 3.0μm。分生孢子座气孔下生，球形至长椭圆形，暗褐色

图28-9　牡丹褐斑病症状

至近黑色，直径30.0～75.0μm，或长40.0～75.0μm、宽30.0～60.0μm。分生孢子梗紧密簇生在分生孢子座上或作为侧生分枝单生于表生菌丝上，黄褐色至浅黄褐色，顶部色泽较浅并且较窄，直立至弯曲，不分枝或偶尔分枝，0～1个屈膝状折点，顶部圆锥形，0～2个隔膜，多数无隔膜，大小为（4.0～40.0）μm×（3.0～4.0）μm。分生孢子线形或尾状，有多个隔膜，大小为（9.8～20.7）μm×（2.6～3.3）μm（图28-10）。

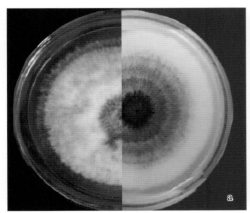
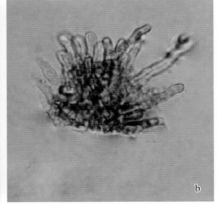

图28-10　芍药尾孢形态
a.培养性状　b.分生孢子座及分生孢子梗　c.分生孢子

【发生规律】

病原菌以菌丝体和分生孢子座在病组织内或病残体上越冬，成为翌年的初侵染源。分生孢子借风雨或昆虫传播侵染叶片，在大风多雨天气过后往往发病重。植株下部叶片首先发病，产生早期病斑，随着病斑的发展和产生新的分生孢子，病原菌不断发生再侵染，病害逐渐向植株上部蔓延。8月以后病斑明显增多，随着雨季的到来，该病害进入盛发期，至8月下旬病叶开始脱落。秋季高温、降水偏多、种植过密、通风不良是该病害后期严重发生的主要因素。

【防控措施】

1.加强栽培管理　采收后彻底清除病残株及落叶，集中销毁，减少第二年初侵染源；科学配方施肥，适当增施磷、钾肥，提高植株抗病力；适时灌溉，雨后及时排水，防止湿度过大。

2.生物防治　发病初期可喷施2%武夷菌素水剂800倍液，效果较好；另外，也可用0.5%苦参碱水剂、3%多抗霉素可湿性粉剂等生物药剂进行防治。

3.化学防治　发病前喷洒75%百菌清可湿性粉剂600～800倍液预防效果较好，发病后或者发病初期可用50%多·锰锌可湿性粉剂400～600倍液、25%咪鲜胺乳油600～800倍液或80%多菌灵可湿性粉剂800倍液喷施防治。

第六节　牡丹白粉病

【症状】

该病害主要为害叶片，也可以为害果实、叶柄和茎秆等组织。叶片发病初期在正面形成一个个白色粉状小斑，之后逐渐扩大，严重时连成一片，危及整个叶片，后期叶片两面、叶柄及茎秆等组织上均形成污白色粉层，并在粉层中散生许多小黑点，即为病原菌的闭囊壳（图28-11）。发病叶片生长缓慢，逐渐衰老，提早脱落，发病严重时植株提早枯萎。

图28-11　牡丹白粉病症状

a.发病植株　b.叶片症状

【病原】

牡丹白粉病病原菌为子囊菌门白粉菌属芍药白粉菌（*Erysiphe paeoniae* Zheng & Chen）。病原菌闭囊壳散生，黑褐色，球形或扁圆形，壳壁细胞多角形；壳壁上有附属丝，丝状附属丝偶有分枝，内有子囊5～8个；子囊卵形或椭圆形，有短柄，大小为（54.4～61.2）μm×（28.9～34.0）μm，内含子囊孢子4～5个；子囊孢子卵圆形，大小为（17.0～23.8）μm×（10.2～13.6）μm。分生孢子单生，长椭圆形，表面光滑，无色，串生于不分枝的分生孢子梗上，大小为（25.5～27.2）μm×（10.2～11.9）μm（图28-12）。

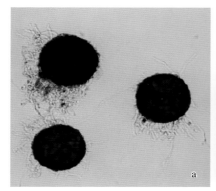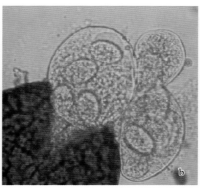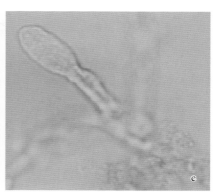

图28-12　芍药白粉菌形态
a.子囊壳　b.子囊及子囊孢子　c.分生孢子

【发生规律】

病原菌以菌丝体和孢子在病芽上越冬，翌年春季病芽萌动病原菌也开始生长，产生的分生孢子经气流或雨水传播，孢子萌发直接侵入寄主叶片等组织。温室、塑料大棚栽培的，病原菌能终年不断地繁殖侵染危害。病原菌耐寒能力强，0℃也不致丧失活力，因此病残体上的分生孢子也是重要初侵染源，能进行初侵染和再侵染，但子囊孢子在侵染中一般不起作用。病原菌生长适温为21℃，最高温度为33℃，最低温度为3～5℃。分生孢子在相对湿度为97%～99%时萌发率高，相对湿度为23%时也有少数分生孢子仍可萌发，但在水滴中萌发率很低。条件适宜时，病原菌经72h即可完成其无性循环，在田间则需时7～10d。露地5—6月和9—10月发病较多，在温室终年均可发生。栽植过密、通风不良或阳光不足易发病。植株幼嫩期的嫩叶因含有较多的β-丙氨酸，对该菌孢子萌发及发病有利。干燥少雨的年份比多雨年份发病率高，雨水较大时白粉病发病偏轻。施用氮肥过多、植株徒长或叶片过于幼嫩，或遮阴时间过长，都会造成白粉病的大量发生。

【防控措施】

1.农业防治　合理密植，注意通风透气；科学配方施肥，适当增施磷、钾肥，提高植株抗病力；适时灌溉，雨后及时排水，防止湿气滞留，减轻发病。冬季修剪时，注意剪去病枝、病芽，发现病叶及时摘除。

2.生物防治　防治初期可使用4%嘧啶核苷类抗菌素水剂300～400倍液喷施，也可用武夷霉素、氨基寡糖素等对水喷施，均有较好的防治效果。

3.化学防治　发病初期喷洒25%吡唑嘧菌酯悬乳剂、50%嘧菌酯水分散剂、8%氟硅唑微乳剂等进行防治。也可用70%甲基硫菌灵可湿性粉剂、20%三唑酮乳油、25%丙环唑乳油、0.2～0.3波美度石硫合剂等药剂，7～10d喷1次，连续喷2～3次，可有效控制牡丹白粉病的发生。

第七节　牡丹偶发性病害

表28-1　牡丹偶发性病害特征

病害（病原）	症　状	发生规律
锈病 （*Cronartium flaccidum*）	叶片病斑初期呈近圆形或不规则形，褐绿色，背面颗粒状物为夏孢子堆，表皮破裂后散出黄褐色粉状物；后期在叶背灰褐色病斑上丛生深褐色的刺毛状冬孢子堆，严重时叶片提前枯死	病原菌为转主寄生菌，在牡丹上以冬孢子越冬，第二年春天产生性孢子和锈孢子，借风雨传播侵染芍药，在芍药上生长后期产生冬孢子，冬孢子萌发产生担孢子，担孢子侵染牡丹，并在其上越冬

（续）

病害（病原）	症　状	发生规律
紫纹羽病 （Helicobasidium mompa）	发病部位多在根颈部和根部，被害部位覆盖有棉絮状紫色菌丝，病斑初呈黄褐色，后变为黑色。患病后老根腐烂，不生新根，枝条细弱，叶变小，严重时整个植株枯黄萎凋，枝干枯死	病原菌以菌丝体在病残体上越冬，通过土壤传播和接触传染，先侵染幼嫩根，后逐渐扩展至侧根、主根及根颈部位。连作地发病重，土壤积水和板结地块发病重
枯萎病 （Phytophthora cactorum）	可为害牡丹的茎、叶、芽等部位。茎部初为水渍状长形溃疡斑，后扩展为长斑。近地面幼茎受害，整个枝条变黑枯死。下部叶片病害发生较重，病斑水渍状不规则形，初为暗绿色，后变黑褐色，病叶枯垂	病原菌在土壤中以卵孢子的形态越冬，主要通过气流传播。如环境潮湿，病原菌可产生大量孢子囊，形成中心病株。营养供应不足和地势低洼的地块发病重，种植感病品种是病害流行的主要原因
炭疽病 （Colletotrichum siamense、 C. gloeosporioides）	叶片病斑初期为褐色小斑点，逐渐扩大成圆形和不规则形大斑。病斑扩展受主脉和大侧脉限制，多为褐色。后期病斑中央开裂，有时形成穿孔，病斑上长出轮状排列的黑色小粒点，即分生孢子盘，湿度大时溢出红褐色黏团	病原菌以菌丝体和分生孢子盘在病残体中越冬，第二年春季温度适宜、降雨后大量的分生孢子通过气流和雨水传播，直接侵入叶片。高温、多雨时发病严重。通常以8—9月为发病高峰期
白绢病 （Sclerotium rolfsii）	主要为害牡丹根颈部，发病初期呈水渍状至黑褐色湿腐，皮部组织逐渐下陷，并生长出白色绢状菌丝层，潮湿时长出菌核。菌核似油菜籽，初为白色，后呈黄色，最后变成褐色	病原菌以菌核越冬形成翌年的初侵染源。多雨积水和重茬地发病重
根结线虫病 （Meloidogyne hapla为主）	主要为害牡丹须根，须根受害后产生许多绿豆大小、近圆形的根结。植株地上部生长衰弱，新生叶皱缩、变黄，最后逐渐枯黄，提前落叶，严重时整株死亡	病原线虫在土壤中，或以附着在病根上的幼虫、成虫及虫瘿越冬，为翌年的初侵染源。连作地和沙壤土发病重，一个卵囊可产卵150粒，一年可完成4代
瘤点病 （Pilidium concavum）	在叶片、枝条、鳞芽上均可发生。叶片上病斑圆形或近圆形，中央灰色，边缘深褐色，可造成叶片枯焦、提前落叶。茎秆上病斑灰褐色，组织松软，稍隆起。叶片和茎秆上都可产生橘红色瘤状小点，即分生孢子座	病原菌以菌丝体、分生孢子器或子座在被侵染的枝条上越冬，翌年越冬分生孢子器内产生的成熟分生孢子为初侵染源。连作地和龄期大的牡丹发病重
溃疡病 （Botryosphaeria dothidea）	主要为害茎秆。病斑椭圆形、梭形或不规则形，紫褐色，中间灰白色，凹陷呈溃疡状，后期在病部皮层下形成许多针状小黑点，为病原菌的分生孢子器或子座，严重发生时病斑表皮开裂，甚至枝条枯死。轻度发病的植株鳞芽抽枝较慢，花蕾较小，开花迟缓，花朵小	病原菌以菌丝体、分生孢子器或子座在病残体或病株上越冬，翌年产生分生孢子，通过风雨传播，形成初侵染。连作地的牡丹发病重
病毒病 （PYV、PMV、PRSV、 TRV）	我国以黄化病毒病和花叶病毒病较为常见，田间症状为叶片褪绿变黄、斑驳，叶畸形和卷曲，有时形成大小不等的环斑或轮纹斑，有时也呈不规则形，染病植株矮小	病毒可通过蚜虫传播和汁液摩擦传染。干旱、植株生长不良及管理粗放时发病重
黄斑病 （Phyllosticta commonsii）	病斑初为圆形或近圆形，黄褐色或黄白色，稍凹陷，较小；后期病斑逐渐连接成片，黄色至褐色，不形成穿孔，空气潮湿时病斑上散生小黑点	病原菌以分生孢子器和菌丝体等在病残体中越冬，第二年春天产生分生孢子通过气流和雨水传播。降雨多、湿度大时发病重，干旱时发病轻，8—9月为病害盛发期
轮纹斑病 （Pestalotiopsis paeoniae、 Pseudocercospora variicola）	病斑褐色或灰褐色，中央颜色较深，圆形或近圆形，较大，具有明显同心轮纹。病斑上有灰黑色霉状物和轮状排列的小黑点，常破裂穿孔	病原菌以菌丝体或分生孢子盘在病部或遗落在土面的病组织中越冬。翌年条件适宜时产生分生孢子，借风雨传播，在水滴中萌发，从伤口或衰弱的部位侵入，产生病斑后，又形成分生孢子进行多次再侵染，致病情不断加重。叶片老化或破损时易发病，夏秋雨季发病重

五味子病害

木兰科五味子属是我国名贵药用植物属，《中华人民共和国药典》收录五味子 [*Schisandra chinensis* (Turcz.) Baill.] 和华中五味子（*S. sphenanthera* Rehd. et Wils.）两个种，秋季果实成熟时采摘、晒干，除去果梗和杂质，以干燥成熟果实入药。唐代《新修本草》记载"五味，皮肉甘、酸，核中辛、苦，都有咸味，此则五味具也"，故名五味子。

五味子为多年生木质藤本药用植物，华中五味习称"南五味子"，主要分布于江苏、安徽、浙江、江西、福建、湖北、湖南、广东、广西、四川、云南等省份。五味子主要分布于黑龙江、吉林、辽宁、内蒙古、河北、山西、宁夏、甘肃、山东等省份，其中东北地区五味子种植集中，面积大，质量最佳，素有"北五味"或"辽五味"之称。五味子果实富含木质素类、萜类、多糖类、苷类和有机酸类等活性成分，具有收敛固涩、益气生津、补肾宁心及增强免疫力和抗衰老之功效。

五味子主要病害有立枯病、猝倒病、叶枯病、茎基腐病、白粉病、穗腐病、霜冻、日灼、除草剂药害等，其中以叶枯病和茎基腐病为害严重。

第一节　五味子立枯病

立枯病为五味子育苗田常发性真菌病害。该病害发生普遍，分布广泛，东北各地育苗基地均有发生，有明显的发病中心，扩散速度快，可在短期内造成大片幼苗枯死，一般发病率为5%～10%，严重时可达30%以上，对五味子育苗基地生产影响较大。

【症状】

立枯病主要为害幼苗茎基部或地下根部，初产生椭圆形或不规则暗褐色病斑。发病植株早期白日萎蔫，夜间恢复，病部逐渐凹陷、缢缩，渐变为黑褐色，当病斑扩大绕茎一周时幼苗干枯死亡，直立或倒伏。轻病株仅见褐色凹陷病斑而不枯死。田间发病中心明显，并迅速向四周蔓延，造成幼苗成片死亡（图29-1）。苗床湿度大时，病部可见不甚明显的淡褐色蛛丝状霉。

【病原】

五味子立枯病病原菌为担子菌无性型丝核菌属立枯丝核菌（*Rhizoctonia solani* Kühn）。立枯丝核菌在PDA培养基上菌丝呈放射状，生长较快；菌落初期淡灰色，随着培养时间延长逐渐变为黄褐色或褐色。菌丝分枝处呈直角，基部稍缢缩，有隔，直径为8～12μm。病菌生长后期，菌丝变粗，隔膜明显，颜色加深，后由老熟菌丝交织在一起形成菌核。菌核褐色或暗褐色，不规则形，直径为1～3mm，表面菌丝细胞较短，切面呈薄壁组织状，质地疏松，表面粗糙（图29-2）。

图29-1 五味子立枯病症状

a、b.健株（左）和病株（右）对比　c、d.田间症状

【发生规律】

病原菌以菌丝体和菌核在土壤或寄主病残体上越冬，成为翌年的初侵染源。立枯丝核菌属典型的土壤习居菌，腐生性较强，可在土壤中存活2～3年。病原菌通过雨水、流水、农事操作传播，从幼苗茎基部或根部伤口侵入，也可穿透寄主表皮直接侵入。东北地区一般在春季4—5月土壤温度超过15℃时开始发病，6月达到发病盛期，7—8月病害扩展速度明显降低，甚至停滞。9月秋季随着温度下降，未防治田块有时会再度发病。土壤黏重、播种过密、地势低洼、积水严重或浇水过多时易诱发五味子立枯病。

【防控措施】

1.种子消毒　在播种前可用种子量0.1％～0.3％的50％多菌灵可湿性粉剂或50％腐霉利可湿性粉剂等拌种处理。

2.土壤药剂处理　对于重病区可用50％多菌灵可湿性粉剂、75％百菌清可湿性粉剂、50％福美双可湿性粉剂、50％腐霉利可湿性粉剂、65％代森锌可湿性粉剂等药剂以10～15g/m²拌入约5cm深的土层内进行土壤消毒。

3.苗床科学管理　选择土质肥沃、疏松通气的土壤，最好是沙壤土做苗床，做高床以防积水，并注意雨季排水。出苗后勤松土，以提高土壤温度，促使土壤疏松，保持良好通气性。覆盖物应以洁净稻草或松针为主，不宜过厚。施用农家肥要充分腐熟，避免沤根或烧茎；播种前苗床灌足底水，出

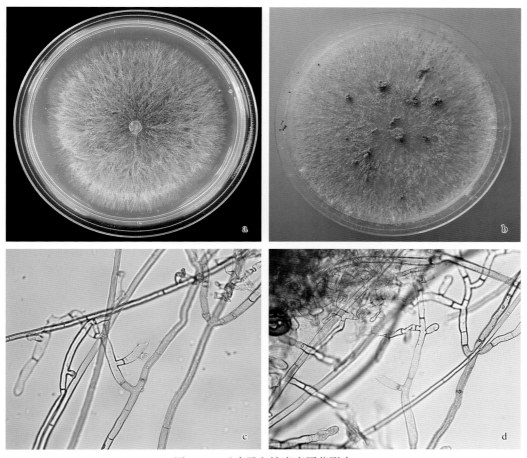

图29-2　五味子立枯病病原菌形态
a.培养3d性状　b.培养7d性状　c、d.菌丝

苗后浇水要少浇勤浇，后期减少浇水次数，避免苗床土壤湿度过大。

4.及时处理中心病株　育苗田应勤检查，发现病株立即拔掉或土壤圈沟隔离，及时用50%多菌灵可湿性粉剂250～500倍液或40%噁霉灵可湿性粉剂200倍液浇灌病穴或撒施生石灰防止蔓延。

5.发病初期药剂防治　发病初期可用50%多菌灵可湿性粉剂、10%混合氨基酸铜水剂200～300倍液或30%甲霜·噁霉灵水剂800～1 000倍液浇灌床面，以渗入土层3～5cm为宜，发病中心应加大浇灌量。

第二节　五味子猝倒病

猝倒病是五味子育苗田常发性病害之一，病害发生较为普遍，常造成大面积幼苗枯死，发病中心明显，发病率为5%～10%，常与立枯病同期发生，整体病害加重，在育苗田应重点防范。

【症状】

该病主要为害幼苗茎基部，初形成水渍状的浅褐色病斑，扩展后病斑环绕基部，呈萎缩、褐色腐烂。病部以上茎、叶在短期内仍呈绿色，随后出现缺水状凋萎后成片死亡，发病中心明显。湿度大时可在病部及土壤表层见白色棉絮状菌丝体（图29-3）。

【病原】

五味子猝倒病病原菌为德巴利腐霉（*Pythium debaryanum* R. Hesse），属卵菌门腐霉目腐霉科腐霉

图 29-3　五味子猝倒病田间症状及典型症状

属。菌丝白色，棉絮状，发达，无隔膜，具分枝，直径为 2 ～ 6μm。游动孢子囊顶生或间生，球形至近球形，或呈不规则的裂片状，直径为 15 ～ 25μm，成熟后不易脱落。游动孢子萌发时先生出泄管，泄管顶端膨大为泡囊，并在泡囊内形成游动孢子，数目为 30 ～ 38 个。泡囊破裂后散生出游动孢子。游动孢子肾形，无色，大小为（4 ～ 10）μm×（2 ～ 6）μm，侧生两根鞭毛。藏卵器内含有 1 个卵孢子，卵孢子球形，淡黄色。

【发生规律】

病原菌以卵孢子或菌丝体在土壤中及病残体上越冬，并可在土壤中长期存活，主要靠雨水、喷淋灌溉而传播，带菌的有机肥和农具也能传病。病原菌在土壤温度为 15 ～ 16℃时繁殖最快，适宜发病土壤温度为 10℃，故早春苗床温度低、湿度大时利于发病。光照不足、播种过密、幼苗长势弱时发病较重。浇水后积水处、地势低洼处易发病而成为发病中心。

【防控措施】

1.科学选地　应选择地势较高、平整、排水良好的田园进行育苗。

2.加强田间管理　发现病苗立即拔除，同时合理施肥，注意培育壮苗。苗床注意及时排水，降低土壤湿度；合理密植，注意通风透光，降低冠层湿度，是减少病害发生的主要措施。

3.药剂防治　发现病苗拔除后，病穴可用生石灰进行消毒，或浇灌 70％代森锰锌可湿性粉剂 500 倍液、58％甲霜灵·锰锌可湿性粉剂 500 倍液、34％春雷·霜霉威水剂 600 倍液，或 30％甲霜·噁霉灵水剂 800 ～ 1 000 倍液等药剂。

第三节　五味子叶枯病

叶枯病是五味子的重要叶部病害，发生普遍，为害严重，广泛发生于辽宁、吉林、黑龙江等五味子主产区，一般病田率达 100％，病叶率 20％～ 30％，严重时可超过 50％，常造成叶片提前脱落、新梢枯死、树势衰弱、果实品质下降和产量降低等严重后果。叶枯病发生严重时可诱发日灼病。

【症状】

五味子叶枯病主要为害叶片。发病初期，病斑多从叶尖或叶缘发生，也可在叶片中间发生，一般从底层叶片开始发病，逐渐向上蔓延。随着病害发展，病部逐渐向两侧叶缘及叶轴方向扩展蔓延，沿叶面或叶边缘形成大面积枯死。如在叶片中间发生，病斑呈圆形或椭圆形，褐色、红褐色或黑褐色，有轻度或明显轮纹，湿度大时可见黑褐色霉层，气候干燥时叶片病部干枯，叶尖或边缘开裂、卷曲、皱缩，病部易脱落。后期严重发生时，病斑可蔓延至一半叶片甚至整叶枯死，随之果实萎缩，造成早期落果（图29-4）。

图29-4 五味子叶枯病田间症状及叶片典型症状

【病原】

五味子叶枯病病原菌为子囊菌无性型链格孢属细极链格孢菌［*Alternaria tenuissima*（Nees: Fr.）Wiltshire］。细极链格孢菌在PDA培养基上菌落呈灰绿色，气生菌丝发达，菌丝致密，生长速度较快。分生孢子梗多单生或少数数根簇生，直立或略弯曲，淡褐色或暗褐色，基部略膨大，有隔膜，大小为（25.0～70.0）μm×（3.5～6.0）μm。分生孢子褐色，多为倒棒形，少为卵形或近椭圆形，具3～7

个横隔膜，1～6个纵（斜）隔膜，隔膜处缢缩，大小为（22.5～47.5）μm×（10.0～17.5）μm。喙呈长柱状，浅褐色，有隔膜，大小为（4.0～35.0）μm×（3.0～5.0）μm（图29-5）。

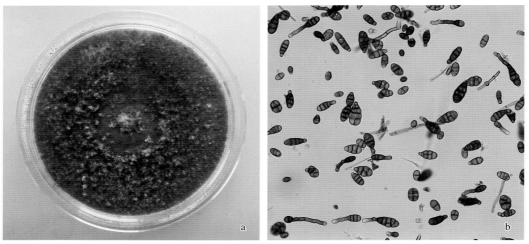

图29-5　五味子叶枯病病原菌形态
a.培养性状　b.分生孢子

【发生规律】

五味子叶枯病主要从5月下旬开始发生，高温高湿是病害发生的主导因素，7—9月如遇多雨天气，病害发生迅速，为病害发生盛期。植株生长势弱或结果过多，病害发生严重；同一园区内地势低洼积水以及喷灌处病重；老园树龄大，或偏施氮肥、架面郁闭时发病亦较重。发病严重时大量叶片枯死，会明显降低树势，且会诱发后续果实日灼病的大量发生。

【防控措施】

1.科学选地　因五味子种植年限较长，应选择土质深厚、结构疏松、腐殖质含量高、地势较高、排水良好、含沙量略多的向阳缓坡地或平地种植。涝洼地、盐碱地、风口地、土层过浅或砂砾多的地块不宜栽植。

2.加强栽培管理　依据当地自然栽培管理条件选择适宜的架式，建议采用单篱架式，增加行距，便于管理。精于修剪，注意枝蔓的合理分布，避免架面郁闭，增强通风透光。注意平衡施肥，适当增加磷、钾肥的比例，以提高植株的抗病力。

3.注意田园卫生　田间早期发现少量病叶时，应及时摘除并进行药剂预防，降低病害传播率。秋末冬初，及时清除田间病残体，将修剪的枯枝、落叶、杂草及落果等集中清理出五味子园并销毁，减少翌年初始菌源量。

4.药剂防治　在5月下旬喷洒1∶1∶100倍等量式波尔多液进行预防。发病时可用50%代森锰锌可湿性粉剂500～600倍液喷雾防治，每7～10d喷1次，连续喷2～3次；也可选用3%嘧啶核苷类抗菌素水剂200倍液、10%多抗霉素可湿性粉剂1 000～1 500倍液，或25%嘧菌酯悬浮剂1 000～1 500倍液喷雾，隔10～15d喷1次，连续喷2次。

第四节　五味子茎基腐病

茎基腐病是五味子生产中的重要病害之一，可导致植株茎基部腐烂、根皮脱落，最终整株枯死。随着五味子人工栽培面积的日益扩大，种植年限加长，茎基腐病发病率也呈现上升趋势，一般发病率为2%～40%，重者甚至高达70%以上，严重影响五味子产业的健康发展。

【症状】

五味子茎基腐病主要为害茎基部和根部。各龄五味子上均有发生，以二至三年生发生最为普遍。发病初期叶片开始萎蔫下垂，似缺水状，但不能恢复，叶片逐渐干枯，最后地上部全部枯死。在发病初期，剥开茎基部皮层，可发现皮层有少许黄褐色，后期病部皮层腐烂，变深褐色，且极易脱落。病部纵切剖视，维管束变为黑褐色。条件适合时，病斑向上、下扩展，可导致地下根皮腐烂、脱落（图29-6）。湿度大时，可在病部见到粉红色或白色霉层，挑取少许显微观察可发现有大量镰孢菌分生孢子。五味子盛果期后，随着种植年限增加，发病率亦有逐年加重趋势，严重时甚至毁园。

图29-6　五味子茎基腐病田间症状及典型为害症状

【病原】

五味子茎基腐病病原菌为子囊菌无性型镰孢菌属（*Fusarium* spp.）真菌。据薛彩云（2017）报道，东北地区五味子茎基腐病由4种镰孢菌引致，分别为尖孢镰孢菌（*F. oxysporum* Schltdl. ex Snyder et Hansen）、腐皮镰孢菌 [*F. solani* (Mart.) Appel et Wollenw. ex Snyder et Hansen]、木贼镰孢菌 [*F. equiseti* (Corda) Sacc.] 及半裸镰孢菌（*F. semitectum* Berk. et Ravenel）。以上4种病原菌在病株中均能分离得到，但地区间分离频率差异明显，其中以尖孢镰孢菌分离频率最高，致病性最强。这4种病原菌在PDA培养基上菌丝生长旺盛，呈红色绒毛状，菌落背面呈毡状、深紫红色。病原菌一般产生大型、小型两种分生孢子，小型分生孢子卵圆形，0～1个分隔，着生于伸长的分生孢子梗上；大型分生孢子两头稍弯，较钝，3～5个分隔，大小为（25～30）μm×（3.8～4.9）μm。出现逆境时，可见近球形、颜色加深的厚垣孢子（图29-7）。

【发生规律】

病原菌为典型的土壤习居菌，以土壤传播为主，也可通过幼苗带菌传播。5月上旬至8月下旬该病均有发生，5月初病害始发，6月初为发病盛期。高温、高湿、多雨的年份发病重，并且雨后天气转晴时，病情呈上升趋势。地下害虫、土壤线虫和移栽时造成伤口，以及根系发育不良均有利于病害发生。冬天持续低温造成冻害易导致翌年病害发生加重。生长在积水严重的低洼地中的五味子容易发病。生产上多采用假植苗移栽，而土壤中的病原菌易侵入植株，导致植株携带病原菌。五味子在移栽过程中造成伤口并且有较长一段时间的缓苗期，在此期间植株长势弱，病原菌易侵染植株。新建园中以二年生五味子发病最为严重，随着生长年限增加，韧皮部加厚，枝干变粗，树势增强，病原菌难以

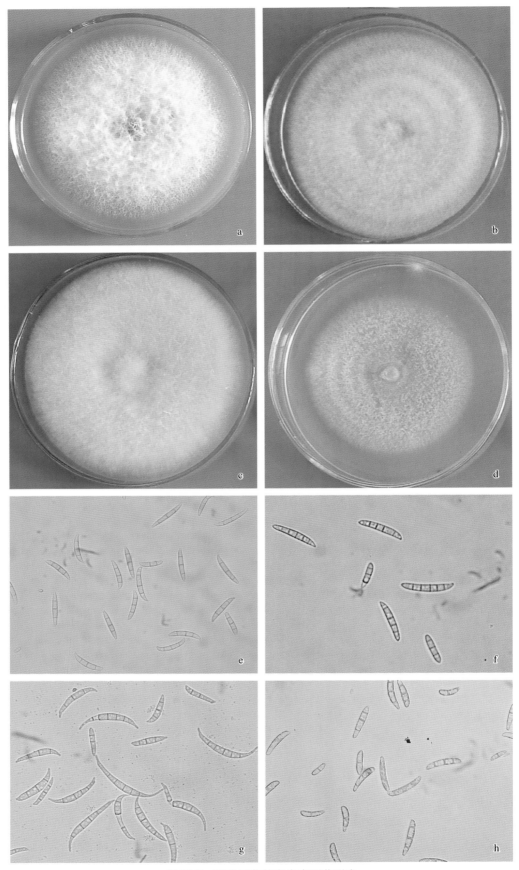

图 29-7　五味子茎基腐病病原菌形态

a.尖孢镰孢菌培养性状　　b.半裸镰孢菌培养性状　　c.木贼镰孢菌培养性状　　d.腐皮镰孢菌培养性状
e.尖孢镰孢菌分生孢子　　f.半裸镰孢菌分生孢子　　g.木贼镰孢菌分生孢子　　h.腐皮镰孢菌分生孢子

侵入。老园中，五味子盛果期后，特别是十年生以上的五味子园，随着种植年限增加，茎基腐病亦有明显加重趋势。

【防控措施】

1.科学选地　因五味子种植年限较长，应选择土质深厚、结构疏松、腐殖质含量高、地势较高、排水良好、含沙量略多的向阳缓坡地或平地种植。涝洼地、盐碱地、风口地、土层过浅或砂砾多的地块不宜栽植。

2.田间管理　注意田园清洁，及时拔除病株，集中销毁，用50%多菌灵可湿性粉剂600倍液灌淋病穴；适当施氮肥，增施磷、钾肥，提高植株抗病力；雨后及时排水，避免田间积水；避免在前茬根腐病严重的地块种植五味子。

3.种苗消毒　选择健康无病的种苗，用50%多菌灵可湿性粉剂600倍液或80%代森锰锌可湿性粉剂600倍液浸泡4h。

4.药剂防治　五味子茎基腐病应以预防为主，在发病前用50%多菌灵可湿性粉剂600倍液喷施，使药液能够顺着枝干流入土壤中。发病初期可用50%多菌灵可湿性粉剂或10%混合氨基酸铜水剂200～300倍液、70%噁霉灵可溶粉剂1 500～2 000倍液灌根，7～10d灌根1次，连续灌根2～3次。

第五节　五味子白粉病

白粉病是五味子生产中常见病害之一，在辽宁、吉林、黑龙江等省五味子育苗田和生产田均有发现，苗期发生较轻，果实成熟时发生相对较重，严重时地块病果率可达10%～25%，对五味子产量和品质影响明显。

【症状】

五味子白粉病主要为害叶片、幼嫩果实和新梢，也可为害叶柄、果柄和嫩茎，其中以幼叶、幼果受害最为严重。该病往往造成叶片干枯，新梢枯死，果实脱落。叶片受害初期，叶背面出现针刺状斑点，逐渐覆白色粉状物，为病原菌的菌丝体、分生孢子和分生孢子梗，严重时布满整个叶片，病叶由绿变黄，边缘易向上卷缩、枯萎甚至脱落；白粉病首先从幼果近穗轴开始为害，严重时逐渐向外扩展到整个果穗，病果生长明显受到抑制，后期出现小果、僵果甚至直接脱落，果实着色后发病明显降低；新梢发病严重时可导致叶片不能展开甚至枯死（图29-8）。生长后期，发病部位会出现大量小黑点，为病原菌的闭囊壳。

【病原】

五味子白粉病病原菌为五味子白粉菌 [*Erysiphe schisandrae* (Sawada) U. Braun et S. Takam.]（异名：*Microsphaera schisandrae* Sawada），属子囊菌门锤舌菌纲锤舌菌亚纲白粉菌目白粉菌属。发病部位产生的白色粉状物即为病原菌的菌丝体、分生孢子及分生孢子梗。菌丝体在叶两面生，也生于叶柄上；分生孢子单生，无色，椭圆形、卵形或近柱形，大小为（24.2～38.5）μm×（11.6～18.8）μm。闭囊壳散生至聚生，扁球形，暗褐色，直径为92～133μm。附属丝7～18根，多为10～14根，长93～186μm，为闭囊壳直径的0.8～1.5倍，基部粗8.0～14.4μm，直或稍弯曲，个别呈屈膝状。闭囊壳外壁基部粗糙，向上渐平滑，无隔或少数中部以下具1隔，无色，或基部、隔下浅褐色，顶端4～7次双分叉，多为5～6次；子囊4～8个，椭圆形、卵形、广卵形，大小为（54.4～75.6）μm×（32.0～48.0）μm；子囊孢子3～7个，无色，椭圆形、卵形，大小为（20.8～27.2）μm×（12.8～14.4）μm（图29-9）。

图29-8 五味子白粉病症状

a.果实症状 b.叶片症状 c.嫩叶症状 d.嫩茎症状

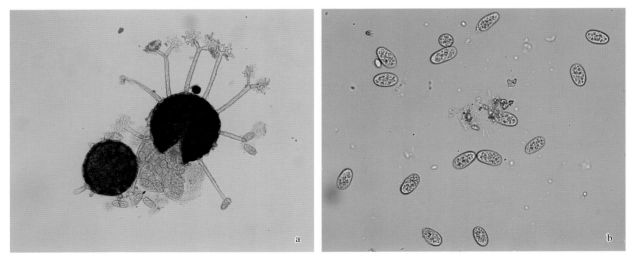

图29-9 五味子白粉病病原菌形态

a.附属丝、闭囊壳、子囊和子囊孢子 b.分生孢子

【发生规律】

高温干旱有利于该病发生。在我国东北地区，病害始发期一般在5月下旬至6月初，6月下旬至7月下旬达到发病盛期。从植株发病情况看，枝蔓过密、徒长、氮肥施用过多和通风不良的环境条件都有利于此病的发生。病原菌以菌丝体、子囊孢子和分生孢子在田间病残体内越冬。翌年5月中旬至6月上旬，平均温度回升到15～20℃，在田间病残体上越冬的分生孢子开始萌动，借助降雨和结露，

分生孢子开始萌发，侵染植株，田间病害始发。7月中旬为分生孢子扩散的高峰期，病叶率、病茎率急剧上升，果实大量发病。10月中旬气温明显下降，五味子叶片衰老脱落，病残体散落在田间，病残体上所携带的病原菌进入越冬休眠期。

【防控措施】

1.加强栽培管理　注意枝蔓的合理分布，通过修剪改善架面通风透光条件。适当增施磷、钾肥，提高植株的抗病力，增强树势。

2.清除菌源　在植株萌芽前清理病枝病叶，发病初期及时剪除病穗，拣净落地病果，集中销毁，减少病原菌的侵染来源。

3.药剂防治　在5月下旬可选用0.3～0.5波美度石硫合剂，或100亿个芽孢/g枯草芽孢杆菌可湿性粉剂1 350～1 800g/hm²，或1%蛇床子素可溶液剂1 000～2 000倍液，或25%三唑酮可湿性粉剂800～1 000倍液，或70%甲基硫菌灵可湿性粉剂800～1 000倍液进行预防；发病初期可选用40%硫黄胶悬剂400～500倍液、15%三唑酮乳油1 500～2 000倍液、25%嘧菌酯悬浮剂1 500倍液，或50%醚菌酯干悬浮剂3 000～4 000倍液喷雾，隔7～10d喷1次，连喷2次。

第六节　五味子穗腐病

穗腐病是五味子生产中的一种新发病害，在种植年限较长的五味子生产基地发生较多，一般病穗率为3%～10%，造成果实腐烂、脱落，对五味子产量影响较大。

【症状】

五味子穗腐病主要为害果实，果实生长期内均可发病，以成熟期最为严重。发生初期，在果穗尖部或中部穗轴开始出现针尖大小褐色或黄褐色斑点，逐渐扩展至果实，引起果实萎缩、腐烂，易脱落，后变为干缩僵果，发生早整个果实全部腐烂，发生晚后期仅留存果皮包裹的种子。湿度大时，在病部出现白色、粉色或粉红色霉状物，为病原菌的菌丝和分生孢子（图29-10）。

图29-10　五味子穗腐病田间症状

a.初期症状　b.后期症状

【病原】

五味子穗腐病病原菌为子囊菌无性型镰孢菌属（*Fusarium* spp.）真菌，分离到的病原菌有三线镰

孢菌 [*F. tricinctum*（Corda）Sacc.] 和木贼镰孢菌 [*F. equiseti*（Corda）Sacc.]。三线镰孢菌的菌落初期白色，气生菌丝发达，白色，绒毡状，边缘整齐，菌落底部粉红色，菌落中央部淡黄色。大型分生孢子镰刀形至纺锤形，稍弯曲，1～2个分隔，多2个分隔；小型分生孢子椭圆形，无隔。木贼镰孢菌气生菌丝发达，绒毛状或棉絮状，白色至粉红色，后变为浅驼色，菌落底部淡黄色至土黄色。小型分生孢子少，卵圆形；大型分生孢子镰刀形，弯曲，中部细胞显著膨大，顶孢延长呈锥形，3～7个分隔，多为3～5个分隔，大小为（39.62～45.72）μm×（3.44～4.78）μm（图29-11）。

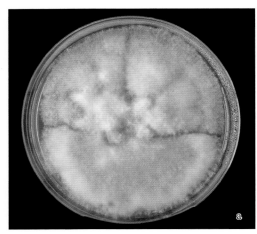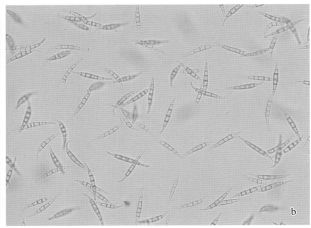

图29-11　木贼镰孢菌形态
a.培养性状　b.分生孢子

【发生规律】

在我国东北地区，五味子穗腐病从5月下旬至6月中旬开始发病，整个果实成熟期均可再次发病。从田间调查看，植株长势弱、结果过多植株发病相对较多。前期叶枯病或日灼病发生重，后期穗腐病发生加重。植株过密、连续降雨时病害扩展速度加快。

【防控措施】

1.加强田间管理　合理密植，以利于田间通风透光。施肥时合理搭配氮、磷、钾肥，适当增施磷、钾肥，以增强抗病力。秋季清除田园病叶病果，减少越冬菌源基数。

2.加强叶部病害防治　有效预防前期叶枯病和日灼病发生，能够减少后期穗腐病的发生。

3.药剂防治　发病初期可选用50%多菌灵可湿性粉剂600倍液、3%嘧啶核苷类抗菌素水剂200倍液或10%多抗霉素可湿性粉剂1 000～1 500倍液喷雾。

第七节　五味子霜冻

霜冻是东北五味子产区常发的一种非侵染性病害，每年4月末至5月中旬在各产区均有不同程度发生，尤其是吉林和黑龙江等高寒地区。由于园区选择、地势、栽培管理及气候条件不同，地区间和年度间发生差异较大，开花期一旦遭遇霜冻，叶片和花序出现大面积冻伤、死亡，严重影响当年五味子产量，并明显降低树势，导致后期其他病虫害发生严重。

【症状】

五味子霜冻为害整个植株，尤其对叶片、嫩芽和花序影响最大。轻者枝梢受冻，叶片出现褐色或黄褐色斑点，叶色变淡。发生严重时叶片出现大面积水烫状坏死，边缘卷曲，花梗、果梗萎缩死亡，花序萎蔫死亡，甚至全株死亡。发病后期幼嫩的新梢严重失水萎蔫，组织干枯坏死，叶片、花序、嫩芽干枯脱落，树势衰弱（图29-12）。

图29-12 五味子霜冻田间症状

【发病原因】

五味子发生霜冻最主要的原因为春季的气温低。春季五味子萌芽后，有时夜间气温急剧下降，水汽便凝结成霜而使植株幼嫩部分受冻。霜冻与地形也有明显的相关性，由于冷空气比重较大，故低洼地常比平地降温幅度大，持续时间也更长，有的五味子园因选在冷空气容易凝聚的沟底谷地，则更容易受到晚霜的为害。

【发生规律】

五味子霜冻在东北地区主要发生在4月下旬至5月中旬，吉林和黑龙江地区个别年份持续到6月上旬。不同的五味子品种，其耐寒能力有所不同，成熟期越早的品种耐寒能力越弱，减产幅度也越大。树形、树势与霜冻也有一定关系，树势弱的受冻比健壮的严重；枝条越成熟，木质化程度越高，含水量越少，细胞液浓度越高，积累淀粉也越多，耐寒能力越强。另外，管理措施不同，五味子的受害程度也不同，土壤湿度较大，实施喷灌的五味子园受害较轻，而未浇水的园区受害严重。由于五味子霜冻发生高峰期恰逢花期，一旦发生产量损失严重，应在春季重点预防。

【防控措施】

1.科学选地　选择向阳缓坡地或平地建园，要避开霜道和沟谷，以避免和减轻晚霜为害。

2.地面覆盖　利用玉米等秸秆覆盖五味子根部，春季减缓土壤升温，推迟五味子展叶和开花时期，避免晚霜为害。

3.烟熏保温　在五味子萌芽后，要注意收听当地的气象预报，在有可能出现晚霜的夜晚，当气温下降到1℃时，点燃堆积的潮湿的树枝、树叶、木屑、蒿草，上面覆盖一层土以延长燃烧时间。要在果园四周和作业道上放烟堆，要根据风向在上风口多设放烟堆，以便烟气迅速布满果园。

4.喷灌保温　根据天气预报可采用地面大量灌水、植株冠层喷灌保温。

5.喷施药肥　生长季节合理施氮肥，促进枝条生长，保证树体生长健壮，后期适量施用磷、钾肥，促使枝条及早结束生长，利于组织充实，延长营养物质积累时间，从而提高抗寒能力。

第八节　五味子日灼病

日灼病是五味子生产中一种常见的非侵染性病害，每年都会在生产上造成一定的损失。一般发病率为10%～30%，导致果实灼伤甚至腐烂，严重影响五味子的产量和质量。

【症状】

五味子日灼病主要为害果实。日灼部位常出现疱疹状、下陷、革质硬化枯斑。受害果粒表面初期表现为白色、黄色或粉红色，随后变为黑黄色至褐色（图29-13）。当日灼发生严重时，果肉组织出现凹陷的坏死斑，局部果肉出现坏死组织，受害处易遭受其他各类病原菌侵染，从而加速果实腐烂，加重田间危害。

图29-13 五味子日灼病田间症状

【发病原因】

五味子日灼病发生的直接原因主要为热伤害和紫外线辐射伤害。其中热伤害是指果实表面高温引起的日灼，与光照无关；紫外线辐射伤害是由紫外线引起的日灼，一般会导致细胞溃解。日灼病的发生与温度、光照、相对湿度、风速、品种、果实发育期及树势等许多因素有关。其中温度和光照是主要影响因子。

1.温度　气温是影响五味子果实日灼的重要因素。在阳光充足的高温夏日，五味子果实表面温度可达到40～50℃，远远高出当日最高气温。一些学者认为，引起日灼的临界温度为30～32℃，而且随着环境温度的升高，发生日灼的时间缩短，日灼的为害程度随之增加。

2.光照　光照强度和紫外线都是影响五味子果实日灼的重要因素。在自然条件下，接受到光照的果实将一部分光能转化为热能，从而提高了果实的表面温度，加上高温对果实的增温作用，共同致使果面达到日灼临界温度，从而诱导果实日灼的发生。

【发生规律】

五味子日灼病每年6—9月均有发生，7—8月间高温强光的夏日为该病的发生高峰期。生产上经常发现每年果实日灼发生的高峰期总是与一年中气温最高的时段相吻合。在气温较高的前提下，如果遇上晴天就极易导致日灼的发生，而气温较低的晴天，日灼的发生率低。另外，在相对湿度越低的情况下，果实日灼的发生率越高；风速可以通过调节蒸腾作用改变果实温度，微风可以降低果实表面温度从而降低日灼的发生率；不同的品种对日灼的敏感性有所不同；果实在不同发育期对日灼的抗性有所不同，随着果实的成熟，对日灼的敏感性也随之下降；在同一果园内树势强者日灼的发生率低，树势弱者发病重。前期叶枯病发生重的田块，日灼病发生也相对较重。

【防控措施】

1.加强栽培管理　调节叶果比，在修剪时应注意适当多留枝叶，以尽量避免果实直接暴露在直射阳光下。同时，根据合理的枝果比、叶果比及时疏花疏果。施肥时应注意防止过量施用氮肥。多施用有机肥，提高土壤保水保肥能力，促进植株根系向纵深发展，提高植株抗旱性。

2.喷灌降温　在高温天气来临前，通过喷灌能使果实表面温度下降，可以有效避免日灼发生。

3.套袋防病　可采用果实套袋方式降低光照强度及果面温度，从而降低果实日灼率。

第三十章 PARTTHIRTY

金银花病害

金银花（*Lonicera japonica* Thunb.）为忍冬科忍冬属植物，多年生半常绿藤本，其茎枝和花均可入药。我国大部分地区均有栽培，其中山东、河北、河南为主产区。金银花具有清热解毒、疏散风热的功效，忍冬藤具有清热解毒、疏风通络的功效。

金银花主要病害有根腐病、褐斑病、白粉病、白绢病和炭疽病等。其中，根腐病、白粉病及褐斑病为害严重。

第一节　金银花根腐病

根腐病是金银花栽培上的主要病害之一，为常见根部病害，发病严重，致病因素复杂，防治难度大。根据对山东、河北和河南金银花基地的田间调查，发现金银花根腐病发病率不一，如5年以下树龄发病率一般在10%左右；5 ~ 10年树龄的发病率一般在10% ~ 25%；10年以上树龄的发病率最高可达35%以上，严重地块甚至会绝产。该病害发生普遍，目前已知金银花根腐病发生的省份有山东、河南、河北、江苏、浙江、贵州、广东等。

【症状】

该病主要为害金银花输导组织，发病前期，根中下部位出现黄褐色病斑，枝条、叶片枯萎；发病后期，枝条及叶片枯萎脱落，根部变褐腐烂，与髓部分离，最后整个植株死亡（图30-1）。

图 30-1　金银花根腐病症状
a.田间发病植株　b.田间大面积发病（植株挖出待销毁）　c.枝条枯萎　d.叶片枯萎　e～g.根部症状

【病原】

金银花根腐病由子囊菌无性型镰孢菌属（*Fusarium* spp.）真菌单株侵染或多株复合侵染引起。病原菌包括尖孢镰孢菌（*F. oxysporum* Schltdl. ex Snyder et Hansen）、腐皮镰孢菌 [*F. solani* (Mart.) Appel et Wollenw. ex Snyder et Hansen] 和变红镰孢菌 [*F. incarnatum* (Rob. ex Desm.) Sacc.] 等。其中，根据对山东金银花主产区样本病原菌鉴定情况，变红镰孢菌为数量上的优势菌。变红镰孢菌菌落为圆形，产生大量绒状气生菌丝，初期为白色，后逐渐变为橘黄色，培养基背面为米黄色。分生孢子梗在气生菌丝上形成，顶端可产生分生孢子，不同菌株孢子形态、大小差异较大，其中大型分生孢子镰刀形，两端逐渐变细，具有明显足胞，具3～5个分隔，大小为（23.28～36.93）μm×（3.36～5.86）μm；中型分生孢子纺锤形，具3～5个分隔，大小为（8.16～12.97）μm×（2.15～4.37）μm；小型分生孢子椭圆形，无分隔，大小为（4.05～8.76）μm×（1.58～3.93）μm（图30-2）。

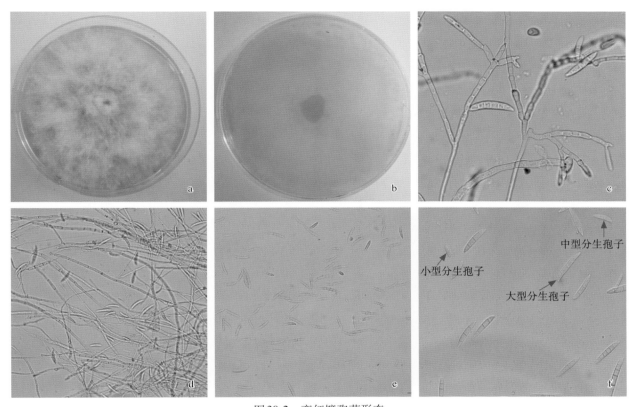

图30-2　变红镰孢菌形态
a、b.培养性状　c.分生孢子梗　d.菌丝　e.分生孢子　f.不同类型分生孢子

【发生规律】

金银花根腐病根据不同树龄、不同地区及不同地块，发病程度不同。病原菌在土壤或病残体中越冬，一般在翌年4—6月通过土壤和灌溉传播，萌发侵入植物根部，然后向地上部蔓延，一般6—8月为病害高发期。高温高湿、土壤排水不畅、种植树龄长等更易发病。

【防控措施】

1.科学选地　金银花栽培地宜选择向阳的丘陵山坡地，以通透性较好的沙质土壤为宜。

2.种苗管理　可以进行无菌苗繁育，培育壮苗后移栽；加强检疫，杜绝病区苗木引入；同时减少因苗木运输、栽培等对苗木造成的创伤。

3.加强田间管理　保持田间排水沟畅通；多雨时节及时排水，降低土壤湿度；同时进行弱枝及徒长枝修剪，保持通风透光；田间如果发现感染病株，应及时拔出销毁，并用生石灰对病穴及其周边土壤进行消毒。

4.生物防治　每年3—4月和6—9月，用5亿CFU/g多黏类芽孢杆菌400倍液＋含氨基酸水溶肥200倍液灌根1次，每穴2～4kg；或在发病初期用2%嘧啶核苷类抗菌素水剂100mL/kg，每15d喷药1次，连续喷3～4次。

5.化学防治　可用50%多菌灵可湿性粉剂500倍液浇灌病株防治。

第二节　金银花褐斑病

褐斑病是金银花栽培上的主要病害之一，为常见的叶部病害，发病严重。根据对山东、河北和河南金银花基地的田间调查，发现金银花褐斑病发病率一般在10%～20%，部分种植密度过大及管理不规范的金银花园区，发病率高达30%以上。该病害发生普遍，目前已知有金银花褐斑病发生的省份有山东、河南、河北、甘肃、江苏、浙江、广东、贵州等。

【症状】

该病主要为害金银花叶片，一般从下部叶面开始发病，逐渐向上发展。发病初期叶片上出现黄褐色小斑；随着病害发展，数个小斑逐渐融合，可呈圆形或多角形黄褐色病斑。潮湿时，叶背生有灰色霉状物；干燥时，病斑中间部分容易破裂。病害严重时，叶片早期枯黄脱落（图30-3）。

图30-3 金银花褐斑病症状

a、b.田间症状 c.初期症状 d.病斑融合 e.病斑破裂 f.叶片枯萎

【病原】

金银花褐斑病由子囊菌无性型拟茎点霉属辣椒拟茎点霉 [*Phomopsis capsici*（Magnaghi）Sacc.] 侵染引起。辣椒拟茎点霉初期菌丝白色或无色，气生菌丝较稀疏且长势较弱，棉絮毛状，菌丝紧贴 PDA培养基表面生长。培养后期菌丝逐渐变成致密的白色绒毛状，边缘气生菌丝倒伏紧贴培养基，培养基背面为深灰色。培养约15d后，出现分生孢子器，后期释放出分生孢子角，产生孢子。镜检观察，可发现产生2种分生孢子。其中甲型（α）分生孢子具有以下特性：孢子种类为单胞，无色，未见分隔，形状多为卵圆形或椭圆形，其两端生出两个较为明显的油球，其大小为（5.43～9.31）μm×（1.05～2.15）μm。乙型（β）分生孢子具有以下特性：孢子种类为单胞，无色，未见分隔，形状多为相对较弯曲的线形，孢子的一端表现为钩状，孢子表面未见油球，大小为（16.56～25.43）μm×（0.75～1.14）μm（图30-4）。

【发生规律】

金银花褐斑病在不同产区、不同基地发病程度不同。病原菌在病叶上越冬，一般在翌年6月产生分生孢子，分生孢子借风雨传播，自叶背面皮孔侵入叶片，发生为害；7—9月为病害高发期，发病严重植株易在秋季早期大量落叶。高温高湿、枝叶密集更易发病。

【防控措施】

1.加强田间管理 宜结合冬季修剪，除去病枝，并将病枝及落叶集中销毁，以减少病源；或在发病初期及时剪去病叶，减少病害感染。多雨季节，应做好及时排水，降低土壤湿度。选择合适种植密度，并适当剪掉弱枝及徒长枝，保持通风透光。施肥种类以生物有机肥为主。成龄金银花植株每墩施用有机肥4～5kg，每年施用1～2次，早春、头茬花采摘后或秋季施肥，从而提高植株免疫力和抗病力。

2.生物防治 可在早春用3～5波美度石硫合剂对金银花基地园区进行处理预防，发病时用30亿 CFU/g甲基营养型芽孢杆菌可湿性粉剂500倍液进行叶面喷施，每隔7～10d用药1次，连喷2～3次。

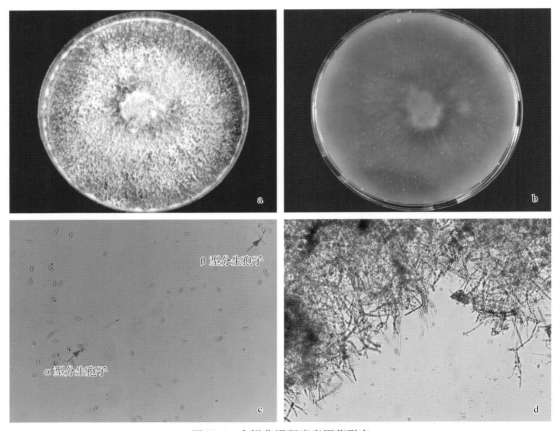

图30-4　金银花褐斑病病原菌形态

a、b.培养性状　c.α和β型分生孢子　d.菌丝

3.化学防治　发病后喷施1：1.5：300的波尔多液、50%多菌灵可湿性粉剂600倍液或50%代森锰锌可湿性粉剂500倍液等药剂，不同药剂交替使用，每隔10～15d喷施1次，多雨时节可缩短间隔时间（7～10d），连喷2～3次。

第三节　金银花白粉病

白粉病是金银花的主要病害之一，为常见的叶部病害，发病较重。根据对山东、河北和河南金银花基地的田间调查，发现金银花白粉病发病率一般为15%～20%，部分金银花种植园区发病率可超过20%。该病害发生普遍，目前已知金银花白粉病发生的省份有山东、河北、河南、甘肃、宁夏、江苏、浙江、湖南、贵州和广东等。

【症状】

该病主要为害金银花叶片，有时也会为害茎和花。叶片病斑初期为白色小点，随着病害发展，逐渐扩展为一层白色粉状物，病害后期整叶布满白粉层，严重时会引起叶片发黄变形甚至脱落；茎部病斑褐色，不规则形，上生有白粉；花扭曲，严重时亦会脱落（图30-5）。

【病原】

金银花白粉病由子囊菌门白粉菌目白粉菌属忍冬白粉菌（*Erysiphe lonicerae* DC.:Fr.）［异名：*Microsphaera lonicerae*（DC.:Fr.）G. Winter］侵染所致。其子囊果散生，球形，深褐色，直径63.34～102.51μm；具5～15根附属丝，长度51.35～132.21μm不等，无色，无隔膜或具有1个隔

图30-5 金银花白粉病症状

a、b.田间症状 c.发病初期 d.发病后期叶片正面 e.发病后期叶片背面 f.叶片发黄变形膜，3～5次双分叉。子囊3～7个，卵形或椭圆形，大小为（35.52～56.21）μm×（28.64～46.53）μm；子囊孢子2～5个不等，多为椭圆形。分生孢子梗直立，大小为（49.83～91.21）μm×（7.64～10.25）μm；分生孢子多为2～3个串生，少数为单生，多为椭圆形和筒形，大小为（30.67～46.75）μm×（13.19～19.31）μm（图30-6）。

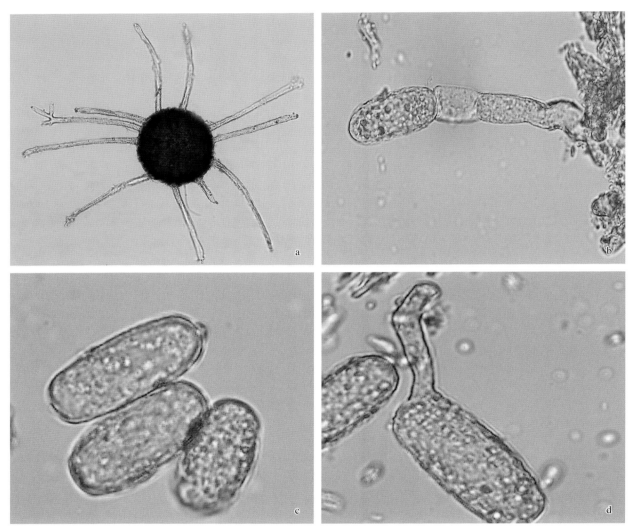

图30-6 金银花白粉病病原菌形态
a.子囊果 b.分生孢子梗 c.分生孢子 d.分生孢子萌发

【发生规律】

金银花白粉病在不同地区、不同生长环境发病程度不同。病原菌以子囊壳在病残体上越冬，翌年3月随着嫩芽生长，子囊壳释放子囊孢子进行初侵染，4月迅速蔓延至嫩叶上为害，5—9月为病害高发期。金银花发病后，病部又产生分生孢子进行再侵染，直到秋末停止发展，株间荫蔽、环境干湿交替易发病。

【防控措施】

1.培育健康种苗 选择品种优良的金银花母树，择取一至二年生充实健壮的枝条，剪成25～30cm的插条，下端剪成斜面，保留3个节，摘除下部叶片，保留上部2～4片叶。将插条用多黏类芽孢杆菌（5亿CFU/g）50～75倍液蘸根处理，浸泡10min，晾干后即可扦插。

2.加强田间管理 合理密植，适时整形修剪，保持良好的通风透光，去除带病枝芽。避免单一施用氮肥，增施有机肥和磷、钾肥，提高植株抗病力。

3.生物防治　发病初期，可选择哈茨木霉（5亿CFU/g）可湿性粉剂300倍液、6%嘧啶核苷类抗菌素水剂300倍液、1 000亿芽孢/g枯草芽孢杆菌可湿性粉剂400倍液、5%多抗霉素水剂300倍液或0.5%大黄素甲醚水剂800倍液等生物农药，每7 ～ 10d叶面喷施1次，连喷2 ～ 3次，以上菌剂可以交替使用。

4.化学防治　在发病初期，施用15%三唑酮可湿性粉剂1 200倍液。

第四节　金银花偶发性病害

表30-1　金银花偶发性病害特征

病害（病原）	症　状	发生规律
白绢病 （*Sclerotium rolfsii*）	主要为害植株基部和根部，发病初期，在离地面5 ～ 10cm的根颈部出现褐色斑点，随着病害发展，斑点逐渐扩大至整个茎部，从病害部位长出一层白色菌丝，使金银花皮层逐渐腐烂，并向下迅速蔓延	每年4月初开始发病，以5—9月为高发期，高温多雨、低洼高湿条件易发病
炭疽病 （*Colletotrichum gloeosporioides*）	主要为害叶片，叶缘和叶面中间均可发生。发病初期出现褐色小点，之后逐渐扩展，后期病斑黑褐色、近圆形，边缘清晰，潮湿时病斑中央着生黑色点状物	主要发生在春、秋季，3—4月、9—10月为高发期，管理粗放、植株长势差、地势低洼的成年园发病严重

第三十一章 PART THIRTY-ONE

川芎病害

川芎（*Ligusticum sinense* cv. Chuanxiong）为伞形科藁本属植物，多年生草本，根药用。

川芎属于栽培植物，主产于四川，在云南、贵州、广西等地也有栽培，生长于温和的气候环境。川芎辛温香燥，走而不守。既能行散，上行可达巅顶；又入血分，下行可达血海。其活血祛瘀作用广泛，适宜瘀血阻滞各种病症，可治头风头痛、风湿痹痛等症。

川芎病害主要有根腐病、褐斑病、线虫病、白粉病、菌核病、轮纹病、锈病等，其中根腐病、褐斑病、线虫病发生频繁，需重点防治。

第一节 川芎根腐病

与成株相比，川芎幼苗极易受到此病为害，尤其是在黏度和酸度高、地势低洼、排水不良、污水污染的土壤中栽培的川芎更易受到侵染；在多雨、光照不足、湿度和气温较高的季节发病率较高。川芎根腐病在四川、云南等产区发生普遍，分布广泛，一般发病率5%～10%，严重时可达30%以上。

【症状】

根腐病主要为害川芎的根及根茎，一般由病原菌从植物根部或茎部的伤口侵入而引发。该病在川芎生长的各阶段均可发生，苗期最重，损失最大。出苗前表现为烂种，出苗后，发病初期心叶发黄，地下块茎（早期为苓种）内部局部变褐色，部分根系水渍状，新根少，随病害发展，植株生长缓慢，叶尖、叶缘开始焦枯；后期植株停止生长并黄化萎蔫，块茎腐烂，严重者整株焦枯死亡，植株茎秆维管束变为褐色（图31-1）。

【病原】

川芎根腐病由子囊菌无性型镰孢菌属尖孢镰孢菌（*Fusarium oxysporum* Schltdl. ex Snyder et Hansen）侵染引起。在PDA培养基上，其菌落呈圆形，气生菌丝绒毛状，随着培养时间延长，培养物由玫瑰红色逐渐变为紫红色、紫色或淡紫灰色，4d后菌落直径为3cm，10d时长满培养皿。小型分生孢子数量多，长圆形，大小为（9～10）$\mu m \times$（4～5）μm，单胞或双胞，着生于瓶形分生孢子梗上；大型分生孢子多具有3个隔膜，极少见5个隔膜，大小为（26～36）$\mu m \times$（4～6）μm（图31-2）。

【发生规律】

川芎根腐病在川芎的整个生长期内均可发生。在四川省彭州、都姜堰、眉山等川芎主产区，根腐病一般在2月前后零星发生，4月川芎进入根茎膨大期，根腐病发生开始增加，发病率提升，5月，

图31-1　川芎根腐病症状
a.田间症状　b.根部症状

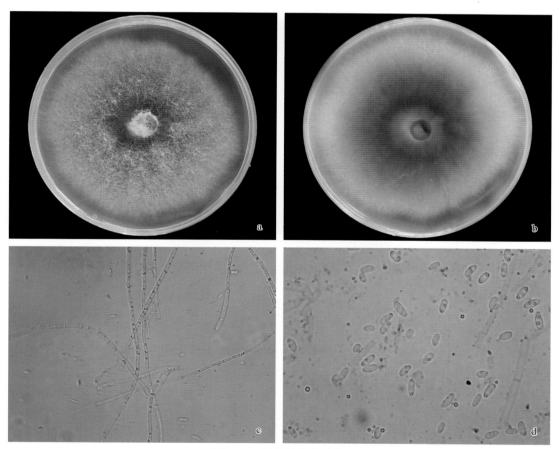

图31-2　川芎根腐病形态
a、b.培养性状　c.菌丝形态　d.分生孢子

特别是遇高温多雨天气，根腐病进入盛发期。高温多雨，特别是连阴雨天气利于根腐病发生。

【防控措施】

1.农业防治　苓种摊晾于通风阴暗处，减少病原菌传染；高山育种与坝区栽培前彻底剔除有病的"抚芎"和已腐烂的"苓子";发现病株后立即拔除,集中销毁,以防蔓延;实行水旱轮作,保持田间排水通畅;适当施肥调节植物长势。

2.生物防治　研究发现木霉、芽孢杆菌和放线菌等对尖孢镰孢菌具有一定的拮抗作用,可用来防治川芎根腐病,且能有效改善施用农药带来的环境问题。

3.化学防治　可选用75%代森锰锌水分散粒剂500倍液、50%多菌灵可湿性粉剂500倍液等喷雾,每隔10d喷1次,共喷2次。也可在土壤中浇灌50%多菌灵可湿性粉剂800倍液。

第二节　川芎褐斑病

川芎褐斑病是川芎栽培上常见的病害之一,一般发病率5%～20%,严重时可达30%以上。该病使川芎叶片早枯,连年发生会削弱植株的长势,导致植株矮小、花少且小,甚至全株枯死,严重影响产量。

【症状】

川芎褐斑病主要发生在老叶上,少数发生在茎、叶柄等部位,新叶很少发病。叶片病斑最初为圆形小斑点,褐色,之后逐渐扩大呈梭形或不规则形,长1～10mm,宽1～5mm,病斑边缘存在红褐色或紫褐色的晕圈,病斑中心变薄,变脆,容易破裂或穿孔。病斑后期可以连合成片,使叶片枯死、脱落(图31-3)。

图31-3　川芎褐斑病叶片症状

【病原】

川芎褐斑病病原菌为子囊菌无性型链格孢属链格孢菌 [*Alternaria alternata* (Fr.) Keissl.]。在PDA培养基上培养6d后其菌落直径可达7.0cm,圆形平展,菌丝整体呈辐射状,灰色至灰黑色,边缘白色,菌落背面黑色,明显可见菌落产生大量色素。在自然发病的病斑上,分生孢子梗多为单生,少束生,淡褐色,直或略弯曲,分隔多,分枝或于上部偶生分枝。分生孢子形状变化较大,有椭圆形、卵形或倒棒状,基部宽,向上渐窄,黄褐色,具3～6个横隔,部分细胞有纵、斜隔,分隔处稍缢缩,孢子大小为(16.5～27.9)μm×(7.6～11.4)μm,分生孢子多数有喙,喙大小为(4.8～22.6)μm×(3.6～5.6)μm(图31-4)。

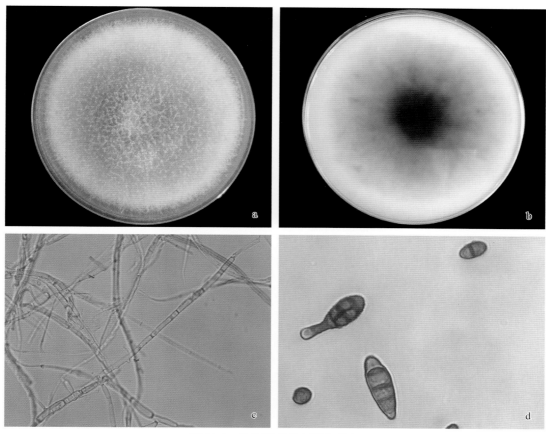

图31-4　川芎褐斑病病原菌形态
a、b.培养性状　c.菌丝　d.分生孢子

【发生规律】

该病于5月上旬开始发病，5月底至6月初川芎即将收获时于大田普遍发生，7—8月苓种叶片老熟后发病严重。病原菌可大量存在于土壤、空气和作为培养料的各种有机质上，其孢子能通过空气传播。灭菌不彻底及土壤含水量偏高和温度高的条件有利于该病发生。田间管理不良、土壤肥力偏低的坡地以及相对较干旱的条件下该病容易发生。

【防控措施】

1.农业防治　田间病残体、杂草要及早清除并销毁。川芎生长期发现病株立即拔除并销毁。合理轮作，禁止连作或与其他感病寄主轮作。加强田间管理，注意田间土壤湿度管理，不宜过湿或过干，应保持土壤干湿均匀。

2.生物防治　研究发现拟康氏木霉和黑根霉混合发酵液可以防治链格孢菌，并且提高植株叶片中防御酶的活性，具有诱导抗性的功能。

3.化学防治　发病初期可选用50%多菌灵可湿性粉剂1 000倍液喷施植株，隔7～10d后再洒施1次，能有效杀灭病原菌，抑制病害蔓延。用1∶1∶100波尔多液或45%代森铵水剂800倍液喷洒防治，每10d喷施1次，连续2～3次。

第三节　川芎根结线虫病

川芎根结线虫病可，导致川芎根部产生多个瘤状物，致使植株生长缓慢、叶片发黄，最后全株枯死，影响川芎的生长与品质。该病害在四川等川芎主产区发生普遍，一般发病率为5%～30%，部分地区发病严重时可达50%以上。

【症状】

根结线虫主要为害川芎根部，侧根和须根最易受害，地上部分也能表现明显症状。根结线虫为害根部，一是通过直接的机械损伤，破坏寄主表皮细胞；二是以吻针刺伤寄主，分泌唾液，破坏寄主细胞的正常代谢功能而产生病变，使根部变形或使植株内部组织受到破坏。根系受害后形成大小和形状不同的瘤状根结，有的呈串珠状，初为白色，质地柔软，后期变为淡褐色，表面有龟裂。发病后根系吸收、输送养分和水分的能力下降，形成弱苗，影响产量。重病株地上部分表现营养不良，植株大小不一、不整齐，多矮小、瘦弱、生长缓慢、中午萎蔫，早晚恢复，严重者全株枯死；叶片小，叶色变浅、变黄，似缺素症；落花落果，果实小而畸形（图31-5）。

图31-5　川芎根结线虫病症状

【病原】

川芎根结线虫病病原为南方根结线虫（*Meloidogyne incognita*）。其完整生活史需经卵、幼虫、成虫3个阶段。气温达10℃以上时，卵可孵化，幼虫多在土层5～30cm处活动。南方根结线虫在温室一年发生10代左右，每头雌虫产卵300～800粒，温度为25～30℃时，25d可完成一个世代，适宜土壤相对湿度为40%～70%，适宜土壤pH为4.0～8.0。土壤温度高于40℃或低于10℃时南方根结线虫很少活动，致死温度为55℃。二龄幼虫为根结线虫的侵染龄期，通常由植株的根尖侵入，通过挤压细胞壁间的空隙在细胞间运动，完成对植株的侵染，并刺激寄主细胞加速分裂，使受害部位形成根瘤或根结（图31-6）。

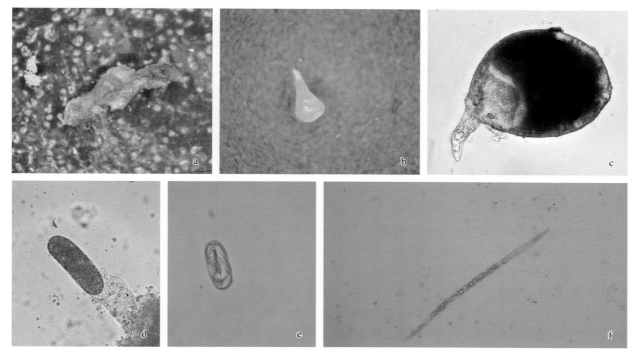

图31-6　南方根结线虫形态

a～c.南方根结线虫雌虫　d、e.南方根结线虫卵　f.南方根结线虫幼虫

【发生规律】

南方根结线虫以卵或其他虫态在土壤中越冬，在土壤内无寄主植物存在的条件下，可存活3年之久。南方根结线虫在土壤中活动范围很小，一年内移动距离不超过1m。因此，初侵染源主要是病土、病苗及灌溉水。南方根结线虫远距离的移动和传播，通常借助于流水、风、病土搬迁和农机具附带的病残体完成。土壤湿度是影响卵孵化和繁殖的重要条件，雨季有利于线虫的孵化和侵染，但在干燥或过湿土壤中，其活动受到抑制。适宜南方根结线虫生存的土壤pH为4.0～8.0，地势高、土壤质地疏松、盐分低的田间条件适宜南方根结线虫活动，有利于发病，一般沙土较黏土发病重，连作地发病重。

【防控措施】

1.农业防治　及时清洁田园，清除残留在露地和棚室内的病残体，减少翌年初侵染源，可有效控制病害发生。合理灌溉、施肥培育壮苗，增加川芎苗对南方根结线虫的抵抗能力。合理轮作，将川芎和非南方根结线虫寄主植物进行轮作，可有效降低土壤中残留幼虫和虫卵，降低病害发生概率。

2.物理防治　水淹处理，减少土壤中氧气含量，根结线虫会缺氧死亡。棚室内高温处理，天气炎热时关闭棚室门，利用高温杀死土壤中的卵和幼虫。

3.生物防治　目前应用较多的生防真菌为淡紫拟青霉（*Paecilomyces lilacinus*），此内生真菌可有效降低南方根结线虫的数量和卵囊数量。

4.化学防治　在川芎播种或定植前，每平方米用98%棉隆颗粒剂0.3～0.5g，对水稀释3 500～7 500倍撒施在土表进行土壤消毒，有条件的可用地膜覆盖48～72h。生长期发病时，用1.8%阿维菌素乳油3 500～7 000倍液浇灌植株基部。

第四节 川芎偶发性病害

表31-1 川芎偶发性病害特征

病害（病原）	症 状	发生规律
菌核病（*Sclerotinia sclerotiorum*）	主要为害叶片和根颈。川芎植株下部叶片枯黄，根颈腐烂，茎秆基部出现黑褐色病斑，稍凹陷；后腐烂区域逐渐扩大，直至川芎全株枯死倒伏	病原菌以菌核在土壤或混杂在种子中越冬，成为翌年的初侵染源。越冬的菌核产生子囊盘及子囊孢子，借助气流、雨水传播。南方2—4月及11—12月易发病。相对湿度高于85%、温度为15～20℃利于菌核萌发和菌丝生长、侵入及子囊盘产生。因此，低温、湿度大或多雨的早春或晚秋有利于该病发生和流行
白粉病（*Erysiphe polygoni*）	主要为害叶片。从下部叶片开始发病，叶表面出现灰白色粉状物，后逐渐向上部叶片和茎秆蔓延。发病后期，病部出现黑色小点，严重时茎叶变黄枯死	主要发病时间为每年的6—7月，在高温、高湿的环境下更容易发病
灰霉病（*Botrytis cinerea*）	在苗期、成株期均有发生。苗期染病，多从苗的上部或曾经受伤害包括机械伤、冻伤等部位开始。病部呈灰褐色腐烂状，表面密生灰色霉层。成株期染病，多从叶尖、叶缘开始，向叶内呈V形发展。初为水渍状坏死斑，浅褐色。湿度大时，病斑快速发展成不规则形，有深浅颜色相间如轮纹的大病斑，表面生灰色霉层	病原菌以菌核在土壤或病残体上越冬越夏，最适生长温度为20～30℃。病原菌耐低温，在7～20℃产生大量孢子。如遇连阴雨或寒流大风天气，放风不及时，密度过大，幼苗徒长，分苗移栽时伤根、伤叶，都会加重病害发生

第三十二章 PART THIRTY-TWO

当 归 病 害

当归 [*Angelica sinensis* (Oliv.) Diels] 又名岷归、秦归、西当归、川归等，为伞形科当归属多年生草本植物。

当归主产于甘肃、四川及云南等省份，陕西、贵州、湖北等省份也有生产，以甘肃省岷县的产量最大，质量最好。当归秋末采挖。以根入药，味甘、辛，性温，归于心、肝、脾经；有补血活血、温中止痛、润肠通便的功效。其在临床上应用广泛，主要用于治疗月经不调、痛经、血虚或血瘀闭经、血虚头痛、血虚便秘、贫血、风湿痛等血虚血瘀诸症，被欧洲人誉为"妇科人参"；亦用于治疗痈疽疮疡、跌打损伤、久咳等症。

当归主要病害有茎线虫病（麻口病）、根腐病、水烂病、褐斑病、白粉病、炭疽病及矮缩病毒病等。其中茎线虫病是当归的主要病害。

第一节　当归茎线虫病

当归茎线虫病（麻口病）是当归最主要的根部病害，致病因素复杂，为害严重，防治难度大。该病常年发病率为60%～70%，严重影响当归的产量和质量。该病发生普遍，在全国当归种植区均有发生。

【症状】

该病主要为害当归根部，发病植株地上部无明显症状。发病初期，病斑多见于土表以下的叶柄基部，产生红褐色斑痕或条状斑，与健康组织分界明显，严重时导致叶柄断裂，叶片由下而上逐渐黄化、枯死、脱落，但不造成死苗。根部感病，初期外皮无明显症状，纵切根部，局部可见褐色糠腐状坏死，随着当归根部的增粗和病情的发展，根表皮呈现褐色纵裂纹，裂纹深1～2mm，根毛增多和畸化。严重发病时，当归头部整个皮层组织呈褐色糠腐状，其腐烂深度一般不超过形成层。个别病株从茎基处变褐，糠腐达维管束内。轻病株地上部无明显症状，重病株则表现矮化，叶细小而皱缩（图32-1）。此病常与根腐病混合发生。

【病原】

当归茎线虫病病原为腐烂茎线虫（*Ditylenchus destructor* Thorne），属动物界线虫门茎线虫属，又名马铃薯茎线虫、马铃薯腐烂线虫、甘薯茎线虫。该虫的雌、雄成虫呈长圆筒状蠕虫形，体长996.67～1 650.00μm。雌虫一般大于雄虫，虫体前端稍钝，唇区平滑，尾部呈长圆锥形，末端钝尖，虫体表面角质层有细环纹，侧线6条，吻针长12～14μm，食道垫刃型。中食道球呈卵圆形，食道腺

图32-1 当归茎线虫病（麻口病）症状
a.田间症状 b.根部症状 c.初期症状 d.后期症状

叶状，末端覆盖肠前端腹面。阴门横裂，阴唇稍突起，后阴子宫囊一般达阴门2/3处。雌虫一次产卵7 ～ 21粒，卵长圆形，大小为60.33μm×26.39μm。雄虫交合刺长22.37μm，后部宽大，前部逐渐变尖，中央有2个指状突起。交合伞包至尾部2/3 ～ 3/4处（图32-2）。该线虫是一种迁移性植物内寄生线虫，寄主范围广泛，已知的寄主植物有90多种。主要为害马铃薯、甘薯、人参、大丽花、鸢尾等植物块茎、鳞茎、球茎和块根，是我国和许多国家、地区的检疫性有害生物。

【发生规律】

该线虫以成虫及高龄幼虫在土壤、自生当归以及病残组织中越冬，是来年的主要侵染源。从当归栽植到收获的整个生育期（4—9月），该线虫均可侵入幼嫩肉质根内繁殖为害，以5—7月侵入的数量最多，也是田间发病盛期。被侵染的种苗，病区的土壤、流水、农具等可黏附线虫传播。地下害虫为害严重时，该病害发生也严重。

茎线虫病的发生与土壤内病原线虫的数量、温度和当归生育期有关。病区10cm土层内的线虫数量最多。当归根对线虫有诱集作用，当归头部受害重。线虫活动的温度范围为2 ～ 35℃，最活跃的温度为26℃，温度过高或过低，活动性均降低。相对湿度低于46%时，该线虫难以生存。在甘肃省岷县，该线虫一年可发生6～7代，每代需21～45d，地温高完成一代所需的时间短。甘肃省岷县、渭源县和漳县均严重发生，是引起当归减产的主要原因之一。

【防控措施】

1.科学选地　种植当归地块最好在伏天耕翻晒垡1个月以上，这样可以消灭部分病原和寄生线虫卵，降低来年当归种植时病害的发生率。

2.耕作栽培措施

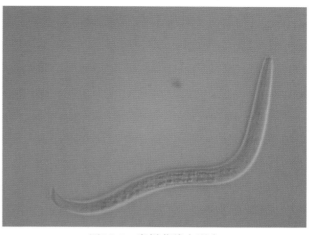

图32-2　腐烂茎线虫形态

（1）选用抗病品种。在当归种植时，根据当归产区病害种类和气候特征，选用岷归系列品种岷归1号、岷归2号、岷归3号等对当归病害抗性好的品种。

（2）提倡起垄栽植。先起垄后覆膜，垄向与坡向一致，有利于雨季排水，降低田间湿度。地膜选用厚度大于0.01mm的黑色高压聚乙烯地膜为好，可抑制杂草生长。中耕除草时避免伤根伤苗。

（3）培育健苗。选择高海拔（2 000m以上）的生荒地育苗，减少幼苗染病；最好对育苗地进行土壤处理，每亩用98%棉隆微粒剂5～6kg加细土3kg拌匀，撒于地面，翻入土中20cm，20d后再松土栽植。贮苗时，精选种苗，淘汰病苗和带伤苗。栽植时选用无机械损伤、侧根少、表面光滑的种苗。

（4）合理轮作及施肥。与麦类、油菜等作物实行轮作，切勿与马铃薯、蚕豆、苜蓿、红豆草等植物轮作；使用充分腐熟的鸡粪等有机肥。

（5）清洁田园。及时清除腐烂病根等病残体，减少侵染源。及时中耕除草，并将挖出的杂草捡出田块，防止杂草腐烂污染田块。

3.土壤消毒　栽植前用3%辛硫磷颗粒剂，按3kg/m²拌细土撒于地面，翻入土中，或用1.8%阿维菌素乳油2 000倍液及50%硫黄悬浮剂200倍液喷洒栽植沟或用5亿活孢子/g淡紫拟青霉颗粒剂41.25kg/hm²穴施处理栽植穴。

4.种苗消毒　采用温汤浸种对种子进行消毒处理。播前3～4d，将种子在室温下浸泡15min，后转入种子量3倍的50～55℃的热水中烫种10～15min，不停搅动，捞出种子并置于20～30℃温水中浸泡12h，后捞出在室温条件下覆盖保湿，每天翻动1次，少数种子露白即可播种。

5.药液蘸根　用1.8%阿维菌素乳油2 000倍液蘸根30min，晾干后栽植。

第二节　当归根腐病

根腐病是影响当归生产的主要病害之一，在当归种苗移栽至收获的整个生育期均有发生，是常见的根部病害。该病发生较普遍，在全国当归种植区均有发生。

【症状】

在整个当归生长季节均可发生。发病初期，仅少数侧根和须根感染病害，后随着病情发展逐渐向主根扩展，早期发病植株地上部分无明显症状。随着根部腐烂程度的加重，植株上部叶片出现萎蔫，但夜间可恢复，几天后，萎蔫症状夜间也不能恢复。挖取发病植株，可见主根呈锈黄色，腐烂，只剩下纤维状物，极易从土中拔起。地上部植株矮小，叶片出现椭圆形褐色斑块，严重时叶片枯黄下垂，最终整株死亡（图32-3）。

图32-3　当归根腐病症状

a.地上部症状　b.根部症状

【病原】

当归根腐病由子囊菌无性型镰孢菌属（*Fusarium* spp.）真菌单株侵染或多株复合侵染引起。尖孢镰孢菌（*F. oxysporum* Schltdl. ex Snyder et Hansen）、燕麦镰孢菌 [*F. avenaceum* (Fr.) Sacc.]、腐皮镰孢菌 [*F. solani* (Mart.) Appel et Wollenw. ex Snyder et Hansen]、芬芳镰孢菌（*F. redolens* Wollenw.）、木贼镰孢菌 [*F. equiseti* (Corda) Sacc.] 及拟轮枝镰孢菌 [*F. sporotrichioides* (Sacc.) Nirenberg] 均可为害当归根部，但各地优势病原菌有差异。其中，根据甘肃省不同当归产区样本病原菌鉴定情况，尖孢镰孢菌为优势菌。

尖孢镰孢菌在PDA培养基上于25℃培养3d菌落直径为3.1mm，6d直径为4.8mm，9d直径为5.7mm，正面菌丝由内向外为粉白色、桃粉色，外圈为白色，绒状密集；背面培养基中央为玫瑰红色边缘红色。在SNA培养基上于25℃培养3d菌落直径为2mm，6d直径为4.1mm，9d直径为5.2mm，正面菌毛白色，中央带粉色，浓密；背面培养基内圈浅粉色，外圈白色。在CLA培养基上于25℃培养3d菌落直径为2.4mm，6d直径为7.0mm，9d直径为8.2mm，正面菌丝白色与粉色夹杂，边缘可见羽毛样状菌丝团块；背面培养基米白色半透明，可见粉色菌丝。

尖孢镰孢菌在PDA培养基上大型分生孢子美丽型，无足细胞，顶细胞钝型、渐尖；小型分生孢子椭圆形、肾形、纺锤形、钩形；产孢梗为单瓶梗；厚垣孢子不规则形。在SNA培养基上大型分生孢子美丽型，无足细胞，顶细胞渐尖、鸟嘴形；小型分生孢子椭圆形、肾形、纺锤形、钩形；产孢梗为单瓶梗；厚垣孢子串生、不规则形、重叠。在CLA培养基上大型分生孢子美丽型，足细胞不明显，顶细胞钝型，大小为（27.5～47.5）μm×（3.75～7.5）μm，1～5个隔膜；小型分生孢子肾形，大小为（3.75～15）μm×（2.5～7.5）μm，0～3个隔膜；产孢梗为单瓶梗；厚垣孢子串生，大小为（2.5～3.75）μm×（2.5～5）μm（图32-4）。

【发生规律】

病原菌在土壤内和种苗上越冬，成为来年的初侵染源。一般在5月初开始发病，6月逐渐加重，7—8月达到发病高峰，一直延续到收获期。地下害虫造成伤口、灌水过量和雨后田间积水、根系发育不良等因素均加重发病。此病往往与当归茎线虫病混合发生。

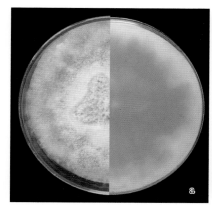
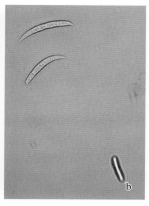
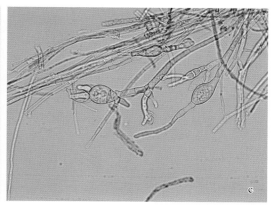

图32-4 尖孢镰孢菌形态
a.培养性状 b.大型分生孢子 c.厚垣孢子

【防控措施】

1.科学选地 选好地块，深翻晒土。当归种植多在高寒阴湿区，夏秋作物收获相对较晚，所以在前茬作物收获后应及时确定下年栽种当归的地块。选择排水良好、透水性强的沙质壤土地块，及时深翻晒地，既可消灭根腐病病原菌数量，又可以减轻来年草害。

2.耕作栽培措施 轮作倒茬，与禾本科作物、十字花科植物进行轮作倒茬。发现病株，及时拔除，并用生石灰消毒病穴；收获后彻底清除病残组织，减少初侵染源。

3.药液蘸根 用1∶1∶150波尔多液浸种苗10～15min，或用50%多菌灵可湿性粉剂1 000倍液浸苗30min，晾干后栽植。

4.土壤处理 育苗地及大田栽植前每亩用20%乙酸铜可湿性粉剂200～300g，加细土30kg，拌匀后撒于地面，翻入土中，或每亩用3%辛硫磷颗粒剂3kg拌细土混匀，栽植时撒于栽植穴可兼防当归茎线虫病和根腐病。

5.种苗消毒 移栽时，用70%甲基硫菌灵可湿性粉剂1 000倍液或25%多菌灵可湿性粉剂500倍液浸种苗10min，可消除种苗表面的病原菌。移栽前翻地时，可用1%硫酸亚铁进行土壤消毒或在移栽前用波尔多液、40%敌磺钠可湿性粉剂800倍液浸苗10min，进行种苗消毒。

第三节 当归水烂病

水烂病是近年来当归种植中普遍发生的一种根部病害，可造成当归大面积死亡，发病严重地块发病率高达60%，严重影响当归的产量和品质。目前已知有当归水烂病发生的省份主要为甘肃省。

【症状】

病原菌从当归根、茎交界处开始侵染。发病初期，仅在叶柄基部呈现水渍状斑，植株地上部生长正常；随着病害发展，叶柄基部出现软腐，挤压当归头部，可见有液体流出并伴有水泡，整株叶片萎蔫，地上部分呈枯萎状，后期地上部全部枯死，同时地下根腐烂（图32-5）。

【病原】

当归水烂病病原菌为原核生物界假单胞菌

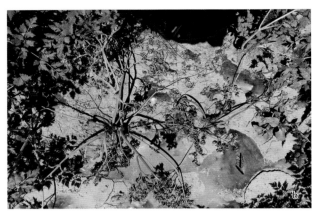

图32-5　当归水烂病症状

a、b.田间症状　c.根部症状

属荧光假单胞菌 [*Pseudomonas fluorescens* (Trev.) Migula]。该菌菌落在NA培养基上不透明，4 ～ 5d
菌落略显黄色，中间形成雪花状白色小点且向内凹陷；在KB培养基上生长快，菌落透明，产生可扩
散性黄绿色荧光色素。菌体杆状，大小为（0.7 ～ 0.8）μm×（2.3 ～ 2.8）μm，革兰氏染色阴性。该
菌最适生长温度为25 ～ 30℃，具有运动性，不耐盐，能溶解于3%的KOH溶液，紫外灯下产生黄绿
色荧光，严格好氧，水解淀粉，硝酸盐还原阴性，接触酶反应阳性，可利用葡萄糖、麦芽糖、肌醇、
D-甘露糖、甘油等，不能利用L-山梨糖（图32-6）。

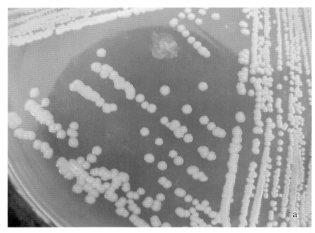
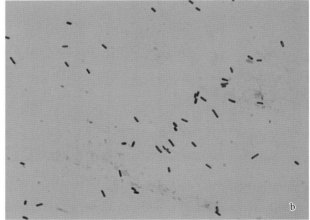

图32-6　当归水烂病病原菌形态

a.培养性状　b.菌体形态

【发生规律】

　　病原菌随病残体在土壤中或在带菌当归苗中越冬，成为来年的主要初侵染来源。来年栽植带菌
种苗可引起幼苗发病。发病后病原菌可通过雨水、昆虫和农事操作等传播。潮湿环境有利于病原菌的
生长繁殖，加重病害发生。

【防控措施】

　　1.栽培措施　重病田与非寄主作物实行2年以上的轮作。收获后清除病残株。

　　2.药剂防治　可选用30%琥胶肥酸铜可湿性粉剂400倍液、3%中生菌素可湿性粉剂600倍液
等进行浸菌处理；在发病初期选用77%氢氧化铜可湿性粉剂400倍液、50%氯溴异氰尿酸可溶粉剂
1 200倍液、30%琥胶肥酸铜可湿性粉剂400倍液、3%中生菌素可湿性粉剂600倍液、0.3%四霉素水
剂600倍液灌根。

第四节　当归褐斑病

褐斑病是当归叶部常见病害之一，在我国当归种植区均有分布，在陕西省的太白县、宝鸡市、陇县、风县、平利县以及甘肃省的岷县、渭源县和漳县均严重发生。

【症状】

该病为害当归的叶片、叶柄。叶面初生褐色小点，后扩展呈多角形、近圆形、红褐色斑点，直径为1～3mm，边缘有褪绿晕圈。后期有些病斑中部褪绿变灰白色，其上生有黑色小颗粒，即病原菌的分生孢子器。病斑汇合时常形成大型污斑，有些病斑中部组织脱落形成穿孔，发病严重时，全田叶片发褐，焦枯（图32-7）。

图32-7　当归褐斑病症状

a、b.田间症状　　c、d.叶片症状

【病原】

当归褐斑病病原菌为子囊菌无性型壳针孢属娥参壳针孢（*Septoria anthrisci* Pass. et Brunaud）。分生孢子器扁球形或近球形，黑褐色，直径为67.2～103.0μm（平均为84.5μm），高62.7～89.6μm（平均为78.1μm）。分生孢子针状、线状，直或弯曲，无色，端部较细，隔膜不清，大小为（22.3～61.2）μm×（1.2～1.8）μm（平均为44.2μm×1.7μm）。娥参壳针孢在PDA培养基上菌落黑褐色，隆起，表面绒状，较密。20d后菌落直径6.3cm。菌丝生长、分生孢子萌发和产孢的适宜温度分别为5～30℃（最适15～25℃）、5～30℃（最适20℃）和5～25℃（最适15℃）；连续光照有利于病原菌的生长、萌发和产孢；在75%以上的相对湿度中分生孢子均可萌发，以水中萌发最好；菌丝在pH为4.0～10.0范围内均能生长，以pH 5.5生长最快；适宜产孢pH为4.5～7.5，其中以pH6.0产孢量最大。当归叶片浸渍液、葡萄糖液对孢子萌发有较强的促进作用，而蔗糖液和土壤浸渍液则对其有抑制作用；葡萄糖、D-半乳糖等作为碳源时对其生长有促进作用；在以谷氨酸作氮源的培养基上生长最快，甘氨酸、脯氨酸和蛋白胨可促进其产孢（图32-8）。

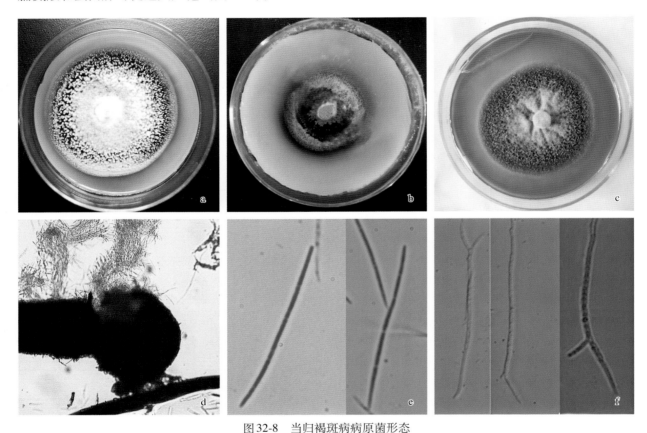

图32-8　当归褐斑病病原菌形态

a.在PDA培养基上的培养性状　b.在OA培养基上的培养性状　c.在MEA培养基上的培养性状
d.分生孢子器　e.孢子形态（示隔膜）　f.萌发的分生孢子

【发生规律】

病原菌以菌丝体及分生孢子器随病残组织在土壤中越冬。翌年，以分生孢子引起初侵染。生长期产生的分生孢子借风雨传播进行再侵染。温暖潮湿和阳光不足有利于发病。一般5月下旬开始发病，7—8月发病加重，并延续至收获期。病原菌基数大、湿度大发病重。

【防控措施】

1.栽培措施　初冬彻底清除田间病残体，减少初侵染源；轮作倒茬。

2.药剂防治　发病初期喷施70%丙森锌可湿性粉剂200倍液、70%甲基硫菌灵可湿性粉剂600倍液或10%苯醚甲环唑水分散粒剂600倍液，防效均可达71%以上，并且具有较好的增产作用。一般7～10d喷施1次，连续喷2～3次，交替使用药剂。

第五节 当归白粉病

白粉病是当归种植中常年发生的一种叶部病害，可引起叶片早枯，是当归生产中的重要病害。该病发生较普遍，在我国当归种植区均有分布，在甘肃省渭源县、岷县及漳县发病率可达40%~85%。

【症状】

该病为害当归的叶片、花、茎秆。初期，叶片出现小型白色粉团，后扩大成片至叶片全部覆盖白粉层，叶片发黄。发病严重时，叶变细，呈畸形至枯死。后期白粉层中产生黑色小颗粒，即病原菌的闭囊壳（图32-9）。

图32-9 当归白粉病症状

a.叶片症状　b茎部症状

【病原】

当归白粉病病原菌为子囊菌门白粉菌属独活白粉菌（*Erysiphe heraclei* DC.）。闭囊壳聚生或散生，埋生于菌丝体中，暗褐色至黑色，扁球形、近球形，直径为76.0~147.8μm（平均为103.2μm）。附属丝丝状，个别附属丝顶端1~2次分枝，长宽分别为26.9~129.9μm、4.7~5.9μm（平均分别为50.8μm、5.3μm），有隔。闭囊壳内有子囊4~6个，子囊广卵形、椭圆形，有小柄，大小为（51.7~61.2）μm×（35.3~42.3）μm（平均为54.7μm×39.1μm），囊内有子囊孢子4~6个。子囊孢子椭圆形、卵形，淡黄褐色，壁厚，大小为（15.3~21.2）μm×（10.6~14.1）μm（平均为18.4μm×12.4μm）。分生孢子桶形、腰鼓形，单胞，无色，大小为（25.9~38.8）μm×（12.9~16.5）μm（平均为32.9μm×15.1μm）（图32-10）。

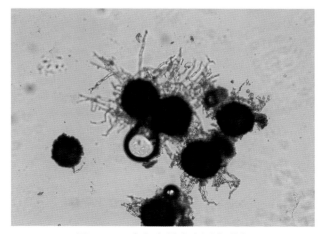

图32-10 当归白粉病病原菌形态

【发生规律】

病原菌以闭囊壳及菌丝体在病残体上越冬。越冬的闭囊壳来年释放子囊孢子，进行初侵染。越冬的菌丝体第二年直接产生分生孢子传播为害。分生孢子借气流传播，不断引起再侵染。分生孢子萌发的适宜温度为18 ～ 30 ℃，相对湿度在75%以上，潜育期2 ～ 5d。管理粗放、植株生长衰弱，有利发病。多在8月上旬发生，8月下旬至9月上旬为发病盛期，9月中旬开始产生闭囊壳。

【防控措施】

1. 栽培措施　收获后彻底清除田间病残体，减少初侵染来源。实行轮作，避免连作。
2. 药剂防治　发病初期喷施25%咪鲜胺乳油1 000 ～ 2 000倍液、40%嘧霉胺可湿性粉剂1 200倍液、50%异菌脲可湿性粉剂1 200倍液或50%咪鲜胺锰盐可湿性粉剂1 000 ～ 1 500倍液。

第六节　当归炭疽病

炭疽病是当归生产中的主要病害之一，主要为害当归茎秆。该病发生较为普遍，在湖北鄂西地区以及甘肃省定西市各当归主产区较大面积发生，严重影响当归的产量和品质。甘肃省渭源县、漳县及岷县等当归主产区严重年份发病率可达44%～ 85%。

【症状】

该病主要为害当归茎秆。发病初期先在植株外部茎秆上出现浅褐色病斑，随后病斑逐渐扩大，呈深褐色、长条形，叶片变黄枯死，后期茎秆及叶片从外向内逐渐干枯死亡，在茎秆上布满黑色小颗粒，即病原菌的分生孢子盘，最后茎秆腐朽变灰色至灰白色，整株枯死（图32-11）。

图32-11　当归炭疽病症状

a.田间症状　b.茎秆症状

【病原】

当归炭疽病病原菌为子囊菌无性型炭疽菌属束状炭疽菌 [*Colletotrichum dematium* (Pers.:Fr.)

Grove]。分生孢子盘黑褐色，扁球形、盘形或球形，直径为50～400μm，周围有褐色刚毛，刚毛直立、长短不等，长度为45～200μm，顶端尖，基部宽4～8μm，有0～7个隔膜。分生孢子有两种形态，一种为新月形，两端尖，无色透明，单胞，中间有一个油球，孢子大小为（18.0～24.5）μm×（3.5～5.0）μm；另一种孢子为卵圆形或椭圆形，无色透明，单胞，孢子大小为（9.7～16.5）μm×（2.5～4.0）μm（图32-12）。

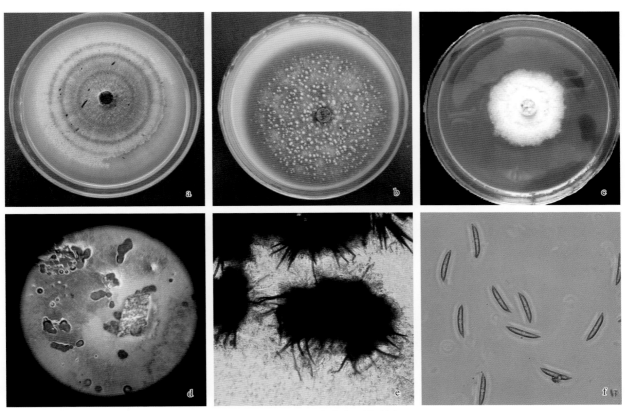

图32-12　当归炭疽病病原菌形态

a.在PDA培养基上的培养性状　b.在OA培养基上的培养性状　c.在MEA培养基上的培养性状　d、e.分生孢子盘　f.分生孢子

束状炭疽菌的菌丝生长和孢子萌发适宜温度均为25℃，产孢适宜温度20℃；相对湿度95%以上孢子可以萌发，水中萌发最好；适宜菌丝生长和产孢的pH分别为11.0和10.0；菌丝在葡萄糖、蔗糖、乳糖、麦芽糖、甘露醇和D-阿拉伯糖等7种碳源培养基上生长快，而甘露糖、D-半乳糖和氯醛糖等3种碳源为其不良碳源；大豆蛋白胨、L-亮氨酸等15种氮源培养基均有利于菌丝生长；蔗糖溶液能促进孢子萌发。

【发生规律】

病原菌可在土壤和病残组织上越冬，成为翌年的主要初侵染来源。翌年温湿度适宜时，病原菌可通过伤口、根部以及地上部自然孔口侵入茎秆。生长季节中，此病一般在6月中下旬开始发生，田间可见零星病株，但症状不典型，观察不到病症。7月株高20cm可见典型症状，有些株高不到30cm即严重发病，茎秆腐朽，表面布满黑色小颗粒。8月下旬到9月上旬达到发病高峰，田间发病程度与相对湿度和气温存在极显著正相关，即湿度大、温度高有利于病害发生。

【防控措施】

1.栽培措施　收获后及时清除病株残体，精耕细作、深翻土壤，减少初侵染源；注意轮作倒茬，此病在重茬地发病重，可与禾本科、十字花科植物轮作倒茬，以减少土壤中病原菌的积累。

2.药剂防治 发病初期喷施43％戊唑醇悬浮剂4 000倍液、30％醚菌酯可湿性粉剂1 200倍液、70％甲基硫菌灵可湿性粉剂800倍液、50％多菌灵可湿性粉剂600倍液、10％苯醚甲环唑可湿性粉剂1 000倍液或40％氟硅唑乳油8 000倍液。

第七节 当归矮缩病毒病

当归矮缩病毒病是近年来发生的一种新病害，病害症状典型，为害较重。主要发生在云南及甘肃岷县当归产区，其他当归产区未见。

【症状】

该病主要为害当归叶片。发病初期，植株上部少数叶片稍现畸形，叶面产生疱状皱缩；发病后期，新叶无法展开，叶片严重簇缩，植株矮化，叶色深绿（图32-13）。

图32-13 当归矮缩病毒病症状
a.田间症状 b、c.叶片症状

【病原】

当归矮缩病毒病由魔芋花叶病毒（*Konjac mosaic virus*，KoMV）侵染引起。

【发生规律】

初侵染源主要在当归种苗和多种植物上越冬。病原通过摩擦传播和侵入，农事操作也可传播，侵入后在寄主薄壁细胞内繁殖，后进入维管束组织传染整株。

【防控措施】

1. 培育无毒苗　通过茎尖脱毒培养无毒苗，或以种子繁殖获得无毒苗；在高海拔地区建立无病种子基地；间苗、定苗前要用肥皂将手洗干净，发现病株及时汰除。

2. 治虫防病　蚜虫发生初期，喷施10%吡虫啉可湿性粉剂1 500倍液、40%氰戊菊酯乳油6 000倍液或25%噻虫嗪乳油5 000倍液。

3. 药剂防治　发病初期用1.5%三十烷醇·硫酸铜·十二烷基硫酸钠乳剂1 000倍液，还可选用2%宁南霉素水剂，按有效成分90 ～ 120g/hm² 喷施，能预防和缓解该病害发生。

第八节　当归偶发性病害

表32-1　当归偶发性病害特征

病害（病原）	症　状	发生规律
菌核病 （*Sclerotinia* spp.）	为害茎秆。近地面茎秆发病后出现软腐，后变为空腔，发病部位可见白色菌丝及黑色鼠粪状菌核，叶片干枯，最后全株枯死	病原菌以菌核在病残体及土壤中越冬。第二年条件适宜时侵染当归苗引起病害。甘肃省岷县采用上一年种植蔬菜的日光温室育苗，此病发生较重
花叶病毒病 （ToMV）	主要为害叶片。有花叶、皱缩和蕨叶3种症状类型	病原菌主要在当归种苗和多种植物上越冬。通过摩擦传播和侵入，农事操作也可传播，侵入后在薄壁细胞内繁殖，后进入维管束组织传染整株
灰霉病 （*Botrytis cinerea*）	为害茎秆和叶片。茎秆受害后，中部衰弱组织出现软腐症状，受害部位产生大量灰色霉层，可围绕整个茎秆，致组织枯死。叶片受害出现圆形或 V 形病斑	病原菌以菌丝在病残体及土壤中越冬。翌春条件适宜时，在菌丝上产生分生孢子，借风雨传播进行初侵染，再侵染频繁。6月下旬开始发病，7月上旬为发病高峰，低温、多雨发生重，植株密集、低洼处发生较重
细菌性斑点病 （病原待定）	主要为害叶片。叶上病斑近圆形或不规则形，油渍状	病原菌随病残体在土壤中越冬。在阴湿和多雨条件下发生严重。一般6月在田间可见症状，7—9月发生普遍，发病率约45%，严重度1 ～ 2级

防风病害

防风 [*Saposhnikovia divaricata* (Turcz.) Schischk.] 为伞形科防风属多年生草本植物，春秋两季采挖未抽花茎的植株根，除去须根和泥沙，晒干后以根入药。防风主要分布于我国黑龙江、吉林、辽宁、内蒙古、河北、宁夏、甘肃、陕西、山西、山东等省份。防风味辛甘，性微温，含有挥发油类、色原酮类、香豆素类、多糖类、有机酸类等活性成分，具有祛风解表、胜湿止痛、止痉的功效。

防风主要病害有白粉病、斑枯病、灰霉病、根腐病，还有寄生植物菟丝子。

第一节　防风白粉病

白粉病是防风生产中的主要病害，该病害发生普遍，分布广泛，在各防风主产区均有发生，一般发病率为20%～30%，严重时可达50%以上。叶片常密布白色粉末状物，严重影响光合作用，使正常新陈代谢受到干扰，后期导致叶片提早枯死，对于种子成熟度及根部产量影响较大。

【症状】

该病主要为害叶片及嫩茎。初期在叶片及嫩茎上产生白色近圆形的点状白粉斑，以后逐渐扩大蔓延，甚至全叶及嫩茎被白色粉状物覆盖，即病原菌的分生孢子。后期病叶及茎上散生大量小黑点，即病原菌的有性世代闭囊壳。发生严重时叶片皱缩变小，嫩梢扭曲、畸形，花芽不开，导致落叶及茎干枯，产量受到损失（图33-1）。

图33-1　防风白粉病症状

【病原】

防风白粉病病原菌为子囊菌门锤舌菌纲锤舌菌亚纲白粉菌目白粉菌属独活白粉菌（*Erysiphe heraclei* DC.）。菌丝体生于叶的两面，消失或存留。分生孢子近柱形，少数桶形至柱形，大小为（20.3 ~ 40.6）μm×（12.7 ~ 17.8）μm。闭囊壳散生至近聚生，暗褐色，扁球形，直径为75 ~ 120μm。附属丝丝状、近二叉状或不规则分枝，大小为（30 ~ 125）μm×（3.8 ~ 8.9）μm，表面平滑至微粗糙，0 ~ 3个隔膜。子囊近卵形至球形，有或无短柄，大小为（45.7 ~ 83.8）μm×（38.1 ~ 49.5）μm。子囊孢子2 ~ 6个，卵圆至椭圆形，大小为（19.1 ~ 27.9）μm×（12.7 ~ 16.3）μm（图33-2）。该病原菌还可侵害蛇床、芫荽、胡萝卜、水芹、泽芹等多种植物。

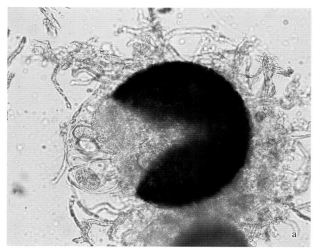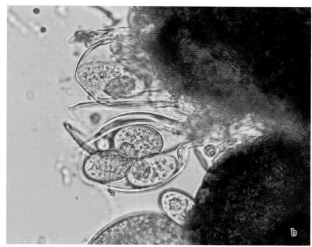

图33-2 防风白粉病病原菌形态
a.闭囊壳和附属丝　b.子囊和子囊孢子

【发生规律】

病原菌以闭囊壳在病株残体上越冬。翌年春季，温湿度条件适宜时闭囊壳释放出子囊孢子，子囊孢子从寄主表皮直接侵入引起初侵染。发病植株上产生的分生孢子通过风雨传播，进行频繁的重复侵染。温湿度条件与病害发生有密切关系，一般温度在20 ~ 24℃、空气相对湿度较高时，最利于白粉病的发生和流行。栽培管理上如浇水过多、施用氮肥过量、植株徒长、环境荫蔽、田间通风不良时发病也较重。

【防控措施】

1.**清理病残体** 冬前清除病残体，集中销毁，以减少田间侵染源。带有病残体的沤肥，需充分腐熟后方可施用。

2.**加强田间管理** 与禾本科作物轮作；加强栽培管理，合理密植，搞好田间的通风透光，适当增施磷、钾肥，避免低洼地种植。

3.**药剂防治** 发病初期喷洒0.3 ~ 0.5波美度石硫合剂，或每亩喷洒100亿芽孢/g枯草芽孢杆菌可湿性粉剂90 ~ 120g，或喷洒1%蛇床子素可溶液剂1 000 ~ 2 000倍液、15%三唑酮可湿性粉剂1 000倍液、50%多菌灵可湿性粉剂600倍液、25%戊唑醇水乳剂1 000 ~ 1 500倍液等。视病情隔7 ~ 10d喷1次，共喷2 ~ 3次。

第二节　防风斑枯病

斑枯病是防风生产中主要的叶部病害之一。该病发生普遍，一般发病率为10%～20%，常导致叶片枯死，提前脱落，严重时植株叶片大面积死亡，严重影响防风产量以及种子采收。

【症状】

该病主要为害防风叶片，还可为害叶柄、茎秆和花序。发病初期叶面边缘处生褐色小点，病斑圆形或近圆形，直径为2～5mm，后扩展到全叶，汇合形成不规则形大病斑，褐色，边缘深褐色，中央色稍浅，上生小黑点，即病原菌的分生孢子器。病情严重时，病斑连片干枯。该病秋季发生较普遍。叶柄受害，形成长条状褐色坏死病斑，并沿着叶柄及茎秆向上下延伸，导致叶部和茎部枯死。茎上初生长梭形病斑，灰褐色，后逐渐扩大呈黑色长条斑，茎上密生黑色小点，即分生孢子器。该病也可发生于抽薹茎下部，后逐渐蔓延到整个抽薹茎，致使抽薹茎萎蔫枯死，严重影响种子采收（图33-3）。

图33-3　防风斑枯病症状
a.叶片症状　　b.茎秆症状

【病原】

防风斑枯病病原菌为子囊菌无性型壳针孢属防风壳针孢（*Septoria saposhnikoviae* G. Z. Lu et J. K. Bai）。分生孢子器生于叶片两面，分散或聚集埋生于寄主表皮下，初埋生，后突破表皮，孔口稍外露，球形至近球形，淡褐色，直径为65～169μm，高60～110μm，器壁膜质，淡褐色，内壁无色，形成产孢细胞。分生孢子针形，基部钝圆，无色透明，正直或微弯，顶端略尖，1～4个隔膜，多数3个隔膜，大小为（20～45）μm×（1.5～2.5）μm（图33-4）。

【发生规律】

病原菌以分生孢子器在病残体上越冬。翌年条件适宜时，分生孢子器吸水膨胀，释放分生孢子进行初侵染。病斑上产生的分生孢子经风雨传播，不断引起再侵染。高温、高湿、持续阴雨有利发病。在东北地区该病一般于6月下旬始发，7—8月为发病盛期。

【防控措施】

1.注意田园卫生　冬前清园，彻底清除田间病残体，集中销毁，减少越冬菌源量。

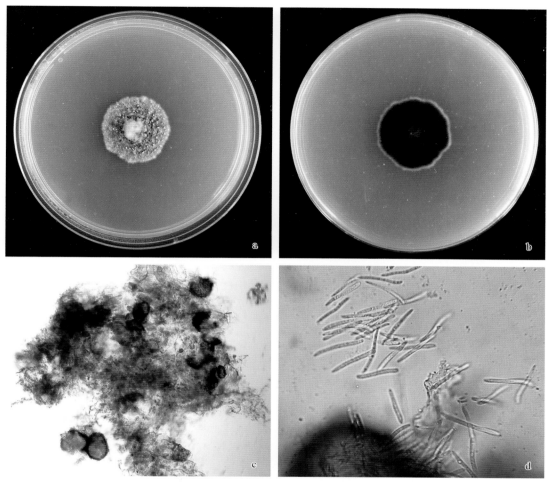

图33-4 防风斑枯病病原菌形态
a、b.培养性状 c.分生孢子器 d.分生孢子

2.加强栽培管理 栽培密度要适宜，不宜过密栽培。雨后及时排水，降低田间湿度，适时除草。

3.药剂防治 发病初期及时摘除病叶，并进行药剂防治。可选用50%多菌灵可湿性粉剂500倍液、30%苯甲·丙环唑乳油1 500～2 000倍液、77%氢氧化铜可湿性粉剂500倍液或70%代森锰锌可湿性粉剂500倍液喷雾防治。

第三节 防风灰霉病

灰霉病是防风生产中近年来的新发病害，一般发病率为5%～10%，以山区发病较重。该病主要为害叶片和茎秆，传播速度快，短期内可导致叶片和茎秆枯死。

【症状】

该病主要为害叶片、茎部等地上部位。发病初期在叶片上形成不明显黄色圆形斑点，中间坏死点褐色，扩大合并形成褐色病斑，严重时病斑布满叶面，天气潮湿时，表生大量灰色霉层，直至枯死。茎受害后，病斑梭形，水渍状，暗绿色，后变为褐色，其上亦有一层灰色霉状物（图33-5）。

【病原】

防风灰霉病病原菌为子囊菌无性型葡萄孢属灰葡萄孢（*Botrytis cinerea* Pers.:Fr.）。灰葡萄孢在

图 33-5　防风灰霉病症状

a.叶片症状　b.茎秆症状

PDA培养基上菌落初淡白色，后灰色，可产生菌核。菌丝透明，宽度变化不大，直径为5 ~ 6μm。孢子梗群生，不分枝或分枝，直立，有横隔，梗全长为315 ~ 958μm，直径为8.4 ~ 12.6μm。分生孢子丛生于孢梗或小梗顶端，倒卵形、球形或椭圆形，光滑，近无色，大小为（8.4 ~ 15.8）μm×（6.3 ~ 12.6）μm（图33-6）。

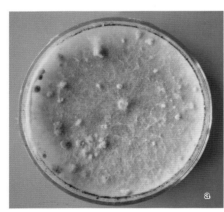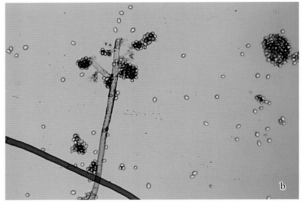

图 33-6　防风灰霉病病原菌形态

a.培养性状　b.分生孢子梗和分生孢子

【发生规律】

病原菌以菌丝体、菌核和分生孢子在地面病残体和土壤中越冬，翌年产生分生孢子通过雨滴飞溅到叶片上引起初侵染。分生孢子随风、雨传播引起再侵染。该病原菌喜低温高湿。在寡照条件下，温度为15 ~ 25℃，如遇降水，空气相对湿度达90%以上时有利于发病。地势低洼、排水不畅、植株过密时病害发生重。

【防控措施】

1.清除田间病残体　及时清除田园内的落叶及病残体，集中销毁，减少越冬菌源。

2.加强栽培管理　选择肥沃深厚、排水良好的沙壤土种植，不宜过密栽培。氮、磷、钾肥合理配施，提高植株抗病性。

3.药剂防治　发病初期，每亩可喷施1 000亿芽孢/g枯草芽孢杆菌可湿性粉剂40 ~ 60g、0.3%丁子香酚可溶液剂86 ~ 120mL、20%咯菌腈悬浮剂25 ~ 35mL或木霉菌水分散粒剂125 ~ 150g等药剂。

也可喷施43%腐霉利可湿性粉剂800倍液、70%甲基硫菌灵可湿性粉剂600倍液、50%腐霉利可湿性粉剂1 000倍液或40%嘧霉胺悬浮剂800 ~ 1 000倍液等药剂。

第四节 防风根腐病

根腐病是防风生产中的重要病害，一般发病率为2% ~ 10%，严重时可达15%以上，可导致植株地上部分枯死，地下部根及茎基部腐烂，严重时整个根系全部腐烂，严重影响防风产量。

【症状】

该病主要为害根部，整个生育期均可发病。发病初期遇高温天气，地上部分叶片开始出现萎蔫，早晚可恢复。随着病情发展，底层叶片逐渐黄化，全株生长势明显减弱，茎叶开始枯萎，最终全株死亡。受害植株易拔出，轻者须根少，主根和须根部分腐烂，发病重时茎基以下全部腐烂（图33-7）。田间湿度大时，可在发病部位看到白色或粉红色丝状物，为病原菌的菌丝和分生孢子。

图33-7 防风根腐病症状
a.田间症状 b.典型症状

【病原】

防风根腐病病原菌为子囊菌无性型镰孢菌属（*Fusarium* spp.）真菌。该属真菌有复合侵染现象，腐皮镰孢菌 [*F. solani* (Mart.) Appel et Wollenw. ex Snyder et Hansen] 和木贼镰孢菌 [*F. equiseti* (Corda) Sacc.] 均能导致根腐病发生。腐皮镰孢菌在PDA培养基上菌落初期白色，后期黄白色，气生菌丝稀疏，菌丝致密，边缘规则。大型分生孢子镰刀形或长柱形，大小为（21.23 ~ 32.69）μm ×（3.73 ~ 6.19）μm；小型分生孢子卵圆形或长卵圆形，大小为（5.67 ~ 12.46）μm ×（2.51 ~ 5.36）μm。木贼镰孢菌在PDA培养基上菌落初期粉色，后期黄粉色，边缘白色且不规则，菌丝发达致密。大型分生孢子镰刀形，两端细长，多为3 ~ 5个分隔，大小为（42.74 ~ 52.13）μm ×（3.28 ~ 4.47）μm（图33-8）。

【发生规律】

病原菌主要以菌丝体、厚垣孢子在土壤、种根及病残体中越冬，成为翌年初侵染源。病原菌越冬后从主根或须根的伤口侵入根系，也可直接侵入。该病一般从5月下旬开始发生，7—8月是病害的发生盛期，9月后逐渐减少。高温、高湿及连续阴雨天气有利于病害的发生。该病原菌为典型的土壤

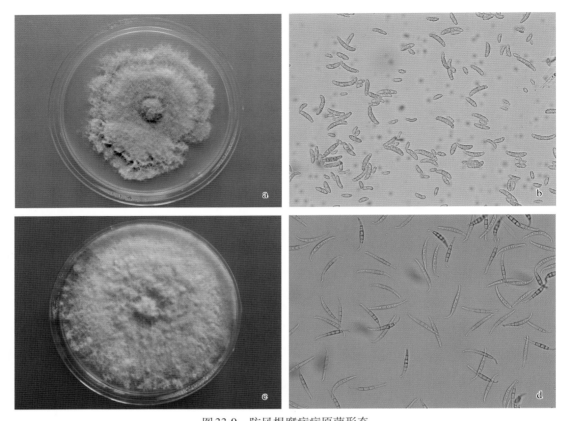

图33-9 防风根腐病病原菌形态

a.腐皮镰孢菌培养性状　b.腐皮镰孢菌分生孢子　c.木贼镰孢菌培养性状　d.木贼镰孢菌分生孢子

习居菌，可在土壤中存活3～5年。田间发病中心明显，病原菌可借雨水、灌水和农事操作传播蔓延。地下害虫和线虫为害可加重病害发生。土壤黏性大、易板结、通气不良的地块发病重。

【防控措施】

1.科学选地　以地势高、排水良好的沙壤地块为宜，避免低洼、土壤黏重、排水不畅地块。

2.合理轮作　忌重茬。可与玉米、水稻等非寄主作物轮作，轮作间隔3年以上为好，减少菌源基数，降低发病率。

3.及时清除田间病株　秋冬季节收获后要注意彻底清洁田园，病残体要集中深埋或销毁，减少翌年初侵染源。用生石灰对病穴周围的土壤进行消毒。或用50%多菌灵可湿性粉剂300倍液、50%甲基硫菌灵可湿性粉剂500倍液浇灌病穴，抑制病害蔓延。

4.加强栽培管理　合理施肥，提高植株抗病力。多施有机肥，增施磷、钾肥，遇到连阴雨天气和土壤湿度较大时，及时中耕松土，增加土壤透气度。

5.药剂防治　发病初期，可选用1亿活芽孢/g枯草芽孢杆菌微囊粒剂500～1 000倍液、50%多菌灵可湿性粉剂500倍液、50%甲基硫菌灵可湿性粉剂500倍液、3%嘧啶核苷类抗菌素水剂100～150倍液，或30%噁霉灵水剂1 500～3 000倍液浇灌根部，也可每亩用5%大蒜素微乳剂500～600mL稀释后浇灌根部。每隔10～15d浇灌1次，连续2～3次。

第五节　防风菟丝子

菟丝子在防风生产中为害极为严重，在各主产区均为主要病害，平均发病率在30%以上。其茎蔓缠绕防风茎叶，通过吸器从寄主茎上吸收生长所需的水分和养分，对产量影响较大。

【症状】

菟丝子主要为害防风茎部，以其线性黄绿色茎蔓缠绕在药用植物上，生出吸盘，吸收植株营养和水分。由于菟丝子生长迅速而繁茂，影响植物光合作用，而且营养物质被菟丝子所夺取，致使叶片黄化、干枯，长势衰落。发生严重时，整个植株被缠绕，一片枯黄甚至死亡（图33-9）。

【病原】

为害防风的菟丝子主要为日本菟丝子（*Cuscuta japonica*），属旋花科菟丝子属植物，是一种攀缘寄生的草本植物，没有根和叶，或叶片退化成鳞片状，无叶绿素，为全寄生植物。菟丝子藤茎丝状，黄白色或稍带紫红色。花不明显，白色、黄色或粉红色，呈球状花序。果实为开裂型球状蒴果，有种子2～4枚。种子较小，没有子叶和胚根（图33-9）。

图33-9　菟丝子为害防风症状

【发生规律】

成熟的菟丝子种子落入土壤中或混入种子中越冬。翌年5—6月寄主生长后才能萌发，种胚一端形成细丝状幼芽，并以粗棍棒状部分固定在土粒上，另一端脱离种壳形成缠绕丝，在空中旋转，遇到适合寄主则缠绕其茎，在接触处形成吸根，伸入寄主后分化为导管和筛管，分别与寄主的维管束系统连接，吸取寄主的养分和水分。寄生关系建立后，菟丝子与地下部分脱离。菟丝子种子的成熟期很不一致，边成熟边脱落，在田间不断形成寄生。其茎蔓再生力极强，折断后仅有一个生长点仍能寄生。春季多雨利于菟丝子种子萌发，夏季阴雨连绵，蔓延极快，为害严重并产生大量种子。

【防控措施】

1.汰除菟丝子种子　防风播种前过筛除去混杂的菟丝子种子。施用经过高温腐熟的厩肥或其他粪肥，避免菟丝子种子带入田间。

2.合理轮作　菟丝子为害严重的地块，可与禾本科等非寄主作物轮作，并结合深耕将菟丝子种子深埋。

3.加强田间管理　发现菟丝子，要及时拔除，最好在开花前连同缠绕的药用植物一起拔掉，要彻底拔除，否则留下部分菟丝子断茎仍会继续蔓延为害。

4.药剂防治　施用生物制剂有一定防治效果。用药前折断菟丝子茎蔓，并在雨后或小雨中施用，可提高防治效果。

第三十四章 PART THIRTY-FOUR

芍药病害

芍药（*Paeonia lactiflora* Pall.）是毛茛科芍药属多年生草本植物，是既能药用又能供观赏的经济植物。根药用，称"白芍"。

芍药主要分布于中国、朝鲜、日本、蒙古及俄罗斯（西伯利亚地区）；在中国分布于江苏、陕西、甘肃南部，四川、贵州、安徽、山东、浙江等省份及东北、华北地区，各城市公园也有栽培。在中国东北生长于海拔480～700m的山坡草地及林下，在其他各省份生长于海拔1 000～2 300m的山坡草地。芍药根用水煮沸后去皮，表面类白色或淡棕红色，光洁或有纵皱纹及细根痕，偶有残存的棕褐色外皮；能养血调经、敛阴止汗、柔肝止痛、平抑肝阳，用于治疗血虚萎黄、月经不调、自汗、盗汗、胁痛、腹痛、四肢挛痛、头痛眩晕。

芍药病害主要有黑斑病、炭疽病、白绢病、病毒病、白粉病、疫病等，其中黑斑病、炭疽病、白绢病和病毒病发生频繁，需重点防治。

第一节　芍药黑斑病

芍药黑斑病是芍药栽培品种上最常见的重要病害之一，在江苏、四川、山东、安徽等各个芍药栽培区均有发生。该病严重影响切花产量和"白芍"的产量。芍药黑斑病发病率一般为10%～50%，部分区域发病较为严重，发病率可达80%以上。

【症状】

一般植株下部叶片最先感病，逐渐蔓延至整株叶片。感病叶片初期出现略圆形针头状小斑点，严重时整叶焦枯；秋季病斑变黑褐色，焦脆，易破裂；后期病斑背面出现墨绿色霉状物。病害也为害幼茎，在茎上出现紫褐色长圆形小斑点，有些突起，病斑扩展慢，严重时也可相连成片。该病连年发生，削弱植株的生长势，致使植株矮小、花少而小，以致全株枯死（图34-1）。

【病原】

芍药黑斑病由子囊菌无性型链格

图 34-1 芍药黑斑病症状

a.田间症状 b、c.叶片症状

孢属链格孢菌 [*Alternaria alternata* (Fr.) Keissl.] 侵染引起。在PDA培养基上菌落灰色，菌丝和气生菌丝发达，起初无色，后变为程度不同的褐色，分隔，多分枝。分生孢子梗的上部形成短分枝的孢子链，支链一般长有几个分生孢子。分生孢子的形态、大小差异大，大小为 (20.0 ~ 39.0) μm × (8.0 ~ 14.5) μm，有喙，不良条件下可产生厚垣孢子，以度过外界不良环境 (图34-2)。

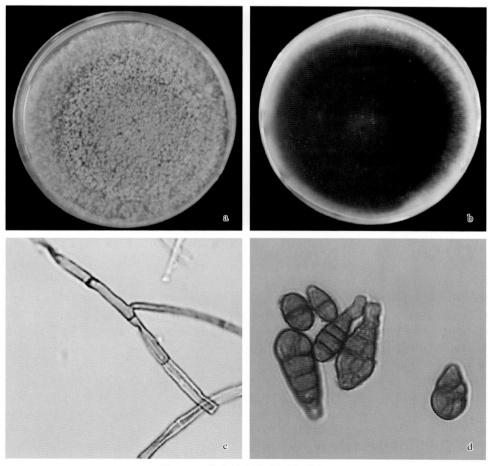

图 34-2 芍药黑斑病病原菌形态

a、b.培养性状 c.菌丝形态 d.分生孢子

【发生规律】

芍药黑斑病在不同地区、不同基地的发病时间、发病程度不同。菌丝体和分生孢子在地面病残体及病果壳上越冬，并能在种植圃遗留的肉质根上腐生。分生孢子靠风、雨、气流传播，可直接侵染健株，伤口更有利于其侵染。在20～24℃条件下，潜育期5～6d，8℃下潜育期延长至14d，且发病率低。田间叶、茎上病斑于3月出现，至5—6月梅雨季节前或秋末潮湿时才形成子实体，时间长达2个月以上，再侵染形成的病斑扩展很慢，到8月中旬，病斑才能形成墨绿色霉层。夏季高温少雨对病原菌子实体的形成、孢子萌发及菌丝的生长都很不利。病害严重程度主要取决于病原菌越冬后初次侵染的数量。栽培地植株生长郁闭、田间高湿，有利发病。

【防控措施】

1.选用抗病品种　种植高产抗病品种英雄花和金星闪烁等可有效减轻黑斑病的发生。

2.农业防治　秋季和早春彻底清除地面病残落叶，剪除茎基残余部分；对分株后残留的肉质根也要清除干净，并加垫肥土（厚约15cm）阻隔。当芍药栽3～4年后进行分根繁殖时，不再连作。控制栽种密度，改善通风情况；雨后及时排水，降低田园湿度；适当施肥调节植物长势。

3.药剂防治　早春植株萌发前，地面喷洒1次3%～5%石硫合剂，3月初喷第一次药，以后隔半个月再喷1次，连续喷洒2次；生长期发病，选用75%代森锰锌可湿性粉剂500倍液、50%多菌灵可湿性粉剂500倍液等，每隔10d喷1次，共喷2次。

第二节　芍药炭疽病

芍药炭疽病作为芍药上常见的病害，分布广泛，发生普遍。

【症状】

炭疽病可为害芍药叶片、茎秆和叶柄，尤其对幼嫩组织为害较重，严重影响了芍药的健康生长。叶部病斑初为长圆形，后略下陷；数日后扩大为黑褐色不规则的大型病斑。天气潮湿时病斑表面出现粉红色发黏的孢子堆，为病原菌分生孢子和胶质的混合物。严重时病叶下垂，叶面密生病原菌的孢子堆（图34-3）。茎上病斑与叶上产生的相似，严重时会引起折倒。

【病原】

芍药炭疽病病原菌为子囊菌无性型炭疽菌属胶孢炭疽菌 [*Colletotrichum gloeosporioides* (Penz.) Penz. et Sacc.]。在PDA培养基上菌落初为白色，后转为灰白色至灰色，最后变深灰色。气生菌丝密实，菌丝发达，毛绒状，培养一段时间后在菌落中间产生橘红色的孢子堆，后呈同心轮纹状，继续培养在橘红色孢子堆的孢子团外产生黑褐色的颗粒圈，此即子囊壳。胶孢炭疽菌的分生孢子盘生于表皮层下，无色或褐色，分生孢子梗不分枝，密集。孢子盘中间或边缘有刚毛，分生孢子近圆形或近圆柱形，单胞，无色（图34-4）。

图34-3　芍药炭疽病症状

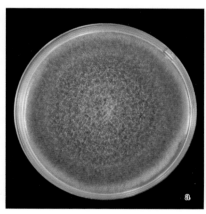
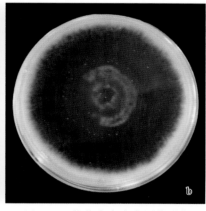
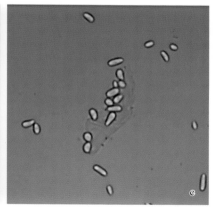

图34-4　芍药炭疽病病原菌形态
a、b.培养性状　c.分生孢子

【发生规律】

芍药炭疽病在不同地区、不同时间，发病程度不同。病原菌以菌丝体在病叶或病茎上越冬，翌年分生孢子盘产生分生孢子，借风雨传播，从伤口侵入为害，8—9月降雨多的年份发病重。盆栽放置过密或浇水不当，如晚间浇水，水分容易在叶面滞留，有利于病原菌分生孢子盘萌发侵入，易发病。

【防控措施】

1.选用抗病品种　种植高产抗病品种，可有效控制和减轻病害的发生。紫红魁和美菊对炭疽病具有较强的抗性。种植抗病品种时，应注意种子的提纯复壮，做到自选、自繁、自育，防止种性退化。

2.农业防治

（1）精选种子。种子带菌是该病发生的主要初侵染源之一，因此选用无病种子和进行种子处理是一项重要的防病措施。在病区应建立无病留种田，并做好种子处理工作，播种前应晒种和水选，汰除不饱满的病种，提高种子发芽率。

（2）加强栽培管理。施足基肥，早施苗肥，适时追肥，氮、磷、钾肥平衡施用，避免偏施和迟施氮肥，有利于植株健壮生长，提高抗病性。同时，田间清沟排渍、实行轮作等农业措施对减轻病害发生也有一定作用。

3.药剂防治

用咪鲜胺、多菌灵、多·福混剂拌种，对芍药炭疽病及其他苗期病害均有较好的防治效果。也可使用1：1：150波尔多液或50%甲基硫菌灵可湿性粉剂1 000倍液浸种10min，晾干后播种。发病初期施药防治，常用药剂有70%甲基硫菌灵可湿性粉剂1 000～1 200倍液、50%多菌灵可湿性粉剂800～1 000倍液喷洒，10d喷1次，喷洒3次。

第三节　芍药白绢病

白绢病是许多药材的重要病害，发生普遍，为害严重。可为害的药材有芍药、白术、丹参、绞股蓝、黄芪、黄连、乌头、茉莉、紫菀、香石竹、菊花、百合、鸢尾、太子参、玄参、桔梗、地黄等。另外，该病也为害其他花卉、农林植物等。芍药白绢病在四川德阳等芍药产区发生普遍，一般发生率5%～10%，严重时可达30%以上。

【症状】

芍药白绢病主要发生在幼苗近地面的根颈部。初发生时，病部的皮层变褐，逐渐向四周发展。病斑上产生白色绢丝状菌丝，菌丝体多呈辐射状扩展，蔓延至附近的土表。随病害发展，病苗的基部表面或土表的菌丝层上形成油菜籽状的菌核。菌核初为乳白色，渐转为米黄色，最终转为茶褐色。植株发病后，茎基部及根部皮层腐烂，水分和养分的输送被阻断，叶片变黄凋萎，全株枯死。枯死根颈仅剩下木质纤维组织，似一团乱麻，极易从土中拔出（图34-5）。

【病原】

芍药白绢病病原菌为担子菌无性型小核菌属齐整小核菌（*Sclerotium rolfsii* Sacc.）。齐整小核菌在PDA培养基上菌落圆形，菌丝白色绢丝状，有隔膜，多分枝，呈放射状扩散，直径为3.5～6.5μm

图34-5 芍药白绢病症状

a.叶部症状 b.根颈部症状 c～e.根部症状 f.最右端为健康植株，往左受害依次变重

（图34-6）。7～10d后菌落上菌丝集结产生菌核。菌核表生，球形，先呈白色后逐渐变为褐色，内部灰白色，表面光滑且具光泽，直径为0.5～0.8mm。

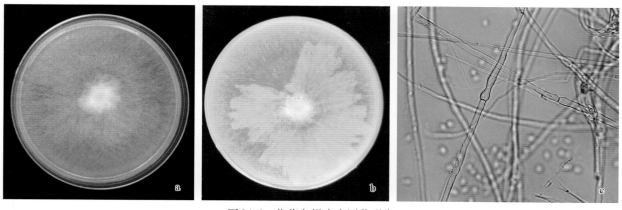

图34-6 芍药白绢病病原菌形态

a、b.培养性状 c.菌丝形态

【发生规律】

6月以后，当旬平均地温（15cm深土层）在25℃以上时，适宜本病的发生和发展，一般30～

35℃最为适宜。特别是7—8月平均地温在30℃以上、降水量多、湿度大的情况下，会引发芍药白绢病严重发生。病原菌一般以成熟菌核及菌丝体在土壤、杂草或病株残体上越冬。土壤带菌是主要初侵染源。病原菌可通过带菌种苗及带菌厩肥、灌溉水传播，以菌核和菌丝蔓延进行再次侵染。高温高湿有利于发病。地势低、排水不良、土壤湿度过高及日照不足的地块发病严重。

【防控措施】

1.农业防治

（1）发现病残体、杂草要及早清除销毁或深埋，生长期发现病株立即拔除。

（2）合理轮作。禁止连作或与其他感病寄主轮作，最好是与禾本科作物轮作3～5年，或水旱作物轮作。

（3）加强田间管理。选高燥地种植；避免耕翻后的表层土壤重新翻出土面；注意排水，做到雨过田干；播种或种植前最好翻15cm深；施用充分腐熟的有机肥料。

2.生物防治
利用抗生菌防治芍药白绢病有良好的效果。先培养好木霉的菌种，然后混合到灭过菌的麸皮上，配成木霉制剂。木霉制剂使用时，再与细土均匀混合施到土壤中，土壤要保持一定的湿度，促使木霉在土壤中大量生长和繁殖，以抑制白绢病病原菌的生长，从而达到防病的目的。

3.化学防治

（1）为了预防发病，可用石灰粉进行土壤消毒。

（2）发病初期可用45%代森铵水剂1000倍液或50%多菌灵可湿性粉剂1000倍液，均匀撒施于植株茎基部及其周围土壤，隔7～10d后再撒施1次，能有效杀灭土壤中的病原菌，抑制病害蔓延。

第四节 芍药病毒病

病毒病是芍药生产上的常见病害，在江苏、四川、安徽等产区广泛分布，一般零星发生，部分田块发生较重，对芍药的生长有较大影响。

【症状】

病株叶片产生环状或线状斑、各种变色区和斑纹，并发展成小型坏死斑，有时形成深绿、浅绿相间的同心轮纹环斑或植株矮化、叶片黄化（图34-7）。芍药病毒病因病原病毒不同导致的症状也不同，由烟草脆裂病毒引起的芍药病毒病一般在叶片上产生大小不一的环斑或轮斑，但有时也出现不规则形病斑；由苜蓿花叶病毒引起的芍药病毒病一般叶片产生深绿和浅绿相间的同心轮纹圆斑并有小坏死斑，病株不矮化；由番茄斑萎病毒引起的芍药病毒病一般导致植株明显矮化，下部枝条细弱或扭曲，叶片黄化卷曲。

【病原】

芍药病毒病的病原病毒有烟草脆裂病毒（*Tobacco rattle virus*，TRV）、苜蓿花叶病毒（*Alfalfa mosaic virus*，AMV）和番茄斑萎病毒（*Tomato spotted wilt virus*，TSWV）（图34-8）。

【发生规律】

烟草脆裂病毒可由线虫、菟丝子、芍药种子等传毒。苜蓿花叶病毒一般由蚜虫等刺吸式口器害虫传毒。番茄斑萎病毒可以通过芍药的汁液摩擦与种子进行传播，种子也能传染，此外可以通过蓟马进行持久性传毒。病毒病还可以通过芍药带毒的无性繁殖材料芽头传播，病毒从种芽切口处侵入，在种芽贮藏期间和芍药加工过程中容易传播。蚜虫和蓟马是传播病毒的主要媒介，5—6月发病严重。

图34-7 芍药病毒病叶片症状

【防控措施】

1.农业防治

（1）清除毒源。清除混杂的病残体，以降低苗期感病的机会。及时铲除苗床及其附近的杂草或野生寄主，尽早拔除苗床和早期发病的植株，以减少毒源。

（2）不用病株做繁殖材料。

（3）科学施肥。避免施用未经充分腐熟的混有病残体的肥料。

（4）选用生物组培种苗，脱去在田间生长积累的病毒，可在一定程度上恢复种性，增强抗性。

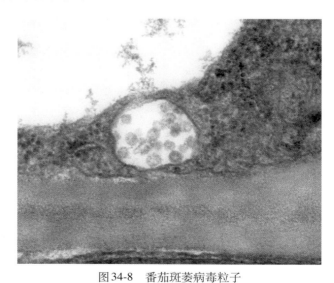

图34-8 番茄斑萎病毒粒子

2.物理防治
利用物理方法驱蚜也有较好的防病效果。在田间放置银色反光片来预防蚜虫等刺吸式口器害虫传毒。

3.药剂防治

（1）防治蚜虫等刺吸式口器害虫，可喷洒1.8%阿维菌素乳油3 000～5 000倍液、10%吡虫啉可湿性粉剂 2 000 倍液、50% 抗蚜威可湿性粉剂 1 500 ～ 2 000 倍液等。

（2）加强管理，苗期开始喷施磷酸二氢钾 4 000 倍液或每亩使用芽孢杆菌 30 ～ 50mL 对水 75L，促使植株早生快发。

（3）出现症状时，连续喷洒磷酸二氢钾或 20% 盐酸吗啉胍悬浮剂 500 倍液，隔 7d 喷 1 次，促叶片转绿、舒展以减轻为害。采收前 5d 停止用药。

第五节　芍药白粉病

芍药白粉病在华北地区普遍发生，发病率高，一般可达 50% 以上，主要为害芍药的叶片，致干枯，影响芍药的观赏性及药材品质。

【症状】

发病初期在叶面产生白色、近圆形的白粉状霉斑，白斑向四周蔓延，连接成边缘不整齐的大片白粉斑，其上布满白色至灰白色粉状物，即病原菌的分生孢子梗和分生孢子。最后全叶布满白粉，叶片干枯，后期白色霉层上产生多个小黑点，即病原菌的闭囊壳。中老熟叶片易发病（图 34-9）。

图 34-9　芍药白粉病症状

a. 田间症状　b、c. 叶片症状

【病原】

芍药白粉病病原菌为子囊菌门白粉菌属芍药白粉菌（*Erysiphe paeoniae* Zheng et Chen）。有性繁殖以雄器和产囊体配合后，在圆球状的闭囊壳内产生子囊和子囊孢子，闭囊壳为球状或扁球状，幼时黄色或黄褐色，成熟后深褐色至黑褐色，壁由内、外两层组成，无孔口，表层的一些细胞可发育成附属丝。子囊球状，壁双层，无侧丝，单个或多个束生或排生于子囊果内。子囊孢子卵形，2～8个散生于子囊内，单胞，无色或稍带黄色。无性态分生孢子椭圆或圆柱形，无色，透明，大小平均为32.3μm×17.3μm。分生孢子单生于分生孢子梗顶端，分生孢子梗直立，无分枝，透明（图34-10）。菌丝上形成浅裂叶片形状的附着胞，芽管在分生孢子两端或近端处萌发，末端形成附着胞，附着胞多为乳突形。

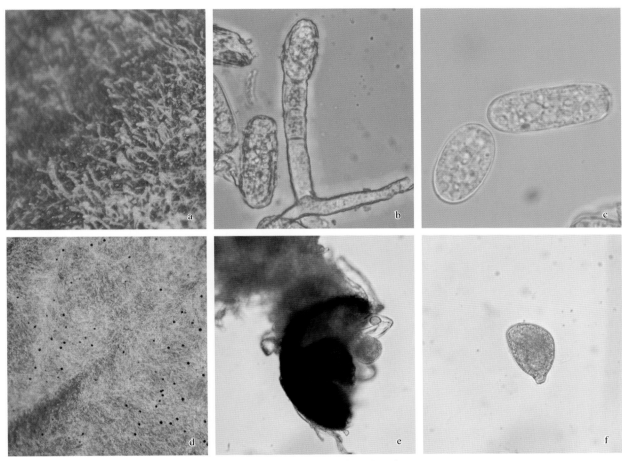

图34-10 芍药白粉病病原菌形态

a.着生在芍药叶片表面的分生孢子梗与分生孢子 b.分生孢子梗与分生孢子 c.分生孢子 d、e.闭囊壳 f.子囊

【发生规律】

芍药白粉病一般在6月初芍药开花末期、气温20℃以上时为初发期，随着气温的升高，7—8月为盛发期，雨水充沛时病害发生尤为严重。病原菌主要以菌丝体和闭囊壳在田间病残体上越冬，翌年释放孢子引起初侵染。病斑上产生的分生孢子靠气流传播，不断重复再侵染。白粉病在凉爽或温暖干旱的气候条件下最宜发生，但空气相对湿度低、植物表面不存在水膜时，分生孢子仍可以萌发侵入为害。土壤缺水或灌水过量、氮肥过多、枝叶生长过密、窝风和光照不足等，均易发生该病。

【防控措施】

1.农业防治

（1）发病较轻时及时摘除病叶，收获后及时清除病残体，早春精细修剪并剪除病枝、病叶，及时销毁。冬季做好清园工作，可以有效减少初侵染菌源。

（2）加强施肥管理，发病期少施氮肥，增施磷、钾肥，提高植株抗病力。

（3）适当进行一定的疏枝、疏株，改善其通风、透气性；雨后及时排水，防止湿气滞留，均可减轻发病。注意抗旱排涝。

2. 生物防治 使用生物杀菌剂3%多抗霉素可湿性粉剂150～200倍液或4%嘧啶核苷类抗菌素水剂400倍液喷雾。

3. 化学防治 花前可用50%多菌灵可湿性粉剂500倍液灌根1次，800倍液喷施叶面2次。花后及时疏枝，剪除残花。发病初期可喷洒10%丙硫唑悬浮剂1 000倍液。

第六节 芍药疫病

疫病是芍药生产上的常见病害，在四川、安徽等地发生广泛，发病率一般在5%～20%，为害较为严重，影响芍药的健康生长。

【症状】

该病主要为害茎、叶、芽。茎部染病初生长条形水渍状溃疡斑，后变为长达数厘米的黑色斑，病斑中央黑色，向边缘颜色渐浅。近地面幼茎染病，整个枝条变黑枯死。病原菌侵染根颈部时，出现茎腐症状。叶片染病多发生在下部叶片，初呈暗绿色水渍状，后变黑褐色，叶片垂萎。芽染病后多表现为短小、萎缩、焦枯等症状（图34-11）。

【病原】

芍药疫病病原菌为卵菌门疫霉属恶疫霉 [*Phytophthora cactorum* (Lebert et Cohn) Schröt.]。无性态产生的孢子囊单胞无色，椭圆形，顶端具乳头状突起，大小为（51～57）μm×（34～37）μm。该菌菌丝中部能形成厚垣孢子，存活期很长。有性态产生球形卵孢子，浅褐色，直径为27～30μm。气温15～25℃、

图 34-11 芍药疫病叶片症状

相对湿度较高时，孢子囊萌发形成游动孢子，也可直接萌发产生芽管侵入寄主引起发病。厚垣孢子一般需经过 9 ~ 12 个月才萌发。该菌发育最适温度为 25℃，最高 30℃，最低 10℃（图 34-12）。

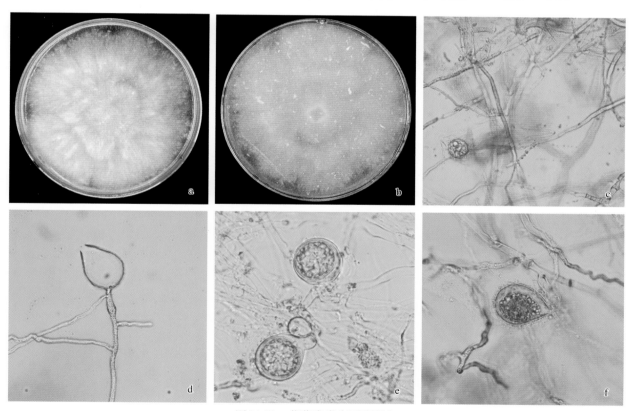

图 34-12 芍药疫病病原菌形态

a、b.培养性状　c.菌丝形态　d.孢子囊　e.卵孢子　f.游动孢子囊及游动孢子

【发生规律】

病原菌以卵孢子、厚垣孢子及菌丝体随病残体留在土壤中越冬，翌年芍药生长期遇大雨之后，即可出现一个侵染及发病高峰。连续阴雨天、降水量大的年份易发病，雨后高温或湿气滞留发病重。病原菌在 5 ~ 37℃ 的温度范围内均可发育，最适温度为 25 ~ 30℃，在适宜发病温度范围内，湿度是决定病害发生和流行的首要因素。棚室内温度过高、浇水过大，或地下水位高、湿度大，则发病严重。

【防控措施】

1.农业防治

（1）田间发现病株及时拔除，收获后清除病残组织，以减少来年菌源。

（2）加强田间管理，发病期少施氮肥，增施磷、钾肥，提高植株抗病力。

（3）选择高燥地块或起垄栽培，防止茎基部淹水，适度浇水，注意排灌结合。

（4）合理密植，防止连作，进行轮作以减轻疫病发生。

2.生物防治
哈茨木霉菌、枯草芽孢杆菌LY-38菌株对该病病原菌有明显的抑制和杀灭作用，可用来防治芍药疫病。

3.化学防治
发现病株及时拔除，病穴用生石灰消毒。发病初期及时喷洒30%烯酰·甲霜灵可湿性粉剂400倍液。

第七节　芍药偶发性病害

表34-1　芍药偶发性病害特征

病名（病原）	症状	发生规律
灰霉病 （*Botrytis paeoniae*）	主要为害叶、叶柄、茎、花及花梗。叶片一般在开花后受侵染，产生褐色不规则形病斑，若环境条件对病害发展有利，病斑可扩大至全叶，引起叶片枯死。茎部发病一般在春季当茎长到30cm高时，茎基部出现棕褐色或黑色腐烂，而茎上原生长茂盛的叶片发生萎蔫并突然脱落。花及花芽被害后，变黑枯萎。花梗染病，影响种子成熟。发病严重的植株，可整株枯萎死亡。在潮湿的天气，被害植株表面产生灰色霉层，即病原菌的分生孢子	6—7月，该病发生最盛，在芍药生长期间可不断再侵染。阴雨连绵或露水多，该病易严重发生。连作的地块发病严重。柔嫩植株易遭病原菌侵害
根腐病 （*Fusarium solani*）	发病部位在根颈及其以下部位，主根、侧根和须根都能被病原菌侵害发病，尤以老根为重。染病根皮初期呈黄褐色，随后产生不规则黑斑，病斑凹陷，大小不一，以后病斑不断扩展，至大部分根变黑，向木质部扩展，直至髓部。重病株肉质根散落，仅留根皮，呈管状，严重的全部根腐烂，植株萎蔫直至枯死	病原菌以菌丝、厚垣孢子随病残体在土壤中越冬。厚垣孢子可在土壤中存活数年。病原菌主要通过地下害虫、线虫为害的伤口或机械伤口侵入
轮纹病 （*Pseudocercos pora* var. *iicolor*）	主要为害叶片。发病初期，叶片上病斑圆形或近圆形，直径为4～10mm，数量多，淡褐色至灰白色，边缘褐色，老病斑有明显的同心轮纹，病斑中央生灰黑色霉状物，即病原菌的子实体	病原菌主要在病残体上越冬。该病一般在7—9月发病，翌年产生分生孢子侵染，靠雨水、接触摩擦及昆虫传播，下部叶片先发病，渐向上蔓延。种植密度过大，通风不良，病害易发生严重；温暖潮湿、多雨天易发病
锈病 （*Cronartium flaccidum*）	主要为害叶片。发病初期，叶片正面出现圆形、椭圆形或不规则形黄绿色斑块，边缘不明显，直径为4～12mm。叶片背面相应部位产生黄褐色夏孢子堆，后期在灰褐色病斑中长出褐色柱状毛发物，长约2mm，为病原菌冬孢子堆	该菌为转主寄生菌，需要在两种寄主植物上寄生才能完成侵染循环。以菌丝体在松树上越冬，其性孢子和锈孢子产生在多种松树上。夏孢子和冬孢子产生在芍药上。锈孢子于4—6月产生，借风力传播，侵害芍药，以后产生夏孢子，引起再侵染。后期在夏孢子堆中长出冬孢子堆，冬孢子堆萌发产生小孢子，再侵染松树。若7—8月遇高温高湿天气，或地形低洼易于积水的地区，发病较重

第三十五章 PART THIRTY-FIVE

菘蓝病害

菘蓝（*Isatis tinctoria* L.）为十字花科菘蓝属一或二年生草本植物，以根入药为板蓝根，叶入药称大青叶。全国大部分地区有栽培，主要产地为河北、黑龙江、山东、河南、甘肃、安徽、江西等。其根部呈圆柱状，稍扭曲，表皮淡灰黄色至淡棕黄色，断面皮部黄白色，木部黄色，气微，味微甜后苦涩。有清热解毒、凉血利咽的功效，用于治疗瘟疫时毒、发热咽痛、烂喉丹痧、丹毒。

菘蓝主要病害有霜霉病、根腐病、黑斑病和病毒病等，以霜霉病、黑斑病和根腐病为害较为严重。

第一节　菘蓝霜霉病

霜霉病是菘蓝生产上的主要病害之一，可为害全株。春秋季气候冷凉、昼夜温差大时发生严重。菘蓝留种田秋季和第二年春季发病较重，田间发病率约20%，重者达50%以上，对药材产量及质量造成严重影响。该病害在菘蓝各种植区普遍发生，目前已知菘蓝霜霉病发生的省份有北京、河北、安徽、甘肃、黑龙江、浙江、山西、新疆、河南、湖北、贵州、山东和辽宁等。

【症状】

该病主要为害叶片，也可为害茎、花梗和角果。发病初期叶面产生边缘模糊的多角形或不规则形病斑，淡黄绿色至黄褐色，叶片呈黄褐色；叶背相对应处生有白色至浅灰白色霜霉层，为病原菌的游动孢囊梗和游动孢子囊，严重时植株叶片干枯。茎、花梗、花瓣、花萼及角果等被害后褪色，上面长有白色霜霉层，并引起受害部位肥厚变形（图35-1）。

【病原】

菘蓝霜霉病病原菌为卵菌门霜霉科霜霉属寄生霜霉菘蓝专化型（*Peronospora parasitica* Fr. f. sp. *isatidis*）。其孢囊梗单生或丛生，无色，全长为192～332.8μm，基部膨大，主梗大小为（123～192）μm×（6.4～16）μm。冠部锐角二叉分枝，大部分为3～6回，顶枝大小为（6.4～25.6）μm×（1.3～3.2）μm，弯曲，枝端尖细。孢子囊椭圆形或近球形，大小为（13.4～28.8）μm×（13.4～25.6）μm。卵孢子黄褐色，球形，直径为33.6～42μm，壁平滑，有时有皱褶（图35-2）。该病原菌可为害多种十字花科植物，但有不同的专化型和生理小种。

【发生规律】

病原菌以卵孢子随病残体及肥厚组织在土壤中越冬、越夏。生产上菘蓝生长周年衔接，或早晚茬口重叠，因此病原菌还能以菌丝体在受侵染的病株内越冬、越夏。病原菌的孢子囊通过风雨传播，

图35-1 菘蓝霜霉病症状

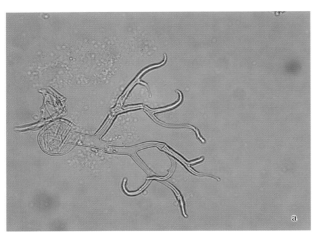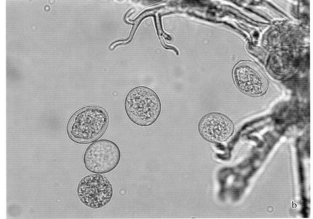

图35-2 菘蓝霜霉病病原菌形态
a.孢囊梗二叉分枝　b.孢子囊

整个生长季可引起多次再侵染。气温较低、昼夜温差大、多雨高湿或雾重露大时有利于发病，多发生于春秋两季。4—6月发生较重，9—10月又继续扩展为害。冬暖春寒、多雨高湿有利于发病，抽薹开花期病害发生严重。

【防控措施】

1.科学选地　选择高燥地块栽植，避免连作或与十字花科等易感霜霉病的作物轮作，低湿地作高畦栽培。

2.加强栽培管理　入冬前彻底清除、销毁田间病残体，减少越冬菌源；选栽抗病品种，合理密植，保持通风和足够的光照，适当调整播种期；减施化肥，增施生物有机肥，改善土壤微生物环境和肥力，增强植株长势和抗病能力；适时浇水，注意排水，降低田间湿度。

3.药剂防治　发病初期喷洒69%代森锰锌可湿性粉剂800倍液、72%霜脲·锰锌可湿性粉剂800倍液或72.2%霜霉威盐酸盐水剂800倍液等药剂，间隔10d左右，连续喷施2～3次。在发病高峰期喷洒90%三乙膦酸铝可湿性粉剂400倍液，注意喷施叶背。

第二节 菘蓝根腐病

根腐病是菘蓝的主要病害之一，是常见的根部病害。该病在田间呈块状或点片状分布，田间发病率为15%左右，重者可达30%以上。发病轻则减产10%～20%，发病重则减产35%以上。该病害在菘蓝产区普遍发生，目前已知菘蓝根腐病发生的省份有北京、河北、安徽、甘肃、黑龙江、浙江、山西、新疆、河南、湖北、贵州、山东和辽宁等。

【症状】

该病害为害植株根部。被害植株地下部侧根或细根首先发病，病根变褐色，后蔓延到主根，也有主根根尖感病后扩展至整个主根。根内维管束变黑褐色，向上可达茎及叶柄。之后，根的髓部发生湿腐，黑褐色，最后整个主根部分变成黑褐色的表皮壳。皮壳内为乱麻状的木质化纤维。根部发病后，地上部分枝叶发生萎蔫，逐渐由外向内枯死（图35-3）。

图35-3 菘蓝根腐病症状

【病原】

菘蓝根腐病病原菌为子囊菌无性型镰孢菌属腐皮镰孢菌 [*Fusarium solani* (Mart.) Apple et Wollenw. ex Snyder et Hansen]。该菌分生孢子梗及分生孢子无色或浅色。有2种类型的分生孢子，小型分生孢子为圆形、单胞，大型分生孢子为镰刀形、多胞（图35-4）。

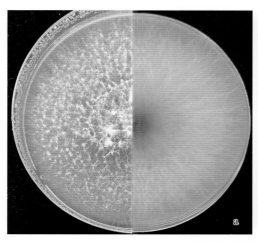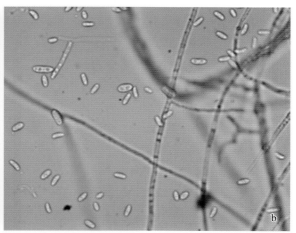

图35-4 菘蓝根腐病病原菌形态
a.培养性状　b.分生孢子

【发生规律】

带菌土壤为重要侵染来源。5月中下旬开始发生，6—7月为发病盛期。田间湿度大和气温高是病害发生的主要因素。土壤湿度大、排水不良、气温在29～32℃时，有利于发病。耕作不善及地下害虫为害造成根系伤口，根腐病发病重。高坡地病害较轻。

【防控措施】

1.科学选地　选择地势高、排水畅通及土层深厚的沙壤土种植。

2.**耕作栽培措施**　避免连作，合理密植，合理施肥，减施化肥，增施生物有机肥，改善土壤微生物环境，提高植株抗病力。

3.**药剂防治**　一般播种前15d左右，结合整地，用70%甲基硫菌灵可湿性粉剂或50%多菌灵可湿性粉剂800倍液均匀喷施于地表，并及时耙地，深度以10cm左右为宜。发病初期，及时拔除病株，并将病残体带出地块销毁，用50%甲基硫菌灵可湿性粉剂500～1 000倍液浇灌根部及周围植株，防止病害蔓延。发病期可用75%百菌清可湿性粉剂600倍液或65%代森锌可湿性粉剂500～600倍液喷施，间隔7d，喷施2～3次。

第三节　菘蓝黑斑病

黑斑病是菘蓝生产上的主要病害之一，是常见的叶部病害。该病在菘蓝各产区发生普遍，并与灰斑病混合发生，生长中后期发病较重，田间发病率为30%左右，重者可达60%以上，如不加以防控会对产量造成一定影响。目前已知菘蓝黑斑病发生的省份有北京、河北、安徽、甘肃、黑龙江、浙江、山西、新疆、河南、湖北、贵州、山东和辽宁等。

【症状】

该病主要为害叶片。在叶上产生圆形或近圆形病斑，灰褐色至褐色，有同心轮纹，周围常有褪绿晕圈。病斑较大，一般直径为3～10mm。病斑正面有黑褐色霉状物，即病原菌的分生孢子梗和分生孢子。叶上病斑多时易变黄早枯（图35-5）。茎、花梗及种荚受害表现相似症状。

图35-5　菘蓝黑斑病叶部症状

【病原】

　　菘蓝黑斑病病原菌为子囊菌无性型链格孢属芜菁链格孢菌（*Alternaria napiformis* Purkayastha et Mallik）。该病原菌分生孢子梗单生或簇生、直立，或屈膝状弯曲，分枝或不分枝，褐色至淡褐色，具分隔，大小为（31.0 ～ 70.0）μm×（3.0 ～ 5.5）μm。分生孢子倒棒状，褐色，单生或短链生，大小为（31.5 ～ 54.5）μm×（8.0 ～ 14.0）μm，具1 ～ 6个横隔膜，0 ～ 2个纵、斜隔膜，分隔处稍缢缩，有真喙（图35-6）。另外，芸薹链格孢菌（*A. brassicae* Sacc.）也可为害菘蓝。

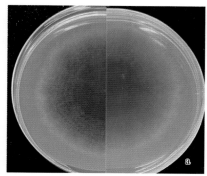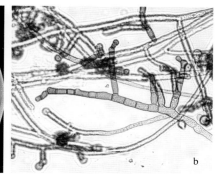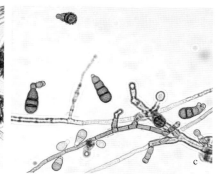

图35-6　菘蓝黑斑病病原菌形态
a.培养性状　b、c.菌丝和分生孢子

【发生规律】

　　病原菌以分生孢子在病残体上越冬，为翌年的初次侵染源。该病自5月起开始发生，一直可延续到10月，7—8月高温多雨季节为发病高峰期。高温多雨有利于发病。

【防控措施】

　　1.科学选地　应选疏松、排水良好的肥沃沙壤土种植，排水不良的低洼地或黏土不利于菘蓝生长。

　　2.加强田间管理　菘蓝收获后，将田间患病植株集中销毁，清洁田园，消灭越冬菌源；合理密植，合理施肥，减施化肥，增施生物有机肥，改善土壤微生物环境，增强土壤肥力，促进植物生长，提高植株抗病力；雨后及时排水，降低田间湿度。

　　3.药剂防治　发病初期喷施1∶1∶100波尔多液、75%百菌清可湿性粉剂600倍液或65%代森锌可湿性粉剂600 ～ 800倍液，每隔7 ～ 10d喷1次，连续喷2 ～ 3次。

第四节　菘蓝病毒病

　　病毒病是一种新发现的菘蓝病害，总体发病较轻，是一种系统性病害。目前已知菘蓝病毒病发生的省份有北京、安徽、山西和新疆，一般发生率为5%～ 10%。

【症状】

　　发病初期，叶面表现系统花叶、斑驳。严重时植株矮小，叶片扭曲，根系变小，高温条件下会出现隐症现象（图35-7）。

【病原】

　　菘蓝病毒病的病原菌为黄瓜花叶病毒（*Cucumber mosaic virus*，CMV）和蚕豆萎蔫病毒2号（*Broad bean wilt virus 2*，BBWV2）。

图35-7　菘蓝病毒病叶部症状

CMV是雀麦花叶病毒科黄瓜花叶病毒属的代表性成员。病毒粒子为等轴对称二十面体的球状结构，没有包膜，直径约为29nm，为单链正义RNA。CMV为三分体病毒，3条基因组RNA（RNA1、RNA2、RNA3），共编码5个蛋白。病毒粒子仅由180个外壳蛋白亚基包裹一种相应的RNA分子组成，其中单链RNA含量为18%，蛋白质为82%，无脂质等物质。CMV的病毒粒子在体外保毒期为72～96h，在病组织汁液中病毒粒子的热钝化温度为55～70℃。

BBWV2是豇豆花叶病毒科蚕豆病毒属的典型种。其病毒粒子呈球形，直径约25nm。BBWV2的基因组由2条单链正义RNA分子组成，病毒粒子的钝化温度为58℃，稀释终点10^{-5}～10^{-4}，体外存活期25℃下2～3d。BBWV2寄主范围广泛，可侵染40多科300多种植物。

【发生规律】

在自然界CMV和BBWV2均有广泛的寄主，二者均以多种蚜虫为传毒媒介，以非持久性方式传播，也可以经汁液接触而机械传播。高温干旱有利于蚜虫活动及病毒传播，发病严重。

【防控措施】

1.治虫防病　蚜虫发生期喷施10%吡虫啉可湿性粉剂1 500倍液、5%啶虫脒乳油2 500倍液、40%氰戊菊酯乳油6 000倍液或25%噻虫嗪乳油5 000倍液防治，防止病毒传播。

2.药剂防治　发病初期喷施8%宁南霉素水剂800倍液，隔5～7d喷药1次，连续喷施2～4次。

第五节　菘蓝偶发性病害

表35-1　菘蓝偶发性病害特征

病害（病原）	症　状	发生规律
炭疽病 （*Colletotrichum higginsianum*）	主要为害叶片。叶部病斑圆形，中央白色，半透明，边缘红褐色，病斑上微露小黑点，即病原菌的分生孢子盘。后期病斑易穿孔。叶片上有时密布小圆斑，但通常并不致叶片干枯。茎、花梗及种荚受害后呈梭形、条形、红褐色下陷斑	病原菌在病残组织上越冬，喜高温。该病常在夏末秋初发生，多雨高湿条件有利于该病发生

（续）

病害（病原）	症　　状	发生规律
白锈病 （*Albugo candida*）	发病初期，叶面出现黄绿色小斑点；叶背出现隆起有光泽的白色脓疮状斑点。脓疮破裂后散出白色粉末状物，即病原菌孢子囊。发病后期，形成不规则形枯斑。叶柄及幼茎发病，病部也产生许多白色疱斑，使叶柄、嫩茎扭曲变形，最后枯死	病原菌以卵孢子在土壤及病残组织上越冬，成为翌年的初侵染源。生长期病部长出的孢子囊随气流、风雨传播，再次侵染，扩大蔓延。低温、高湿有利于发病。4月中旬至5月发生，为害时间较短
菌核病 （*Sclerotinia sclerotiorum*）	根、茎、叶和荚果均可受害，以茎部受害最重。病部水渍状，黄褐色，后变灰白色，组织软腐，易倒伏，引起成片死苗。茎内外长有白色绵毛状菌丝层和黑色鼠粪状菌核。后期干燥的茎皮纤维如麻丝状。茎、叶受害后，萎蔫，逐渐枯死。花梗和种荚受害也产生灰白色斑，不易结实或籽粒瘪缩	病原菌以菌丝体、菌核在病残组织或菌核落在土壤中以及混杂于种子中越冬，成为翌年的初侵染源。在适宜条件下，菌核萌发产生子囊盘和子囊孢子，通过气流、风、雨传至寄主表面萌发引起再侵染。种子田在3—4月发病，4月下旬到5月为发病盛期
灰斑病 （*Cercospora* sp.）	病原菌主要为害叶片。受害叶面产生细小圆形病斑，略凹陷。病斑边缘褐色，中心部位灰白色。病斑变薄发脆，易龟裂或穿孔。病斑直径2～6mm，叶面生有褐色霉状物，即病原菌分生孢子梗和分生孢子。自老叶先发病，由下而上蔓延。后期，病斑可互相愈合，病叶枯黄而死	病原菌随病残组织越冬成为翌年的初侵染源。种子亦可带菌。6月上旬开始发病，6月下旬至9月上旬为发病盛期。日平均温度在23～25℃时，有利于发病，蔓延迅速
根结线虫病 （*Meloidogyne hapla*、 *Meloidogyne incognita*）	主要为害根部，受害植株根系产生瘤状突起和大小不一的根结。发病初期地上部症状不典型，但随着根系受害严重，地上部植株出现生长迟缓、弱小、叶片发黄、无光泽、叶缘卷曲等类似营养不良的现象	遗留在土中的根结或根结外露的卵囊团是病害的主要侵染来源。春季地温上升，二龄幼虫破卵而出侵入寄主的幼根内寄生。在气温较高或冬季短而不太冷的地区以及多湿的沙壤土中，线虫病发生重

第三十六章 PART THIRTY-SIX

太子参病害

太子参 [*Pseudostellaria heterophylla* (Miq.) Pax] 别名孩儿参，是石竹科孩儿参属宿根草本药用植物，以块根入药，具有补肺气、健脾胃、生津液等功效。贵州、福建、山东、安徽、江苏等省份栽培面积较大。

太子参主要病害有叶斑病、根腐病、紫纹羽病、病毒病和白绢病等，以叶斑病、病毒病和根腐病发生较为严重。

第一节 太子参叶斑病

叶斑病也称叶瘟病，是太子参产区普遍发生的真菌病害，主要为害叶片，发病率为12%～78%，产量损失为8%～60%。

【症状】

发病初期，病斑褐色圆形或不规则形，随后病斑中央灰白色，周围具黄色晕圈，病斑上产生颗粒状小黑点，呈轮纹状排列。发病后期几个病斑汇合成不规则大斑，老病斑中央穿孔，造成整片叶干枯、腐烂，严重时整株枯死（图36-1）。

【病原】

多种病原菌均可引起太子参叶斑病，主要有子囊菌无性型壳针孢属（*Septoria* sp.）真菌、茎点霉属（*Phoma* sp.）真菌、壳二孢属多变壳二孢 [*Ascochyta versabilis* (Boerema Loer et Hamers) Q. Chen et L. Cai]（异名：*Phoma versabilis* Boerema Loer et Hamers）和炭疽菌属果生炭疽菌（*Colletotrichum fructicola* Prihastuti）。

果生炭疽菌在PDA培养基上菌落为白色至灰色，中间突起，边缘整齐，气生菌丝绒毛状，生长后期中心产生橙色颗粒物，内为分生孢子，菌落背面有黑色素沉积。分生孢子呈长椭圆形，大小为 (12.1～21.1) μm×(5.5～8.2) μm（图36-2）。

【发生规律】

病原菌以分生孢子器在病残体上越冬，翌年条件适宜时分生孢子器产生分生孢子进行初侵染，发病后产生分生孢子进行再侵染。病原菌以分生孢子随气流、雨水传播，从太子参叶片伤口、气孔侵入。3月下旬开始发病，5月上旬田间达到发病高峰，连作田块发病重。

图36-1　太子参叶斑病症状

a.田间症状　b、c.叶部症状

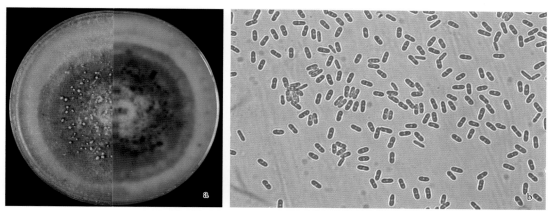

图36-2　果生炭疽菌形态

a.培养性状　b.分生孢子

【防控措施】

1.选种和种参消毒　选择适应性好、品种纯度高、长势强、无病毒的太子参植株留种为种参，播种前将种参用50%多菌灵可湿性粉剂500倍液或70%甲基硫菌灵可湿性粉剂800倍液浸泡30min，洗净后播种。

2.加强田间管理　建设良好的排水、排气沟渠；避免太子参连作，选择与禾本科作物进行3年以上轮作或2年以上水旱轮作。

3.药剂防治　在田间出苗50%以上时，注重防控叶斑病的发生。及时清除病残体，发现病叶及时摘除、销毁、深埋，并进行局部施药，消灭发病中心，周围植株喷药保护，可选用50%多菌灵可湿性粉剂600倍液喷施，7～10d喷1次，连喷2次；遇到气温高、病情发展较快时，宜全面喷10%

苯醚甲环唑水分散粒剂1 000倍液或25%咪鲜胺水乳剂1 500倍液，每隔7～10d施药1次，连续施药2～3次。

第二节　太子参根腐病

根腐病是太子参产区重要的土传病害，是太子参发生连作障碍的主要原因，一般可造成10%～30%的产量损失，严重时可导致绝收。该病害在全国各产区均有发生。

【症状】

该病主要为害太子参茎基部及块根，发病部位初期有水渍状圆斑，后期病部着生白色絮状菌丝，后期部分菌丝变为粉红色，严重时太子参茎基部与块根连接处断裂，块根组织腐烂坏死（图36-3）。

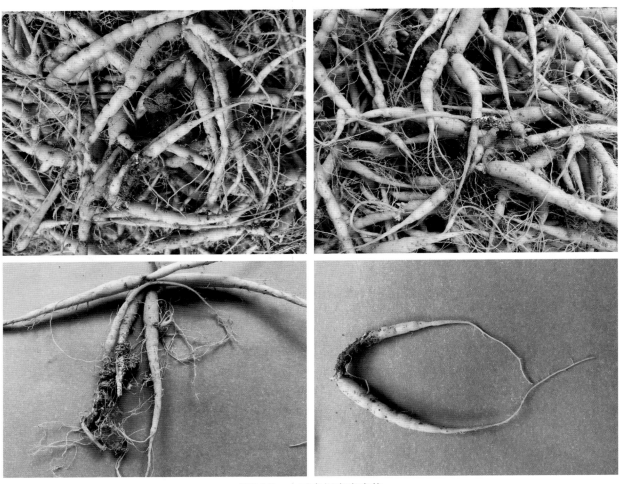

图36-3　太子参根腐病症状

【病原】

引起太子参根腐病的病原菌有子囊菌无性型镰孢菌属（*Fusarium*）尖孢镰孢菌（*F. oxysporum* Schltdl. ex Snyder et Hansen）、腐皮镰孢菌 [*F. solani* (Mart.) Appel et Wollenw. ex Snyder et Hansen]、木贼镰孢菌 [*F. eguiseti* (Corda) Sacc.] 和轮枝孢属（*Verticillium* spp.）真菌。

尖孢镰孢菌在PDA培养基上菌丝体呈棉絮状，白色至淡紫色。产孢细胞短，单瓶梗；厚垣孢子顶生或串生，圆形或长圆形。小型分生孢子呈椭圆形或卵圆形，0～2个隔膜，大小为（6.5～22.8）μm×

（2.2 ～ 3.8）μm；大型分生孢子呈镰刀形或纺锤形，稍弯，有足胞，1 ～ 4 个隔膜，多为 3 个隔膜，大小为（23.6 ～ 42.9）μm ×（3.0 ～ 5.7）μm。

腐皮镰孢菌在 PDA 培养基上菌落呈同心环状，初期颜色为浅白色，生长后期中心圆环区呈土黄色，菌落背面淡黄色。大型分生孢子呈镰刀形，0 ～ 3 个隔膜，大小为（24.7 ～ 46.0）μm ×（4.5 ～ 7.4）μm；小型分生孢子呈卵圆形或肾形，0 ～ 1 个隔膜，大小为（8.4 ～ 20.6）μm ×（3.2 ～ 6.5）μm（图 36-4）。

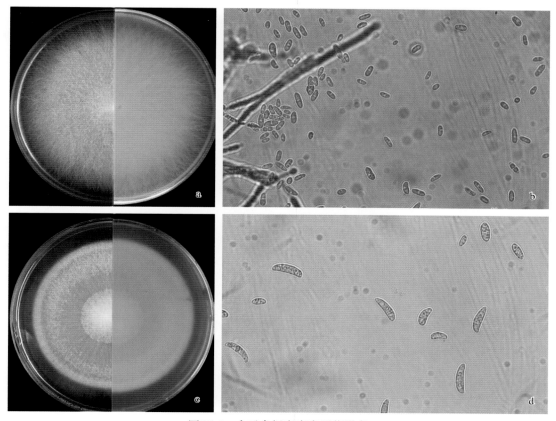

图 36-4　太子参根腐病病原菌形态
a.尖孢镰孢菌培养性状　b.尖孢镰孢菌分生孢子　c.腐皮镰孢菌培养性状　d.腐皮镰孢菌分生孢子

【发生规律】

病原菌在土壤中越冬，或通过带病块根传播。病原菌可从伤口侵入或直接侵入。4 月下旬开始发病，5 月中旬至采收发病重。在太子参块根移栽后夏季发病重，造成损失大。该病的发生为害与地下害虫（蛴螬、地老虎、蝼蛄、金针虫等）为害有关。土壤湿度大、雨水过多发病重。

【防控措施】

1.科学选地、轮作　选择排水性好、富含有机质的田块，与禾本科作物进行轮作。

2.土壤消毒　栽种前用 50%多菌灵可湿性粉剂 30 ～ 45kg/hm² 拌细土全田均匀撒施，或用 30%噁霉灵水剂 1 000 倍液喷施土壤并搅拌均匀。

3.种参消毒　播种前对种参进行消毒，6.6%嘧菌酯、1.1%咯菌腈、3.3%精甲霜灵悬浮种衣剂和 25%吡唑醚菌酯乳油对该病的病原菌有较好的抑制作用。

4.生物防治　减施 25%化肥，增施生物有机肥，改善土壤环境，促进太子参生长发育，同时生物有机肥中的芽孢杆菌等能产生拮抗物质抑制病原菌的活性，并诱导作物逆境酶类参与病害防御反应，增强植物抗病性。

第三节　太子参紫纹羽病

太子参紫纹羽病也称"紫皮病"，主要发生在生长中后期与采收期。该病在贵州、福建、安徽等产区均有发生。

【症状】

该病主要为害太子参块根，初期形成紫红色绳状菌索缠绕在块根上，随病情发展菌索逐渐蔓延成网状层，包裹整个块根并不断加厚（图36-5）。发生严重时，太子参块根周边的土壤也被菌索缠绕，影响土壤透气性和太子参品相。

图36-5　太子参紫纹羽病症状

【病原】

太子参紫纹羽病由担子菌门担子菌科（Helicobasidiaceae）卷担菌属（*Helicobasidium*）桑卷担菌（*H. mompa* N. Tanaka）侵染引起。病原菌在PDA培养基上呈羽毛状辐射生长，正面黄棕色，背面黄褐色至紫褐色绒状。在显微镜下观察时，菌丝为白色至黄褐色，直径$0.3 \sim 0.6\mu m$，有少量担子和担孢子。

【发生规律】

5月初开始发病，至采收季节达到高峰。该病常在偏酸性土壤及排水不良的地方发生，常以一处为中心向四周扩展蔓延。雨水、肥料均能传播病菌。该病发生与前茬作物有关，甘薯、花生田发生较重。

【防控措施】

1. 科学选地、轮作　选择排水方便、富含有机质的田块；选择未种植过太子参的新地或与水稻、玉米、小麦等禾本科作物田轮作3年以上。

2. 土壤消毒　太子参移栽前对移栽田进行土壤消毒是防治太子参土传病害的主要途径，也是消灭残留在土壤中的病原菌（包括地上部分病害的病原菌）的重要措施。移栽前用50%多菌灵可湿性粉剂30 ～ 45kg/hm² 拌细土全田均匀撒施，或用30%噁霉灵水剂1 000 倍液喷施土壤并搅拌均匀。

3.种参消毒　选择适应性好、品种纯度高、长势强、无病毒为害的太子参植株留种为种参。播种前使用50 % 多菌灵可湿性粉剂600倍液浸种参20 ～ 30min，或用1×10⁹CFU/g 生防木霉菌液7 500g/hm² 浸泡种根，晾干表皮水分后栽种。

4.栽培管理　播前提早深翻整地，改善土壤生态环境，有助于消灭部分地下害虫和减少土壤菌源量；筑畦深沟种植，防止串灌，雨季及时排水，降湿防病；及时中耕除草，有利于土壤松动、通气，提高根系微生态菌系活力和抑制根部病菌的致病力；减施20 %～ 25 % 化肥，增施生物有机肥，改善土壤环境，增强太子参抗病能力。

第四节　太子参病毒病

太子参病毒病在全国太子参各产区均有发生，发病率为20 %～ 75 %，严重地块甚至达100 %，产量损失达15 %～ 35 %。

【症状】

该病为太子参生产上的主要病害之一，一旦发病，植株终生带毒。早期发病轻时，叶脉变淡、变黄，形成黄绿相间的花叶症状；发病严重时，叶片皱缩、斑驳，叶缘卷曲（图36-6）。苗期发病，会造成植株矮化，顶芽坏死，叶片不能扩展，病株块根变小，块根数量减少等症状。高温条件下会出现隐症现象。

图36-6　太子参病毒病田间症状

【病原】

太子参病毒病的病原病毒有10种：芜菁花叶病毒（*Turnip mosaic virus*，TuMV）、蚕豆萎蔫病毒2号（*Broad bean wilt virus 2*，BBWV2）、烟草花叶病毒（*Tobacco mosaic virus*，TMV）、黄瓜花叶病毒（*Cucumber mosaic virus*，CMV）、太子参香石竹潜隐病毒1号（*Pseudostellaria heterophylla carlavirus 1*，PhCV1）、太子参香石竹潜隐病毒2号（*Pseudostellaria heterophylla carlavirus 2*，PhCV2）、太子参香石竹潜隐病毒3号（*Pseudostellaria heterophylla carlavirus 3*，PhCV3）、茉莉病毒C（*Jasmine virus C*，JVC）、甜叶菊香石竹潜隐病毒1号（*Stevia carlavirus 1*，StCV1）和太子参混合病毒1号（*Pseudostellaria heterophylla amalgavirus 1*，PhAV1）。

TuMV为马铃薯Y病毒属（*Potyvirus*）成员，为正义单链RNA病毒，基因组全长约为10kb，只编码一个多聚蛋白。病毒粒子呈弯曲线状，长680～780nm，宽11～13nm，病叶细胞内有风轮状内含体。其寄主范围广泛，大部分为十字花科作物，可通过汁液或蚜虫传播，在自然条件下主要靠蚜虫以非持久性方式传播。

BBWV2为蚕豆病毒属（*Fabavirus*）的典型成员，其基因组由2条正义单链RNA分子组成，分别约6kb（RNA-1）和4kb（RNA-2）。病毒粒子为球形，直径约25nm，在病叶细胞内形成晶格状内含体。其寄主范围广泛，是侵染蔬菜、观赏植物等多种重要经济作物的世界流行性病毒，通过蚜虫以非持久性方式及汁液摩擦传播。

TMV是烟草花叶病毒属（*Tobamovirus*）的典型成员，为正义单链RNA病毒，基因组全长约为6.3kb。病毒粒子为杆状，长约300nm，宽约15nm。该病毒寄主范围广，危害大，稳定性强，主要通过植物间的接触传播。

CMV是黄瓜花叶病毒属（*Cucumovirus*）的典型成员，其基因组包含3条正义单链RNA。RNA3部分转录产生亚基因组RNA4，编码产生CMV的CP，参与病毒粒子的包装、病毒的蚜虫传播和长距离移动。病毒粒子的结构是等轴对称的二十面体类球体，直径为20～30nm。CMV寄主范围极其广泛，能侵染100多科1 200多种单、双子叶植物，自然界通过蚜虫以非持久性方式传播。

PhCV1、PhCV2、PhCV3、JVC和StCV1是通过高通量测序法鉴定到的香石竹潜隐病毒属（*Carlavirus*）的病毒，为正义单链RNA病毒，基因组全长为8～9kb，包含6个开放阅读框（ORFs），分别编码1个复制酶（Rep）、3个三基因盒子（TGBs）、1个外壳蛋白（CP）和1个富含亮氨酸的蛋白（CRP）。PhCV1、PhCV2、PhCV3是在太子参上鉴定到的新病毒，其田间传播介体还未明确。

PhAV1是混合病毒属（*Amalgavirus*）的新成员，为正义双链RNA病毒，全长为3 430bp，包含2个部分重叠的ORFs，ORF1编码CP，ORF1通过+1程序性核糖体移码与ORF2融合，编码RdRp。PhAV1是在太子参上鉴定到的混合病毒属病毒新种，还未明确其田间传播方式。

【发生规律】

用于无性繁殖的块根带毒是导致病毒病发生的主要原因，另外，病毒还能通过昆虫介体和汁液摩擦传毒。太子参生育期遇到蚜虫暴发病毒病发生重，干旱年份发生重。不同种植区发病期有所不同，贵州省一般在3月下旬至4月中旬开始发病，5—6月达到发生高峰期；福建省一般在2月中下旬开始发病，3月中旬以后达到发生高峰期。

【防控措施】

1. 精选种参　选择产量高、抗病强的品种种植，要求种参块根肥大、均匀，芽头无损伤、无病害。

2. 种植脱毒种苗　采用种子繁殖，培育无毒种苗。通过热处理技术脱除茎尖病毒，获得太子参脱毒苗，在无病毒苗圃中快繁后用于大田种植。

3. 加强田间管理　及时清除田间杂草和病残体，减少传染源；建设良好的排水、排气沟渠；避免太子参连作，与禾本科作物进行3年以上轮作。

4. 防治蚜虫　在太子参生长期间，使用黄板诱杀蚜虫，选用10%吡虫啉可湿性粉剂或10%醚菊酯悬浮剂喷雾灭杀蚜虫，避免虫媒传毒。

5. 药剂防治　发病初期用40%烯·羟·吗啉胍可溶性粉剂或8%宁南霉素水剂800倍液均匀喷雾，隔5～7d喷药1次，连续防治2～4次。

第五节　太子参偶发性病害

表36-1　太子参偶发性病害特征

病害（病原）	症　状	发生规律
白绢病 （Sclerotium rolfsii）	茎基部和块根处形成白色绢状菌丝，严重时发病部位腐烂如麻，后期在发病部位形成油菜籽状褐色菌核	病原菌以菌丝体和菌核在病残体及土壤中越冬，成为第二年的初侵染源。高温、高湿的气候条件有利于该病害发生
褐斑病 ［Stemphylium lycopersici（异名： S. solani）］	主要为害叶部，发病叶片的病部初期首先出现小而多的圆形或不规则形白色叶斑。发病严重时，病叶的叶尖或叶缘部呈黄褐色，叶尖出现枯死现象	太子参产区偶有发生，重病地或未经消毒的旧床育苗发病重；温、湿度偏高发病重。该病靠分生孢子辗转传播蔓延，做好土壤消毒可减轻该病的发生
立枯病 （Rhizoctonia solani、Alternaria alternata）	太子参苗期病害，为害幼苗茎基部。发病初期茎基部出现褐色水渍状病斑，后很快扩展凹陷环绕幼茎，缢缩呈蜂腰状，致使幼苗倒伏死亡	每年的2—5月均可大面积发病。在田间发病时，以发病部位为中心向四周迅速蔓延，造成大量幼苗枯死

第三十七章 PART THIRTY-SEVEN

半 夏 病 害

半夏 [*Pinellia ternata* (Thunb.) Breit.] 为天南星科半夏属植物，其块茎入药。全国大部分地区均可生产，主产于湖北、甘肃、河南、河北、贵州、山东、四川等地。气微，味辛辣、麻舌而刺喉。内服具有燥湿化痰、降逆止呕、消痞散结，外用具有消肿止痛的功效。半夏主要病害有叶斑病、白绢病、软腐病、病毒病等。

第一节　半夏叶斑病

叶斑病是半夏种植过程中最常见的叶部真菌性病害，致病菌较为复杂多样，或联合致病。该病在全国各半夏主产区均有发生，传播迅速，为害严重，防治困难。发病率为25%～40%，初夏以及高温多雨季节时发病率增高，严重影响半夏产量。

【症状】

田间调查发现半夏叶斑病主要分为两种类型，一种病斑较大，一种病斑较小，两种病斑均呈不规则的圆形或近圆形。半夏小叶斑病病斑中心灰白色，边缘褐色，且多从叶片边缘发病，随后扩展到叶片中心，直至整个植株变黄。半夏大叶斑病病斑中心褐色，边缘灰白色，后期病斑扩大连合，导致叶片枯黄破损，最后地上部全部变黄枯萎（图37-1）。

【病原】

半夏小叶斑病由子囊菌门腔菌纲格孢腔目拟壳多孢菌属的葫芦拟壳多孢菌（*Stagonosporopsis cucurbitacearum*）侵染造成，大叶斑病由链格孢属茄链格孢菌（*Alternaria solani*）侵染造成。葫芦拟壳多孢菌菌丝为白色至浅灰色，并有同心环，菌丝短且稀疏。随着培养时间增加，在PDA培养基上，菌落颜色会进一步加深，表面变为灰黑色，20d后菌落变为棕黑色。分生孢子呈椭圆形短棒状，大小为（4.6～8.7）μm×（1.2～2.4）μm，多数具横隔，内部含小油滴。厚垣孢子为单细胞，球形至椭圆形，大小为（6.3～15）μm×（6～11）μm，一般为4～13个串联在一起。茄链格孢菌菌丝稍稀疏，呈辐射状。在PDA培养基上，正面中心颜色为橙黄色，向四周过渡为白色。背部中心有橙褐色的色素沉淀，并向四周过渡为橙黄色。分生孢子无色，呈椭圆形、倒棒状，直或稍弯；具4～8个横隔膜、0～3个纵隔膜，隔膜处有缢缩，大小为（45～157）μm×（5.6～19）μm（图37-2）。

【发生规律】

半夏叶斑病在不同环境下发病程度不同。当气温升高，又有阴雨多湿的小气候时极易发病，

图 37-1　半夏叶斑病症状

a、b.小叶斑病症状　　c、d.大叶斑病症状

甚至流行，通常从 6 月上旬开始，7—8 月高发。在病残体、种子表面及土壤中越冬的病原菌菌丝体和分生孢子会成为来年发病的初侵染源，借风雨传播，由伤口或自然孔口侵入，孢子萌发的最适条件为温度 15 ～ 25℃、相对湿度 95% 以上。除此之外，连作年限长的地块有利于该病害的发生。

【防控措施】

1.种苗消毒　种植前对块茎进行消毒处理，用 50% 多菌灵可湿性粉剂 800 倍液浸种 3 ～ 5min，沥干后播种，减少种苗携带的病原菌。

2.科学选地　选择壤土或沙壤土、pH 6.5 ～ 7.0 的地块种植半夏。夏秋季多雨的地区，注意排水沟的深度以及田垄的宽度，应有助于排水。

3.加强栽培管理　加强田间管理，适当增施磷、钾肥，及时中耕除草，提高植株抗病能力。种植密度不宜过大，及时摘除病叶。

4.药剂防治　病重时可喷施 50mg/L 多菌灵·福美双可湿性粉剂、20mg/L 喹啉铜悬浮剂、10% 苯醚甲环唑水分散粒剂。以上杀菌剂对该病害均有较好的防治效果。除此之外，喷洒植物源杀菌剂 80% 乙蒜素乳油 800 ～ 1 000 倍液对该病也有很好的防治效果。

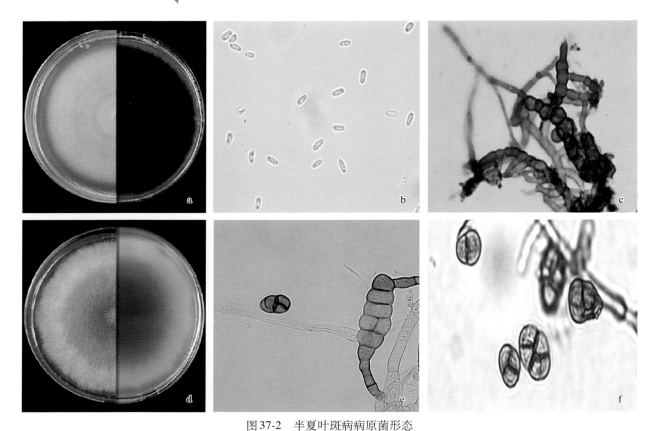

图37-2　半夏叶斑病病原菌形态

a.葫芦拟壳多孢菌培养性状　b、c.葫芦拟壳多孢菌分生孢子　d.茄链格孢菌培养性状　e、f.茄链格孢菌分生孢子

第二节　半夏白绢病

白绢病是半夏常发性真菌病害，该病害分布广泛，湖北、江苏、四川、江西各地种植基地均有发生。通常在初夏及雨水多发季节发病，发病率为15%～20%，难以防治，严重田块甚至绝收。

【症状】

半夏白绢病主要为害近地面的叶柄和地下的块茎。叶柄染病多从基部或贴近地表部分开始，染病初期呈暗褐色坏死，后期腐烂，染病部位覆盖白色绢丝状菌丝，地面部分有辐射状菌丝。侵染后期产生菌核，初为白色，后转为褐色。块茎染病，发病部位萎缩腐烂，表面附着白色菌丝（图37-3）。菌核直径为1～4mm，可在土壤中长期存活，条件适宜时，菌核萌发产生白色菌丝，侵染植物。

【病原】

半夏白绢病病原菌为担子菌无性型小核菌属齐整小核菌（*Sclerotium rolfsii* Sacc.），有性型为罗氏阿太菌［*Athelia rolfsii*（Curzi）C. C. Tu et Kimbr.］。该菌在PDA培养基上生长迅速，菌丝白色蓬松，生长后期形成菌核。其菌核为褐色、油菜籽状、有光泽（图37-4）。

【发生规律】

白绢病病原菌寄主范围非常广泛，且环境适应能力强，防控不及时会造成严重损失。病原菌能

图37-3　半夏白绢病症状

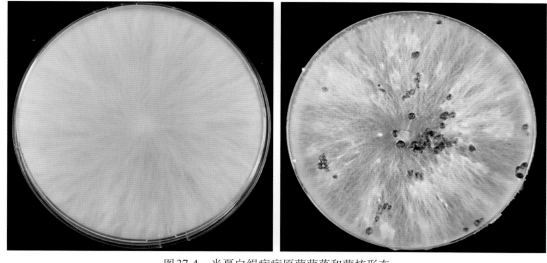

图37-4　半夏白绢病病原菌菌落和菌核形态

以成熟菌核、菌索、菌丝等形态在田间越冬，存在于土壤中或寄主病残体内，借土壤及水流传播，并以菌丝体在土中扩繁。病情一般从6月开始发展，7—8月为发病盛期，9月发病率降低，之后随着温度降低，发病停止。

【防控措施】

1.**科学选地**　半夏种植时宜选择湿润肥沃、保水保肥力较强、质地疏松、排灌良好、呈中性的沙质壤土或壤土，亦可选择半阴半阳的缓坡山地。应特别注意排水沟的深度以及田垄的宽度，应有助于排水。

2.**加强栽培管理**　连阴雨天气及时中耕松土，以防土壤板结，增加土壤透气性。避免密植，控制浇灌次数。如有发病植株，及时拔除病株并处理土壤。

3.**药剂防控**　29%石硫合剂300～500倍液和10%氟硅唑乳油8 000～10 000倍液对白绢病病原菌菌丝生长具有较好的抑制作用；1%蛇床子素、20%丁子香酚、0.5%小檗碱3种植物源杀菌剂对白绢病病原菌也有一定的抑制作用且可使该病原菌发生形态变异，致病力降低。微生物抑菌剂哈茨木霉菌和枯草芽孢杆菌对白绢病病原菌菌丝生长也具有较好的抑制作用。

第三节　半夏软腐病

软腐病是半夏栽培上最常见的土传细菌性病害，传播快，为害严重，防治困难，在半夏主产区均有发生。该病传染性强，发病后很快形成发病中心，并随土壤、雨水向四周蔓延。半夏软腐病发病率为20%～40%，部分道地产区基地发病较为严重，发病率高达80%，甚至绝产。

【症状】

患病叶片初现水渍状不规则软腐小斑，渐扩大，受害严重时全叶呈水烫状软腐死亡；患病茎呈腐烂状，有异味。患病茎叶若遇阳光暴晒则立即干枯死亡。患病地下部块茎迅速软腐，内组织软湿腐烂，呈石灰粉渣粒状，有臭味（图37-5）。软腐病在田间一般呈点状分布，常以病苗为中心向四周发展，造成幼苗成片软腐倒伏死亡。

【病原】

半夏软腐病病原菌为变形菌门（Proteobacteria）果胶杆菌属（*Pectobacterium*）胡萝卜果胶软腐杆菌胡萝卜亚种（*Pectobacteriurn carotovorum* subsp. *carotovorum*）。病原菌在LB培养基上形成圆形菌落，稍突起，有光泽，透明，黄白色。病原菌为革兰氏阴性菌，菌体短杆状，两端钝圆，大小为（0.5～0.7）μm×（1.0～2.0）μm，周生鞭毛4～6根（图37-6）。生长适宜温度25～30℃，生长最高温度38～39℃，最低温度4℃，致死温度48～51℃。

【发生规律】

半夏软腐病在不同地区、不同基地的发病时间、发病程度不同。通常5月中旬始发，部分基地4月开始发病，6—9月为病害高发期。一般在雨季之后，高温高湿、土壤排水不畅时会大面积暴发。病原菌在土壤及病残体上越冬，翌年环境适宜时经伤口或自然裂口侵入半夏，引起初侵染和再侵染。病原菌借雨水飞溅或昆虫传播蔓延，高温高湿和通风不良是本病发生的主要条件。半夏种植前种茎的消毒处理与软腐病的发生也有密切联系。

【防控措施】

1.**科学选地**　选取地势高的区域或坡地种植，深沟高畦、黏性土壤、排水不畅的田块均易发病。

图37-5　半夏软腐症状

a、b、c.地上部症状　　d、e、f.地下块茎症状

2.加强栽培管理　忌连作和栽培密度大，连作年限越长，发病越重。新栽地和轮作地发病率低。半夏种植1年后必须轮作5～8年才能复种。轮作应避开胡萝卜、马铃薯、番茄、黄瓜和白菜等易感病的作物。可与豆科、禾本科作物轮作倒茬。鼓励轮作期玉米间套种绿肥，从而培肥土壤。在烈日暴晒及高温时，应在垄边种植高秆作物如玉米、甘蔗等遮蔽阳光，或搭建遮阳网。及时拔除病株。及时

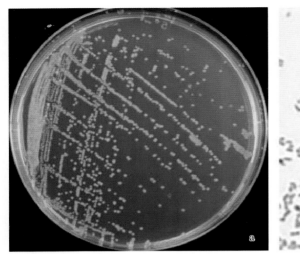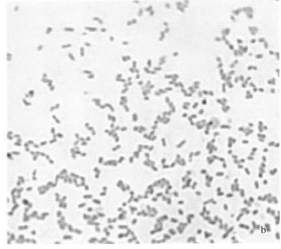

图 37-6　半夏软腐病病原菌形态
a.培养性状　b.革兰氏染色结果

防治地下害虫。

3.**土壤消毒**　半夏播种前可以用甲霜·噁霉灵、多菌灵或者翻晒高温杀菌等方式进行土壤消毒。每亩地可使用 2.5 ～ 3kg 0.1% 甲霜·噁霉灵水剂拌肥撒施或用 50% 多菌灵可湿性粉剂 500 ～ 1 000 倍液等药物均匀喷施进行土壤消毒。在夏季高温时，进行翻地、灌水并铺上地膜，密闭 1 ～ 2 周，使土壤表面温度达到 70℃以上，能够杀死土壤中的病原菌和虫卵。

4.**种苗消毒**　用 80% 乙蒜素悬浮剂 800 倍液、40% 二氯异氰尿酸钠可溶粉剂或 0.4% 甲醛水溶液浸种 20 ～ 30min，沥干后播种。

5.**药剂防控**　40% 二氯异氰尿酸钠可溶粉剂 900 ～ 1 200g/hm²、80% 乙蒜素悬浮剂 800 ～ 1 000倍液、50% 多菌灵可湿性粉剂 500 倍液、10% 多抗霉素水剂 500 倍液、70% 甲基硫菌灵可湿性粉剂500 倍液、75% 百菌清可湿性粉剂 500 倍液或 200 ～ 300 倍波尔多液等均具有较好的防控效果。

第四节　半夏病毒病

病毒病是半夏栽培区中广泛存在的叶部病害，发病率为 30% ～ 60%，尤其在湖北地区发病最为严重，严重时发病率可达 70%。

【症状】

半夏病毒病普遍症状为花叶、明脉、褪绿、环斑、黄化、矮化、叶皱缩等。患病叶片表现为叶缘下卷、皱缩严重，叶肉呈疱状突起，叶片呈黄绿相间斑驳，叶脉变褐弯曲。发病初期叶片畸形、轻微皱缩，随着病情加重，叶片开始卷曲，发病后期叶片叶脉坏死，植株矮小，叶片卷曲严重。生产上常出现多种病毒复合侵染的现象（图 37-7）。

【病原】

目前发现的半夏病毒病主要由黄瓜花叶病毒（*Cucumber mosaic virus*, CMV）、芋花叶病毒（*Dasheen mosaic virus*, DsMV）、大豆花叶病毒（*Soybean mosaic virus*, SMV）等侵染引起。黄瓜花叶病毒属于黄瓜花叶病毒属单链正义 RNA 病毒，是一个球形结构的粒子。病毒粒子为等轴对称，直径为 22 ～ 28nm。室温下体外存活 2 ～ 6d，−5℃存活 9 ～ 12 个月；−5℃以下，在切碎的叶片中病毒的传染性可以保持至少 3 年，冻干和 −18℃以下真空保存至少 11 年。芋花叶病毒最早于 20 世纪 60 年代

图37-7　半夏病毒病症状

在美国佛罗里达州由Zettler等发现，并确定为马铃薯Y病毒属（*Potyvirus*）的成员，随后中国、日本、印度、越南等国家相继报道有该病毒发生。大豆花叶病毒为马铃薯Y病毒属（*Potyvirus*）成员。病毒粒子线状，分散于细胞质和细胞核中，长、宽分别为630～750nm、13～19nm，在植物寄主细胞中可形成风轮状内含体（图37-8）。大豆花叶病毒的致死温度为55～65℃下10min，25℃下体外存活3～4d，0℃以下存活时间可达120d，温度越低，相对存活时间越长。

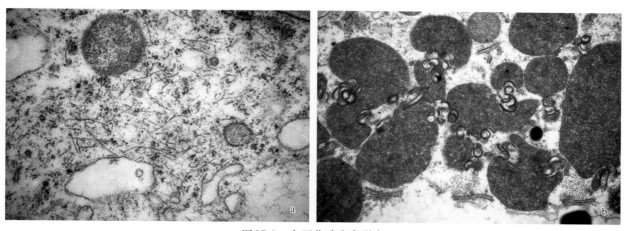

图37-8　大豆花叶病毒形态
a.病毒粒子　b.风轮状内含体

【发生规律】

　　病原病毒主要通过蚜虫、蓟马、叶蝉、叶螨等传播，也可通过机械损伤等途径传播。病毒在留种半夏母株内越冬传播。气温高、湿度大，蚜虫、蓟马发生早，会导致半夏病毒病暴发。

【防控措施】

　　1.科学选种　取健康无毒母株作繁殖材料，培育无毒种苗，通过组织培养或者种子繁殖获得无毒苗。
　　2.加强栽培管理　染病半夏是带毒体，引种时要严格检疫，防止人为传播到无病区。建立无病基地，选择生长健壮的植株留种，建立无毒种子基地。增施磷、钾肥，增强植株抗病力。

　　3.害虫防治　前期可通过防虫网、粘虫板等防护措施防治，后期防治传毒蚜虫，每亩喷洒50%抗蚜威可湿性粉剂10～20g。

　　4.药剂防治　发病初期喷洒20%盐酸吗啉胍·铜可湿性粉剂166～250g/hm^2，隔7～10d喷1次，连续防治喷3次。

第五节　半夏偶发性病害

表37-1　半夏偶发性病害特征

病害（病原）	症　状	发生规律
红茎病 (Erwinia persicina)	叶片出现内卷、枯萎，茎秆软化腐烂，无异味，珠芽附近茎秆变红，后期植株倒伏枯萎死亡	4—5月为高发期。雨季之后，高温高湿、土壤排水不畅时易大面积暴发
疫病 (Phytophthora parasitica)	叶片出现暗绿色水渍状病斑，随后叶片皱缩黄化，后期叶片焦枯，茎秆倒伏，传染性强	4—5月为高发期。雨季之后，高温高湿、土壤排水不畅时易大面积暴发
茎腐病 (Fusarium oxysporum)	茎基部产生浅褐色水渍状斑，逐渐缢缩呈环线褐色状斑，后期幼苗倒伏。湿度大时，生白色棉絮状菌丝	4月始发，5—6月为高发期。雨季之后，高温高湿、土壤排水不畅时易大面积暴发

刺五加病害

刺五加 [*Eleutherococus senticosus* (Rupr. & Maxim.) Maxim.] 为五加科五加属植物，灌木，其根、茎、叶均可入药。味微辛、微苦，性微温，无毒，归脾、肾、心经。现代医学研究证明，刺五加所含的主要成分具有较好的抗衰老、抗疲劳作用，能增强体力和智力，并具有调节神经系统的作用。我国近年来把刺五加用作保肝、抗癌、滋补、强壮的药材。

刺五加生于森林或灌丛中，海拔数百米至2 000m均可生长；喜温暖湿润气候，耐寒、耐微荫蔽；宜选向阳、腐殖质层深厚、土壤微酸性的沙质壤土栽培。

刺五加在我国主要分布于黑龙江（小兴安岭、伊春市带岭）、吉林（吉林、通化、安图、长白山）、辽宁（沈阳）、河北（雾灵山、承德、百花山、小五台山、内丘）和山西（霍县、中阳、兴县）。

刺五加病害主要有黑斑病、灰霉病、苗期立枯病、根腐病等。

第一节　刺五加灰霉病

灰霉病是近年来刺五加栽培中的一种常见的叶部病害。尤其在栽培过密、地势低洼的情况下更容易发生，轻则叶片受害，导致叶片干枯，早期脱落，重则影响树势。在苗床地因种植密度大，可导致植株干枯死亡，造成缺苗断垄。目前已知刺五加灰霉病在吉林省发生严重。

【症状】

该病主要为害刺五加叶片，发病时间主要在6—8月，首先在叶缘或叶尖处发病，逐渐扩展形成不规则形病斑，后期病斑干枯易破裂，随着病情发展，病斑呈灰褐色，在湿度大时出现灰色霉层。严重时病斑扩展至叶片的一半或全部，湿度较低时叶片干枯，较易破碎（图38-1）。

【病原】

刺五加灰霉病病原菌为子囊菌无性型葡萄孢属灰葡萄孢（*Botrytis cinerea* Pers.:Fr.）[有性型：*Botryotinia fruckeliana* (de Bary) Whetzel，异名：*Sclerotinia fuckeliana* (de Bary) Fuckel]。病部产生的灰色霉层即病原菌的分生孢子梗和分生孢子。灰葡萄孢在PDA培养基上25℃下培养2d长出菌丝，初为灰白色，随着菌丝生长颜色加深变为深灰色或灰绿色，呈丝绒状，4～6d长满平板；7d在培养基周围及底部形成黑褐色菌核；10d后大量产孢。分生孢子梗较长，多数根丛生，直立，褐色，有隔，大小为（100～150）μm×（5～10）μm，顶端具1～2次分枝；分枝顶端膨大呈头状，其上密生小柄，产生大量分生孢子，状如葡萄穗。分生孢子球形至卵球形，单胞，无色，表面光滑，大小为（6～10）μm×（7～13）μm（图38-2）。

图38-1 刺五加灰霉病症状

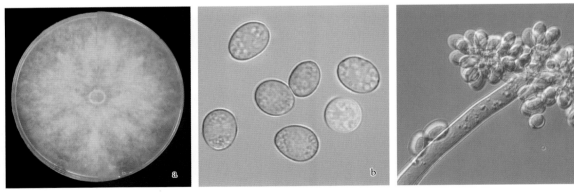

图38-2 刺五加灰霉病病原菌形态
a.培养性状　b.分生孢子　c.分生孢子梗

【发生规律】

病原菌主要以菌丝体在病残体和土壤中越冬。翌年病原菌孢子或菌丝萌发经伤口或直接侵染叶片，形成大量分生孢子进行传播，风雨淋溅、农事操作是病害传播的主要途径。在刺五加生育期内，病原菌可进行多次再侵染，蔓延迅速。持续低温多雨、湿度过大是病害发生和流行的适宜条件，在东北6月中旬至8月中旬为发病盛期。

【防控措施】

1.农业防治 选用优良抗病品种；合理密植，营造田间通风透光良好的小气候，避免过度密植引起植株郁闭；加强栽培管理，注意雨后及时排涝；清洁田园，在秋后及时清理落叶，集中深埋或销毁，减少初侵染来源。

2.生物防治 可选用300亿/g蜡质芽孢杆菌可湿性粉剂、1 000亿活孢子/g荧光假单胞菌可湿性粉剂、10%多抗霉素可湿性粉剂、1%呻嗪霉素悬浮剂、1%苦参碱可溶液剂、0.3%丁子香酚可溶液剂、5%香芹酚水剂等生物药剂进行防治。

3.化学防治 发病初期可选用50%异菌脲可湿性粉剂、250g/L丙环唑乳油、400g/L氟硅唑乳油、30%乙霉威·多菌灵可湿性粉剂、50%菌核净可湿性粉剂进行防治，7~10d用药1次。注意药剂的轮换使用。

第二节 刺五加黑斑病

黑斑病是吉林省刺五加生产中发生最为普遍、最为严重的叶部病害。该病害发生后可导致叶片病斑连片，干枯脱落，严重影响刺五加产业的发展。

【症状】

该病主要为害刺五加叶片，幼叶最早发病，最初产生褐色至黑褐色、直径为1~2mm的圆形斑点，边缘明显，后斑点逐渐扩大为近圆形或不规则形，中心灰白色或灰褐色，边缘黑褐色，有时有轮纹。病斑多时相互合并成不规则形的大病斑，使叶片焦枯、畸形，引起早期落叶。天气潮湿时，病斑表面遍生黑霉（图38-3）。

图38-3 刺五加黑斑病叶部症状

【病原】

该病害由子囊菌无性型链格孢属细极链格孢菌 [*Alternaria tenuissima*（Nees.:Fr.）Wiltshire] 和链格孢菌 [*A. alternata*（Fr.）Keissl.] 侵染引起。

细极链格孢菌在PDA培养基上菌丝平铺生长，致密，绒毛状，菌丝发达，气生菌丝灰白色，菌落初期为白色菌丝，随着菌落生长中间颜色逐渐变深最终呈浅灰色，菌落边缘仍为白色，7d可长满培养皿。分生孢子链生，倒棍棒形、卵形或近椭圆形，具有1~6个横隔膜、1~3个纵斜隔膜，分隔处略缢缩，大小为（6.65～12.43）μm×（16.87～46.32）μm（平均为9.89μm×29.53μm）（图38-4a、b、c）。

链格孢菌在PDA培养基上气生菌丝较茂盛。菌落开始呈白色，后逐渐变成灰色，背面为黑色。分生孢子梗单生或者数根簇生，有的直立，有的弯曲，有明显分隔，稍有分枝，颜色呈淡褐色或褐色。分生孢子单生或者短链生，卵形或者椭圆形，淡褐色至褐色，具有3～7个横隔膜、1～4个纵斜隔膜，大小为（10～30）μm×（5～12）μm。喙或假喙呈柱状，浅褐色（图38-4d、e、f）。

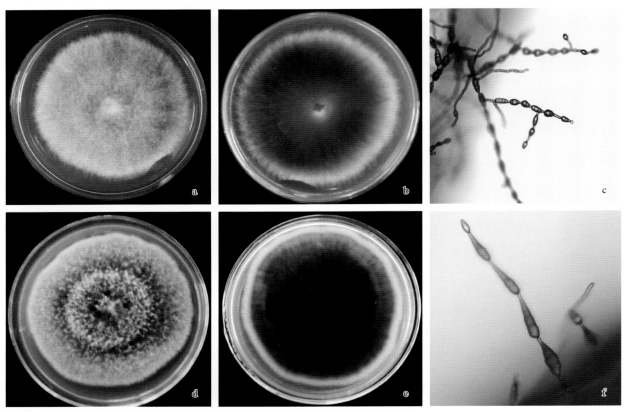

图38-4　刺五加黑斑病病原菌形态
a、b.细极链格孢菌培养性状　c.细极链格孢菌分生孢子链　d、e.链格孢菌培养性状　f.链格孢菌分生孢子链

【发生规律】

病原菌主要以分生孢子及菌丝体在被害叶及枝梢上越冬，翌年春天，在温湿度适合时产生大量分生孢子借风雨进行传播，再侵染频繁。该病害在东北地区5月20日左右始见病斑，6—8月为发病高峰。

黑斑病发病轻重与气候和树势强弱关系密切。一般气温在24～28℃，连续阴雨，有利于黑斑病的发生和蔓延。树势健壮，发病较轻；树势衰弱，则发病较重。施肥不足、偏施氮肥均有利于此病的发生。

【防控措施】

1.农业防治　加强栽培管理，及时修剪病枝和多余枝条，增强通风透光性，以改变田园小气候；雨后及时排水，防止湿气滞留。这样既有利于刺五加生长，又不利于病害的发生。秋季落叶后及时清理田园，将枯枝落叶集中销毁或深埋，可以减少田间病源。

2.生物防治　发病初期可选用1 000亿芽孢/g枯草芽孢杆菌可湿性粉剂、10%多抗霉素可湿性粉剂、80%乙蒜素乳油、4%嘧啶核苷类抗菌素水剂等进行防治。

3.化学防治　可于6月初（初现病叶期）喷洒70%甲基硫菌灵可湿性粉剂、10%苯醚甲环唑水分散粒剂、50%异菌脲可湿性粉剂、80%代森锰锌可湿性粉剂、25%嘧菌酯悬浮剂、25%丙环唑乳油、450g/L咪鲜胺水乳剂等，7～10d喷1次，连续使用2～3次。为了防止产生抗药性，药剂应交替使用。

人参病害

人参（*Panax ginseng* C. A. Meyer）是五加科人参属多年生草本植物，分布于中国、俄罗斯和朝鲜。在中国分布于辽宁东部、吉林东半部和黑龙江东部。

人参的肉质根为强壮滋补药，适用于调整血压、恢复心脏功能、神经衰弱及身体虚弱等症，也有祛痰、健胃、利尿、兴奋等功效。人参的茎、叶、花、果以及加工副产品都是轻工业的原料，可加工出诸如含有人参成分的烟、酒、茶、膏等商品。一般生于海拔数百米的落叶阔叶林或针叶阔叶混交林下。喜质地疏松、通气性好、排水性好、养料肥沃的沙质壤土；喜阴，凉爽而湿润的气候对其生长有利；耐低温，忌强光直射，喜散射较弱的光照。

人参主要病害有灰霉病、黑斑病、炭疽病、立枯病、猝倒病、锈腐病、菌核病、疫病、炭疽病、细菌性软腐病等。

第一节　人参灰霉病

灰霉病主要为害人参叶片、叶柄、花和果实，造成茎、叶萎缩枯死，严重时亦可为害茎及根部。田间发病率一般为20%～30%，严重时可达80%以上，给种植户带来极大困扰。

【症状】

叶部发病，初期出现水渍状、灰褐色斑点，多从叶尖或叶缘开始侵染，典型侵染表型特征为倒V形病斑，后病斑迅速扩展，叶片正面和背面均具灰色霉层。发病后期病斑连片、组织坏死，易破裂脱落，叶片易穿孔。茎部发病，初期出现水渍状小点，逐渐扩展为浅褐色、长椭圆形或不规则形病斑，严重时病部以上茎叶枯死，产生大量灰色霉层；柱头或花瓣被侵染后，可向果实或果柄扩展，受害果实不能正常产籽（图39-1）。

【病原】

人参灰霉病病原菌为子囊菌无性型葡萄孢属灰葡萄孢（*Botrytis cinerea* Pers.:Fr.）。灰葡萄孢在PDA培养基中菌丝生长较快呈放射状，由白色逐渐加深为深浅不一的灰褐色，气生菌丝较为繁茂。褐色的分生孢子梗稀疏或密集成簇或松散地分布于菌落中，大小为（637.21～1 213.68）μm×（6.72～16.23）μm，一般在2/3孢子梗以上位置呈锐角分枝或不分枝。分生孢子呈侧卵圆形、椭圆形等形状，其中一端稍突，少数带有产孢细胞脱落时的小柄，多数残留于主干之上，大小一般为（5.67～10.25）μm×（7.49～14.33）μm，长宽比值为1.00～1.74。菌核直径为2.58～3.16μm，单生（表面光滑）或聚集（表面有疣或轮纹）且形状较为多样，菌核成熟时，表面可萌发出新菌丝（图39-2）。

图39-1　人参灰霉病田间症状

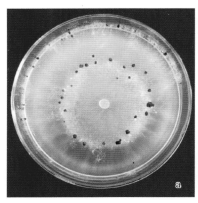
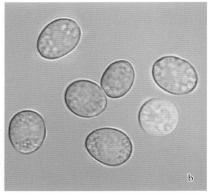
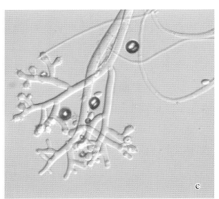

图39-2　人参灰霉病病原菌形态
a.培养性状　b.分生孢子　c.分生孢子梗

【发生规律】

人参灰霉病在不同地区、不同田间管理水平下发病时间、发病程度均不相同。通常6月下旬开始发生，7月中旬至8月下旬进入发病盛期。人参灰霉病的发生与环境温度、湿度关系密切，空气湿度高、连续阴雨天、地势低洼积水等均利于人参灰霉病发生。

【防控措施】

1.种子、种苗处理　播种前每100kg种子用25g/L咯菌腈悬浮种衣剂200～400mL拌种或每100kg种苗用25g/L咯菌腈悬浮种衣剂400mL浸5min，然后置于阴凉干燥处晾干后播种。

2.床面消毒　防寒土撤去后，用40%嘧霉胺悬浮剂450～750mL/hm²或3×10⁸CFU/g 1 500～2 100g/hm²哈茨木霉可湿性粉剂进行床面消毒。

3.加强田间管理　通过调节参棚遮光率等措施，创造合适的通风透光环境，以降低棚内温、湿度，减少病害发生及再侵染的概率。入冬前务必清洁田园与参床，销毁或深埋上一年度的病残体。

4.药剂防治　于人参出土后的展叶期，用50%嘧菌环胺水分散粒剂600～900g/hm²或43%氟菌·肟菌酯悬浮剂375～450mL/ hm²、1 000亿CFU/g枯草芽孢杆菌可湿性粉剂900～1 200g/ hm²进行叶面喷雾。在生育期内，几种农药可交替使用，间隔期为7～10d。

第二节　人参黑斑病

黑斑病是人参地上部发生最普遍、造成严重损失的主要病害之一，给我国的人参种植区参农带来极大困扰。条件适宜时黑斑病发展迅速，可在很短时间内传遍参园。发病率一般在20%～30%，严重时可达80%以上。该病造成早期落叶，致使参籽、参根的产量低，品质差。

【症状】

该病主要为害人参叶片，也可为害茎、花梗、果实等，但以叶片和茎秆为主。叶片发病，病斑近圆形或不规则形，黄褐色至棕褐色，稍带轮纹，后期常因病斑连片导致叶片提早干枯或脱落。茎部发病，病斑初期椭圆形或长椭圆形，黄褐色，可向上、下扩展，后期中间凹陷，颜色由黄褐色变为黑色，其上着生黑色霉层，严重时可致茎秆倒伏，参农俗称"疤痢秆子"。花梗发病，可导致花序枯死，后期果实与籽粒干瘪。果实受害时，初期表面产生褐色斑点，后期果实逐渐被抽干致干瘪，提早脱落，参农俗称"吊干籽"（图39-3）。种子染病初期表面米黄色，逐渐转为锈褐色。由黑斑病造成的根部腐烂一般发生在苗床地，虽发生不普遍，但个别地区发病严重时，对产量也会造成影响。

图39-3　人参黑斑病症状

【病原】

人参黑斑病病原菌为子囊菌无性型链格孢属人参链格孢菌（*Alternaria panax* Whetzel）。分生孢子梗束生，2～16根，褐色至黑褐色，顶端颜色变浅，基部细胞稍膨大，无分枝，直或具一个膝状节，具1～5个隔膜，大小为（16～64）μm×（3～5）μm。分生孢子单生或串生，长椭圆形或倒棍棒形，黄褐色，有横竖隔膜，隔膜处稍有缢缩，顶部具稍短至细长的喙，色淡（图39-4）。该病原菌主要侵染人参等五加科植物。

【发生规律】

病原菌以菌丝体和分生孢子在病残体、参籽、参根及土壤中越冬。在东北，5月中旬至6月上旬开始发病，7—8月发展迅速。病斑上可产生大量的分生孢子，借风雨、气流飞散，在人参生育期内

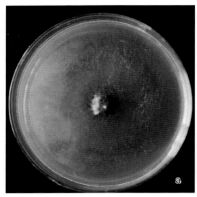 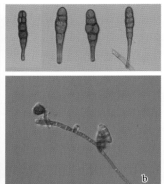 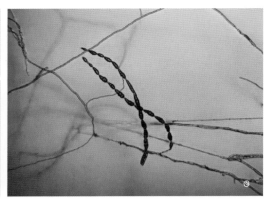

图39-4　人参黑斑病病原菌形态
a.培养性状　b.分生孢子　c.分生孢子链

反复引起再侵染，直至9月中下旬。降水量和空气湿度是人参黑斑病发生发展和流行的关键因素。根据多年的调查分析，田间平均气温在18 ℃以上，6月中旬降水量在40mm左右，7—8月平均气温在18 ～ 27℃，降水量130mm以上，当年病害发生严重。

【防控措施】

1.加强田间管理　保持人参棚内良好的通风条件，夏季和秋初减少光照。做好秋后参床清洁工作，彻底清除并销毁或深埋参床上的病残体，防止成为来年的初侵染源。

2.选用无病种子　实行种子和参苗消毒。每100kg种子用25g/L咯菌腈悬浮种衣剂200 ～ 400mL或每100kg种苗用25g/L咯菌腈悬浮种衣剂400mL浸5min。晾干后种植，防效显著。

3.药剂防治　参苗出土后，要及时喷药预防，特别是对老病区，出苗前喷施10%苯醚甲环唑水分散粒剂 800 ～ 1 200g/hm²，展叶期喷施25%嘧菌酯悬浮剂300 ～ 450mL/hm²、77%氢氧化铜可湿性粉剂2 250 ～ 3 000g/hm²或1 × 10¹¹亿芽孢/g 枯草芽孢杆菌可湿性粉剂800 ～ 1 200g/hm²。每隔7 ～ 10d喷1次。可轮换使用，以防产生抗药性。生长期间发现病株应及时清除，集中销毁，对严重病区可喷10%苯醚甲环唑水分散粒剂 800 ～ 1 200g/hm² + 25%嘧菌酯悬浮剂300 ～ 450mL/hm²。

第三节　人参炭疽病

人参炭疽病一般在林下参种植区域发病普遍，园参种植区发生不普遍，但个别年份发生较重，严重地块发病率可达100%。发病严重时，也可导致地上部枯萎死亡，影响参根的生长及越冬芽的形成，导致产量下降。

【症状】

人参炭疽病主要为害人参的茎、叶及种子。叶上病斑圆形或近圆形，发病初期为暗绿色小点，逐渐扩大，一般直径为2 ～ 5mm，最大可达15 ～ 20mm。病斑边缘清晰可见，呈黄褐色或褐色，有轮纹。后期病斑中央呈黄白色，并密生黑色小点，即病原菌的分生孢子盘。干燥后病斑易破裂、穿孔。病情严重时，病斑多连片，导致叶片枯萎，提早脱落。茎和花梗上病斑长椭圆形，边缘暗褐色，中间浅黄色至淡褐色。果实和种子上病斑圆形，褐色，边缘明显（图39-5）。

【病原】

人参炭疽病病原菌为子囊菌无性型炭疽菌属人参炭疽菌（*Colletotrichum panacicola* Uyeda et Takim）。分生孢子盘初期埋生于组织内，后期突破表皮，刚毛分散在分生孢子盘中，数量很少，暗褐色，顶端色

图39-5　人参炭疽病症状

淡，正直或微弯，基部稍大，顶端略尖，具1～3个隔膜，大小为（32～118）μm×（4～8）μm。分生孢子梗圆柱状，正直，单胞，无色，大小为（16～23）μm×（4～5）μm。分生孢子长圆柱形，无色，单胞，正直，两端较圆或一端钝圆，内含物颗粒状，大小为（8～18）μm×（3～5）μm（图39-6）。

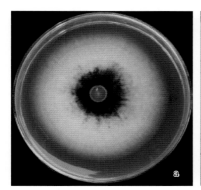
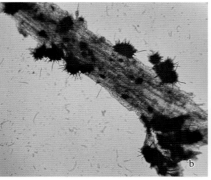
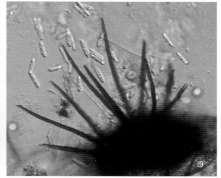

图39-6　人参炭疽病病原菌形态
a.培养性状　b.分生孢子器　c.刚毛

【发生规律】

病原菌以菌丝体和分生孢子在病残体和种子上越冬。翌年春天条件适宜时，病原菌产生分生孢子，借风力和雨水传播，引起初侵染。发病部位上可不断产生大量的分生孢子引起再侵染。分生孢子在相对湿度100%条件下易萌发，并长出芽管和附着胞。病原菌可以从伤口和自然孔口侵入，其中以直接侵入为主。雨水多、空气湿度大，有利于病害的发生和流行。病原菌生长发育的适宜温度为24～25℃，低于10℃或高于30℃，病原菌的生长和孢子萌发均受到抑制。该病在东北6月中下旬开始发生，7月初期至8月初期为盛发期，此后随着温度升高，天气炎热后病害逐渐停止发生。

【防控措施】

1.种子、种苗处理　每100kg种子用25g/L咯菌腈悬浮种衣剂200～400mL或每100kg种苗用

25g/L咯菌腈悬浮种衣剂400mL浸5min。晾干后种植，防效显著。

　　2.床面消毒　防寒土撤去后，用30%唑醚·戊唑醇悬浮剂300～450mL/hm²进行床面消毒。

　　3.加强田间管理　通过调节参棚光照等措施，创造良好的光照、通风环境，以降低棚内温、湿度，减少发病及再侵染的机会。

　　4.药剂防治　于人参出土后的展叶期，用30%唑醚·戊唑醇悬浮剂300～450mL/hm²叶面喷雾，每7～10d喷施1次，共喷施2～3次。

第四节　人参立枯病

　　立枯病是人参苗期的主要病害之一。该病害发生普遍，且分布广泛，人参种植区几乎都有发生。参株被害率一般在10%以上，严重的地块可达60%，造成参苗成片死亡，损失较为严重。

【症状】

　　此病害主要发生在幼苗茎基部距土表3～5cm的干湿土交界处。病害发生初期，茎基部呈现黄褐色略凹陷的长斑，受害组织逐渐腐烂、缢缩。发病严重时，病斑横向扩展深入参茎内，并可环绕整个茎基部，导致内部组织被破坏，幼苗枯萎死亡。出土前受害的参苗绝大多数不能出土，幼芽在土中就腐烂。在田间可观察到明显的发病中心，中心病株出现后，向四周蔓延迅速，导致幼苗成片死亡（图39-7）。湿度大时，病部及周围土壤常见褐色菌丝体。

图39-7　人参立枯病症状

【病原】

　　人参立枯病病原菌为担子菌无性型丝核菌属立枯丝核菌（*Rhizoctonia solani* Kühn）。立枯丝核菌在PDA培养基上菌落初为土灰色，后为黄褐色至褐色。菌丝有隔，多核，直径7～13μm，呈直角分枝，分枝处有缢缩，隔膜在离分枝不远处，后期菌丝变为棕褐色至褐色，可形成形状不规则的菌核，直径为1～3mm，深褐色，常数个菌核以菌丝相连（图39-8）。

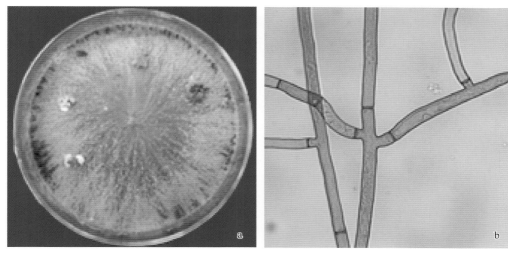

图39-8　人参立枯病病原菌形态
a.培养性状　b.菌丝

【发生规律】

病原菌以菌丝体、菌核在病残体或土壤中越冬，成为翌年的初侵染源。菌核可在土壤中存活3年甚至更久。5～6cm土层内温度、湿度适宜时，菌丝即在土壤中迅速蔓延，多从伤口或直接侵染人参幼茎。菌核可借助雨水及农事操作进行传播。在东北，6月中下旬是人参立枯病的盛发期。天气高温干燥，土壤温度上升至16℃以上时，病原菌便进入休眠阶段，停止生长和蔓延。早春雨雪交加，冻、化交替，常导致人参立枯病大流行。黏重土壤、低洼地块往往是立枯病发生概率比较大的区域；此外，播种密度过大，出苗展叶后会影响空气流通，这也增加了参苗之间相互传染的机会。

【防控措施】

1.种子处理　每100kg种子用25g/L咯菌腈悬浮种衣剂200～400mL包衣。晾干后播种，防效显著。

2.土壤药剂处理　用30%精甲霜灵·噁霉灵可溶液剂1.5～2.0mL/m²、5×10⁹CFU/g多黏类芽孢杆菌可湿性粉剂4～6g/m²或1×10⁹CFU/g枯草芽孢杆菌可湿性粉剂2～3g/m²喷施（渗入约5cm土层内）进行土壤消毒。也可在早春参苗出土后，用上述剂量药液浇灌床面。

3.加强栽培管理　选择土质肥沃、疏松通气的土壤，最好是沙壤土做苗床，要高作床，以防积水，并注意雨季排水。出苗后勤松土，以提高土温，使土壤疏松，通气良好。发现中心病株立即拔掉，必要时可用30%精甲·噁霉灵可溶液剂1.5～2.0mL/m²浇灌病穴，以防止蔓延。

4.药剂防治　发病初期，用30%精甲霜灵·噁霉灵可溶液剂1.5～2.0mL/m²叶面及茎基部喷洒，用药间隔期7～10d。对发病严重的地块，可酌情加大药液量和用水量进行浇灌，以渗入土层5cm左右为宜。

第五节　人参猝倒病

猝倒病也是人参苗期常见多发病之一，严重时可造成参苗成片死亡。该病害在人参产区发生普遍，几乎每年都有发生。参株被害率一般在1%～10%，严重的地块可达30%以上，造成参苗成片死亡，损失较为严重。

【症状】

发病初期，在近地面处幼茎基部出现水渍状暗色病斑，田间湿度大时病斑扩展迅速，发病部位缢缩变软，最后植株倒伏死亡，此时叶片仍为绿色不萎蔫（图39-9）。参床湿度大时，在病部表面常出现一层灰白色霉状物。

图39-9　人参猝倒病症状

【病原】

人参猝倒病病原菌为卵菌门腐霉属德巴利腐霉（*Pythium debaryanum* R. Hesse）。德巴利腐霉在PDA培养基上菌丝体呈白色棉絮状，不繁茂，菌丝较细，有分枝，无隔膜，直径2～6μm。孢子囊顶生或间生，球形至近球形，或不规则裂片状，直径15～25μm，成熟后一般不脱落，有时具微小乳突，无色，表面光滑，内含物颗粒状。孢子囊萌发时产生芽管，顶端膨大成泡囊，孢子囊的全部内含物通过芽管转移到泡囊内，不久，在泡囊内形成游动孢子，30～38个，泡囊破裂后，散出游动孢子。游动孢子肾形，无色，大小为（4～10）μm×（2～5）μm，侧生2根鞭毛，游动不久便休止。卵孢子球形，淡黄色，1个藏卵器内含1个卵孢子，表面光滑，直径10～22μm（图39-10）。

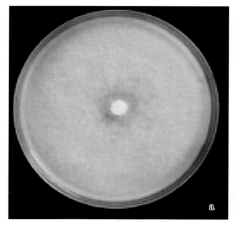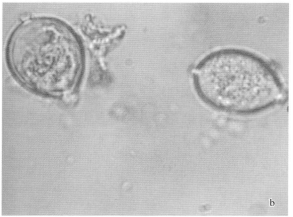

图39-10　人参猝倒病病原菌形态

a.培养性状　b.孢子囊

【发生规律】

该病原菌的腐生性极强，可长期在土壤中存活。病原菌一旦侵入寄主，在组织中扩展较快，蔓延到细胞内和细胞间，在发病组织上产生孢子囊，释放游动孢子进行再侵染。后期病原菌可在病组织内形成卵孢子越冬。在土壤中越冬的卵孢子能存活1年以上。病原菌主要通过风、雨水和流水传播。病原菌侵染的最适温度为15～16℃，低温、高湿、土壤通气不良、苗床植株过密均有利于该病原菌的生长繁殖及侵染。

【防控措施】

1.种子处理　参考人参立枯病。

2.加强田间管理　要求参床排水良好、通风透气、土壤疏松，避免湿度过大。防止参棚漏雨，如遇漏雨情况需要及时修补。田间发现病株应立即拔除，并在病区浇灌30%精甲霜灵·噁霉灵水剂1.5mL/m²。

3.药剂防治　在苗床上叶面喷洒1：1：180波尔多液或30%精甲霜灵·噁霉灵水剂1.5～2mL/m²、40%二氯异氰尿酸钠可溶粉剂6～12g/m²、50亿CFU/g多黏类芽孢杆菌可湿性粉剂4～6g/m²等药剂。

第六节　人参锈腐病

锈腐病为人参根部的主要病害之一，田间发病率一般为20%～30%，个别严重地块可达70％以上。从幼苗到成株的各个时期均有发生，且随着参龄的增加呈加重趋势，严重降低人参的产量、质量，影响商品价值，给人参生产造成重大的经济损失。

【症状】

该病主要为害人参的根、地下茎、越冬芽。参根受害，初期在侵染部位出现黄褐色小点，逐渐扩大为近圆形或不规则形的褐色病斑。参根发病轻时，表皮完好，不伤及内部组织，病斑仅在表皮下几层细胞发病；发病严重时，不仅破坏表皮，且深入根内组织，病斑处聚积大量锈粉状物。发病较轻时，一般地上部无明显症状；发病重时，地上部表现植株矮小，叶片不展，呈红褐色，最终可枯萎死亡。病原菌侵染芦头时，可向上、向下发展，导致地下茎发病倒伏死亡。越冬芽受害后，受害部位出现黄褐色病斑，严重时在地下腐烂，不能出苗（图39-11）。

【病原】

病原菌主要为子囊菌无性型柱孢属毁灭土赤壳 [*Ilynectria destructans* (Zinssm.) Scholten]。气生菌丝繁茂，初灰白色，后褐色。分生孢子单生或聚生，圆柱状或近柱圆状，无色，透明，单胞或1～3个隔膜，少数可达4～6个隔膜，直立或略弯曲。厚垣孢子球形，黄褐色，间生或串生。病原菌为弱寄生菌，在发病参根中易分离得到。病原菌生长最适温度为22～24℃，低于15℃或高于28℃则生长明显减弱（图39-12）。

【发生规律】

病原菌可在土壤中长期存活，为土壤习居菌。参根在整个生育期内均可被侵染。病原菌主要以菌丝体和厚垣孢子在参根和土壤中越冬。翌年条件适宜时，即可从损伤部位侵入参根。该病随带病的种苗、病残体、带菌土壤以及人工操作等进行传播。参根内都普遍带有潜伏的病原菌，带菌率随参龄的增长而提高，参龄愈大发病愈重。土壤黏重、板结、积水，酸性土及土壤肥力不足会使参根生长不

图 39-11　人参锈腐病症状

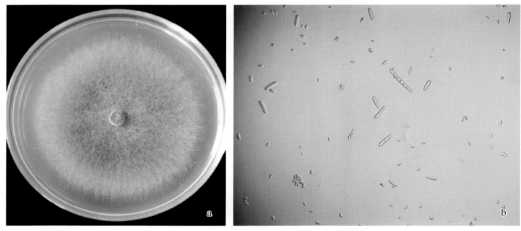

图 39-12　人参锈腐病病原菌形态

a.培养性状　b.分生孢子

良，有利于锈腐病的发生，整个生育期均可发生。锈腐病在吉林一般于4月下旬至5月初开始发病，6—7月为盛发期，9—10月病害基本停止扩展。

【防控措施】

1.加强栽培管理　选择背风的阴坡地块，坡度小于45°。栽参前要使土壤经过1年以上的熟化，精细整地作床。实行2年制移栽，改秋栽为春栽，避免冻害发生。

2.精选参苗及药剂处理　移栽参苗要严格挑选无病、无伤残的，以减少侵染机会。参苗可用25%噻·咯·霜灵种子处理悬浮剂500倍液于栽前浸根30min或用25g/L咯菌腈悬浮种衣剂500倍液浸根30min，可减轻锈腐病的发生。除此之外，播种前需要进行种子包衣处理。

3.土壤处理　播种或移栽前用50%多菌灵可湿性粉剂或70%甲基硫菌灵可湿性粉剂8～10g/m²进行土壤消毒。

4.清除病株及病穴消毒　发现病株及时挖掉，并用70%甲基硫菌灵可湿性粉剂对病穴周围的土壤进行消毒。发病期用250g/L嘧菌酯悬浮剂、10%苯醚甲环唑水分散粒剂或70%甲基硫菌灵可湿性粉剂500倍液浇灌病穴，可在一定范围内抑制病害的蔓延。

5.生物防治　应用防病促生生物菌肥和菌剂，可达到防病增产的作用。栽参时施入3亿CFU/g哈茨木霉可湿性粉剂、100亿CFU/g枯草芽孢杆菌可湿性粉剂或10亿CFU/g解淀粉芽孢杆菌可湿性粉剂，对锈腐病有较好防效。

第七节　人参疫病

疫病是人参成株期发生较为严重的病害。在美国、加拿大、俄罗斯、朝鲜、日本及我国东北地区人参主产区普遍发生。一般植株被害率为10%～20%，严重可达50%以上，病害流行时损失较为严重。

【症状】

该病主要为害叶片、叶柄、茎和参根，在整个生育期内均有发生。发病初期，叶上病斑呈水渍状，暗绿色，不规则形，发展很快，能使全部复叶枯萎下垂，参农俗称"奉手巾"。空气湿度大时，病部出现黄白色霉层。叶柄被害后呈水渍状，软腐，凋萎下垂，参农俗称"吊死鬼"。茎发病后，水渍状暗色的长条斑很快腐烂，使茎软化、倒伏（图39-13）。根部感病，初为黄褐色湿腐状，表皮极易剥离，根肉呈黄褐色。腐烂的参根常伴有细菌、镰孢菌的复合侵染，还有大量的腐生线虫。烂根有特殊的腥臭味。后期，外皮常有白色的菌丝围绕，菌丝间夹带着土粒。

图39-13　人参疫病症状

【病原】

人参疫病病原菌为卵菌门疫霉属恶疫霉 [*Phytophthora cactorum* (Lebert et Cohn) J. Schröt.]。菌丝体白色，棉絮状，有分枝，无隔膜，无色。游动孢子囊梗无色，无隔膜，无分枝或有分枝，宽4～

5μm，上生一个卵形或梨形的游动孢子囊，无色，顶端具明显的乳头状突起，大小为（32～54）μm×（19～30）μm，孢子囊萌发后可释放游动孢子（图39-14）。

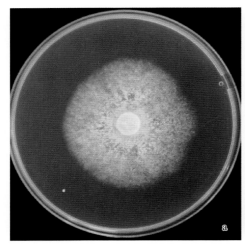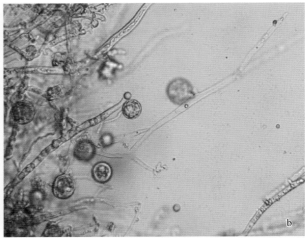

图39-14　人参疫病病原菌形态

a.培养性状　b.游动孢子囊梗及游动孢子囊

【发生规律】

病原菌的菌丝体和孢子囊不能在土壤中越冬，但卵孢子可在土壤中存活4年甚至更久，是主要的初侵染源。此外，菌丝体可在病残体上越冬。翌年条件合适时，卵孢子形成孢子囊直接萌发长出芽管及附着胞，产生侵入丝由叶片气孔侵入叶片组织；孢子囊也可萌发释放游动孢子直接侵染参根、叶或叶腋。该病主要靠风、雨及农事操作传播，根部主要靠接触传播。在东北5月下旬至6月初开始发病，6月下旬至7月中下旬为发病盛期。气温在20℃以上、空气相对湿度在80%以上、土壤相对湿度在50%以上时有利发病。如连续降雨、土壤板结、植株过密、通风透光不良，疫病会大发生。

【防控措施】

1.加强参棚管理　多雨季节密切关注参棚，严防参棚漏雨，注意排水，保持床内水分适度。

2.加强田间管理　保持合适的栽培密度，保证田间通风透光良好，及时除草、松土降湿。保持田园清洁，不使用未腐熟的肥料。秋季将植株残体、覆盖物清除干净。拔除的病株要运出种植区域销毁或深埋，病穴用生石灰或80%烯酰吗啉水分散粒剂封闭消毒。

3.药剂防治　发病初期每亩喷洒687.5g/L氟菌·霜霉威悬浮剂80～100mL或23.4%双炔酰菌胺悬浮剂40～60mL、25%甲霜·霜霉威可湿性粉剂80～120g、500g/L氟啶胺悬浮剂25～35mL、72%霜脲·锰锌可湿性粉剂100～170g等药剂，每7～10d喷施1次，共喷2～3次。

地 黄 病 害

地黄 [*Rehmannia glutinosa* (Gaertn.) Libosch. ex Fisch. & C. A. Mey.] 为玄参科地黄属多年生草本植物，生于海拔50～1 100m的山坡及路旁荒地等处。因其地下块根为黄白色而得名地黄，其根部为传统中药之一。

地黄在国内各地及国外均有栽培，国内主要分布于辽宁、河北、河南、山东、山西、陕西、甘肃、内蒙古、江苏、湖北等省份。鲜地黄清热凉血，用于治疗热病伤阴、舌绛烦渴、温毒发斑、吐血、咽喉肿痛；生地黄养阴生津，用于治疗热入营血、温毒发斑、吐血、热病伤阴、舌绛烦渴、津伤便秘、阴虚发热、骨蒸劳热、内热消渴；熟地黄为补益药，用于治疗血虚萎黄、心悸怔忡、月经不调、崩漏下血、肝肾阴虚、腰膝酸软、骨蒸潮热、盗汗遗精、内热消渴、眩晕、耳鸣、须发早白。

地黄主要病害包括轮纹病、胞囊线虫病、叶枯病、病毒病、根腐病、枯萎病等，其中轮纹病、胞囊线虫病发生更为频繁，严重影响地黄的品质和产量，需要及时防治。

第一节　地黄轮纹病

地黄轮纹病是地黄的重要病害之一，在河南、山西、山东、陕西、河北等省份均有报道，早期发病率可达到40%，对地黄产量造成严重影响。

【症状】

发病初期，叶部出现圆形或近圆形褐色病斑，病斑呈现明显轮纹状，后期多个病斑覆盖叶片表面，导致叶片枯死，形成穿孔（图40-1）。田间湿度较大时，地黄大面积叶片枯死，严重影响地黄产量与品质。

【病原】

地黄轮纹病由子囊菌无性型镰孢菌属的腐皮镰孢菌 [*Fusarium solani* (Mart.) Appel et Wollenweber ex Snyder et Hansen] 及尖孢镰孢菌（*Fusarium oxysporum* Schltdl. ex Snyder et Hansen）侵染引起。在PDA培养基上，25℃时腐皮镰孢菌菌落呈白色绒毛状。大型分生孢子呈镰刀形或柱状，小型分生孢子呈卵形或肾形。在PDA培养基上，20℃尖孢镰孢菌菌落刚开始呈白色絮状，菌丝致密，之后菌落逐渐变红。分生孢子梗为瓶梗，小型分生孢子聚于瓶梗顶端，单胞，无色，卵形，大型分生孢子镰刀形，略弯曲（图40-2）。

图40-1　地黄轮纹病症状

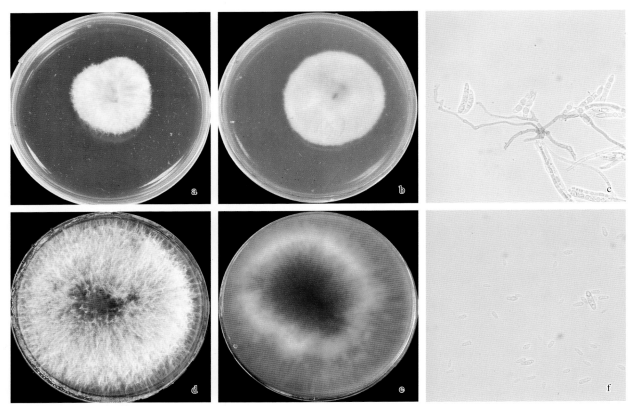

图40-2　地黄轮纹病病原腐皮镰孢菌及尖孢镰刀菌

a、b.腐皮镰孢菌培养性状　c.腐皮镰孢菌大型分生孢子
d、e.尖孢镰孢菌培养性状　f.尖孢镰孢菌小型分生孢子

【发生规律】

病原菌以分生孢子随病残体在土壤中越冬，翌年遇水后产生的分生孢子借风雨飞溅进行初侵染和再侵染。5月上旬开始发病，7—8月在高温高湿环境下进入发病盛期，8月中旬后病原菌大量繁殖，产生新一代的孢子及菌丝，并于10月下旬至11月的采收期大范围侵染。高温高湿环境有利于土壤中病原菌越冬孢子的萌发、生长与繁殖，导致病害暴发。

【防控措施】

1.选用抗（耐）病品种　选取较抗轮纹病的地黄品种，如金状元、金白1号、红金号、北京1号、北京2号、小黑英等。

2.农业防治

（1）加强气候监测预警。地黄轮纹病发生受气象条件影响大，对该病的预测往往依赖于气象部门的天气预报。

（2）加强田间栽培管理。避免大水漫灌，雨天疏沟排水，降低田间湿度。开沟起埂种植，保证田间通风透气。

（3）及时清理田间病残体。收获后及时清理，进行集中销毁。

（4）合理施肥。基肥为主（施用充分腐熟的农家肥及复合肥），追肥为辅，增施磷、钾肥。

（5）轮作换茬。与非寄主作物轮作3～4年，苗床地可进行2～3年的轮作。种植生茬，减少土传病害的侵染。

3.药剂防治　由于生产上多采用地黄块根营养繁殖，因此种植块根前需用不同的消毒剂处理，再进行杀菌。在发病初期先用1∶1∶（120～140）倍的波尔多液处理，然后喷洒70%代森锰锌可湿性粉剂500倍液、50%百菌清可湿性粉剂500～700倍液或25%三唑酮可湿性粉剂1 000倍液等，每隔7～10d交替喷洒防治，喷施2～3次。

第二节　地黄胞囊线虫病

胞囊线虫病是地黄常见的病害，发生较为普遍，部分地块较为严重，发病率可达30%以上。该病主要为害地黄根部，影响地上部分生长，导致地黄减产并影响地黄品质。

【症状】

地上部植株生长不良，矮小，茎叶发黄。拔起病株，可见根系不发达，支根减少，细根增多，根瘤显著减少，根上附有白色的颗粒状物，即病原线虫的雌虫胞囊（图40-3）。

【病原】

地黄胞囊线虫病由大豆胞囊线虫（*Heterodera glycines* Ichinohe）引起。该线虫属侧尾腺口纲异皮线虫科胞囊线虫属。

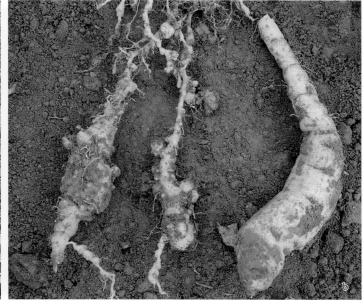

图40-3　地黄胞囊线虫病症状

a.叶片症状　b.根部症状

　　雌雄成虫异形。雌成虫柠檬形，先白色后变黄褐色。壁上有不规则横向排列的短齿花纹，具有明显的阴门圆锥体，阴门小板为两侧半膜孔型，具有发达的下桥和泡状突。雌成虫体长480.0～550.0μm，体宽425.0～520.0μm，口针长28.0～30.0μm，背食道腺开口3.8～5.3μm，中食道球长35.0～37.5μm，中食道球宽30.0μm。雄成虫线形，皮膜质透明，尾端略向腹侧弯曲，平均体长1.24mm。雄成虫体长1 080.0～1 197.0μm，体宽39.9～43.2μm，口针长22.5～40.0μm，背食道腺开口1.7～3.0μm，中食道球长22.0μm，中食道球宽10.0～15.0μm。卵长椭圆形，一侧稍凹，皮透明，大小为108.2μm × 45.7μm。一龄幼虫在卵内发育，蜕皮成二龄幼虫。二龄幼虫卵针形，头钝尾细长。二龄幼虫（J2）虫体线形，口针长22.0～27.0μm，背食道腺开口距口针基球的距离3.0～7.0μm，尾长42.0～55.0μm，尾部透明区长度18.0～37.0μm，侧线4条。三龄幼虫腊肠状，生殖器开始发育，雌雄可辨（图40-4）。

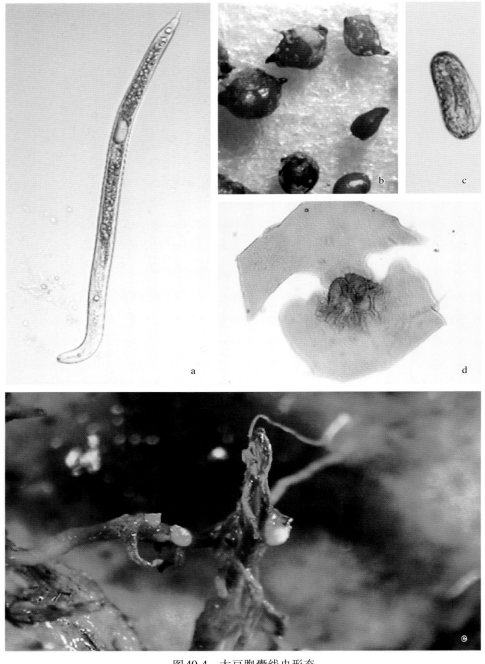

图40-4　大豆胞囊线虫形态

a.二龄幼虫　b.雌虫　c.单粒卵块　d.会阴花纹　e.胞囊

【发生规律】

大豆胞囊线虫自身移动距离有限，主要通过农事耕作、田间水流或借风携带传播，也可混入未腐熟堆肥或种子中远距离传播。以卵、胚胎卵和少量幼虫在胞囊内于土壤中越冬，有的黏附于种子或农具上越冬，成为下一年初侵染源。胞囊角质层厚，在土壤中可存活10年以上。虫卵越冬后，以二龄幼虫破壳进入土中，从地黄根系侵入，寄生于根的皮层中，以口针吸食，虫体露于其外。雌雄交配后，雄虫死亡。雌虫体内形成卵粒，膨大变为胞囊。胞囊落入土中，卵孵化可再侵染。二龄幼虫只能侵害幼根。秋季温度下降，卵不再孵化，以卵在胞囊内越冬。温度为20～22℃时，22～35d即可完成一个世代。

【防控措施】

1.保护无病区　地黄胞囊线虫病危害性大，可通过种子调运而传播，因此禁止从病区引种。

2.选用抗病品种　选用抗病品种如温85-5和北京3号，提高产量。

3.农业防治

（1）合理轮作。可与玉米、小麦、棉花、马铃薯等病原线虫非寄主作物轮作，有条件的地区可以采用水旱轮作。在轮作周期内，加入一季菜豆、豌豆、三叶草等诱捕作物，防病效果更佳，因为这些非寄主豆科植物可以刺激线虫卵孵化，也能被幼虫侵入，但幼虫侵入后不能进一步发育，因而可显著减少病田中线虫数量。轮作年限不能少于3年，轮作5年以上防病增产效果显著。

（2）加强水肥管理，增施肥料，提高土壤肥力。干旱时适时灌溉，促进地黄生长，可减轻发病。

4.生物防治　目前，以淡紫拟青霉（*Paecilomyces lilacinus*）或枯草芽孢杆菌（*Bacillus subtilis*）等制成的生物制剂用于该病的防治，不仅可保护植株免受侵染，还可促进植物根系发育，促使植株生长。

5.化学防治　目前主要药剂有阿维菌素和棉隆。随着高毒、剧毒杀线虫剂的禁用，急需开发高效、低毒和对环境安全的化学药剂。

第三节　地黄偶发性病害

表40-1　地黄偶发性病害特征

病害（病原）	症　状	发生规律
根腐病 （*Fusarium proliferatum*）	该病害主要为害地黄根部。发病初期近地面根颈和叶柄处出现水渍状黄褐色腐烂斑，逐渐向上向内扩展，致使叶片萎蔫。湿度大时，病部产生白色棉絮状菌丝体。后期离地面较远的根颈也发生腐烂，致整株腐烂	病原菌以菌丝体或分生孢子在病残体和土壤中越冬。带菌土壤是该病害的主要侵染来源。土壤湿度大、地下害虫及线虫造成的伤口有利于发病。根腐病一般在5月始发，6—7月发病严重
枯萎病 （*Fusarium oxysporum*）	该病害主要为害地黄根茎部。发病初期叶柄上出现水渍状褐色病斑，由外缘叶片迅速向心叶蔓延，叶柄腐烂。湿度大时，病部产生白色棉絮状菌丝，维管束变褐受阻，使地下根茎腐烂，最后只剩表皮，地上部分逐渐枯死	病原菌以菌丝及厚垣孢子随病残体在土壤中越冬。春地黄5—7月、秋地黄9—10月发生较重。重茬、忽晴忽雨、土壤温度高、地势低洼积水、平畦栽种等条件下易发病

第四十一章 PART FORTY-ONE

延胡索病害

延胡索 [*Corydalis yanhusuo* (Y. H. Chou & Chun C. Hsu) W. T. Wang ex Z.Y. Su & C.Y. Wu] 为罂粟科紫堇属多年生草本植物，别名元胡，以块茎入药。主产于浙江、江苏、安徽、湖北、河南等地，以缙云县所产品质最好。其块茎呈不规则扁球形，表面黄色或黄褐色，有不规则网状皱纹，气微，味苦；有活血、行气、止痛之效，可用于治疗胸胁、脘腹疼痛、胸痹心痛、经闭痛经、产后瘀阻、跌扑肿痛。

延胡索病害主要有霜霉病、菌核病、锈病及立枯病等，其中以霜霉病为害最大。

第一节　延胡索霜霉病

霜霉病是我国延胡索生产上最重要的病害之一，常造成毁灭性的危害。雨后转晴，空气湿度大时易发生，10d左右能使全田枯死，俗称"火烧瘟""瘟病"，减产可达50%～70%。

【症状】

该病主要为害叶片，也可为害茎部。受害叶片正面出现不规则形、黄绿色至黄褐色斑块，边缘不明显，斑块背面生致密的微紫灰色霜霉层。茎部叶柄分叉处也极易受害，田间一旦发病，扩展极快，整个植株茎叶变褐腐烂（图41-1）。

图41-1　延胡索霜霉病症状
a.叶片正面症状　b.叶片背面症状

【病原】

延胡索霜霉病病原菌为卵菌门霜霉属紫堇霜霉（*Peronospora corydalis* de Bary）。子实层紫灰色，孢囊梗丛生，主干大小为（198～430）μm×（8～11）μm，上部双分叉至多次，末端分枝呈直角。孢子囊单生，柠檬形，近无色，大小为（16.9～23.7）μm×（13.5～16.9）μm。卵孢子黄褐色，球形，直径为33.8～37.14μm（图41-2）。

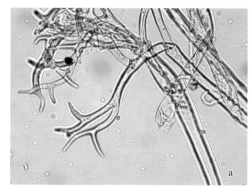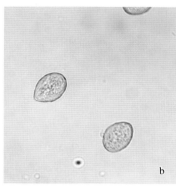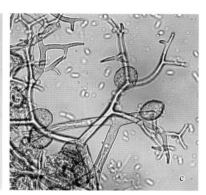

图41-2　延胡索霜霉病病原菌形态
a.菌丝　b.孢子　c.菌丝及卵孢子

【发生规律】

土壤、病残组织中的卵孢子是翌年病害发生的主要侵染源。病部产生的孢子囊通过风雨传播，在田间发生多次再侵染。延胡索霜霉病的发生和流行与温湿度的关系极大，低温多雨、湿度大时，有利于霜霉病的发生，天气温暖、干燥、雨量偏少时，此病发生轻。早春3—4月，气温上升到10℃以上，多雨、忽冷忽热、日夜温差大、容易结露和产生重雾的天气，以及密植、早春块茎膨大时灌水过量造成田间湿度大，都有利于该病的扩展蔓延，地上茎叶极易提前倒伏枯死。天气干旱少雨、沙壤土、高畦栽培及肥料充足地块发病则轻。

【防控措施】

1.科学选地　选择排水良好的沙壤土和没有种过延胡索的稻麦田或山地种植，避免连茬。

2.加强栽培管理　收获后彻底清除病残组织，合理密植，无病田留种。春寒多雨季节，要做好开沟排水，降低田间湿度。块茎膨大需水期，每次浇水量应根据天气情况而定。

3.种苗选育　利用野生延胡索杂交培育抗病品种是有效的防治措施。

4.药剂防治　发病初期选用1∶1∶300波尔多液、58%甲霜灵·锰锌可湿性粉剂1000倍液等，每隔7～10d喷洒1次，喷洒药剂覆盖面一定要均匀周到。

第二节　延胡索菌核病

延胡索菌核病在江西、浙江等延胡索产区多有发生，发病率较高。3月中旬至4月病害发生最重。病害四周蔓延造成倒伏，形似鸡窝状，俗称"鸡窝瘟""搭叶烂"，严重影响延胡索的生长和品质。

【症状】

近地面茎基部出现水渍状淡褐色至褐色条斑，植株软腐倒伏，被害叶片、叶柄呈青褐色腐烂。发生严重时，植株成堆死腐。土面病株残体长有白色棉絮状菌丝体和黑色鼠粪状菌核（图41-3）。此外，病原菌也为害延胡索的茎基部和贴近地面的叶片，在潮湿情况下也极易引起植株倒伏烂叶。但病部可见絮状菌丝黏附着小土粒状棕褐色菌核。

图41-3 延胡索菌核病症状

【病原】

延胡索菌核病病原菌为子囊菌门核盘菌属核盘菌 [*Sclerotinia sclerotiorum*（Lib.）de Bary]。菌核球形，大小为（1.5 ～ 3）mm×（1 ～ 2）mm，一般萌生有柄子囊盘4 ～ 5个。子囊盘盘状，淡红褐色，直径为0.4 ～ 1.0mm。子囊圆筒形，大小为（114 ～ 160）μm×（8.2 ～ 11）μm。子囊孢子椭圆形或梭形，大小为（8 ～ 13）μm×（4 ～ 8）μm（图41-4）。

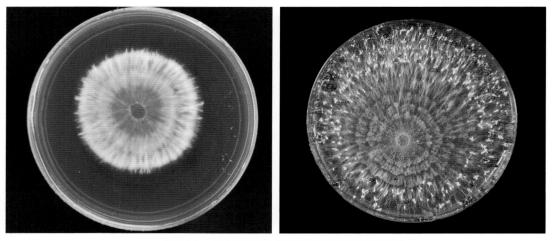

图41-4 延胡索菌核病病原菌菌落及菌核形态

【发生规律】

病原菌不产生分生孢子，主要靠遗留在土中的菌核越冬、越夏。早春菌核萌发，子囊盘产生子囊孢子引起初侵染。菌核也可直接产生菌丝侵染地面的茎叶引起病害。受害茎叶上的菌丝体又蔓延为害邻近植株。菌核病属于低温高湿病害。早春当温度达到15 ～ 18℃时，多雨潮湿、排水不良及植株生长过密、枝叶柔嫩等最有利于发病。江苏、浙江一带3月中旬开始发生，4月中下旬为发病盛期。

【防控措施】

1.科学选地　选择与禾本科作物进行轮作，或与水稻进行水旱轮作，避免连续种植延胡索2年以上。

2.加强栽培管理　清除田间病残体，合理密植，改善田间通风透光条件。因延胡索属须根作物，喜湿润但又怕积水，因此雨后及时排水。增施磷、钾肥，提高植株抗病力。

3.土壤消毒　用50%多菌灵可湿性粉剂和50%甲霜灵水分散粒剂拌细土，在播种前，均匀撒入田畦表面或播种沟（穴）内。

4.药剂防治　发病初期，使用25%嘧霉胺可湿性粉剂或50%多菌灵可湿性粉剂喷施植株，每隔5～7d喷施1次，连续施药2～3次。

第三节　延胡索偶发性病害

表41-1　延胡索偶发性病害特征

病害（病原）	症　　状	发生规律
锈病 （*Puccinia brandegei*）	叶面首先出现褪绿黄色斑块，背面生有圆形隆起的小疱斑，表皮破裂后露出橙黄色粉堆，为病原菌的夏孢子堆和夏孢子。病斑若聚集发生在叶尖、叶缘时，叶片局部卷曲变褐色。茎和叶柄受害后上面也生锈斑，呈畸形弯曲。黑色冬孢子堆较少见	每年3月上中旬开始发病，4月为发病高峰期。夏孢子堆破裂后散出大量夏孢子，造成再侵染

射 干 病 害

射干 [*Belamcanda chinensis* (L.) Redouté] 为鸢尾科射干属多年生草本植物，以根状茎入药，味苦、性寒、微毒；能清热解毒、散结消炎、消肿止痛、止咳化痰，用于治疗扁桃体炎及腰痛等。射干主要生于林缘或山坡草地，大部分生于海拔较低的地方，但在西南山区，海拔 2 000 ～ 2 200m 处也可生长，目前在我国的主要产区为湖北、河北、湖南以及贵州等地。

射干主要病害有白绢病、软腐病、叶斑病、锈病等。其中白绢病、软腐病等根部病害严重影响射干的生长、产量和品质。

第一节　射干白绢病

白绢病又称菌核性根腐病，是射干的重要病害，在全国各主产区均有发生。该病在雨后迅速蔓延，形成发病中心，通常发病率为 50% 左右。白绢病对中药材为害极大，现已报道可以被白绢病为害的中药材有射干、菊花、白前、博落回、铁皮石斛等。

【症状】

侵染前期，射干茎基部出现白色菌丝，后逐渐增多，茎基部出现水渍状痕迹，茎秆水渍处开始变黄变软；随着病情的发展，菌丝上出现白色菌核，病变范围扩大，菌核渐渐变成褐色；发病后期，射干茎基部完全水渍化腐烂缢缩，植株地上部位死亡，地下根茎腐烂纤维化（图 42-1）。

【病原】

射干白绢病病原菌为小核菌属（*Sclerotium*）齐整小核菌（*Sclerotium rolfsii* Sacc.）。该病原菌在 PDA 培养基上生长迅速，菌丝白色蓬松，生长后期形成菌核，菌核褐色，油菜籽状，有光泽。研究表明，射干白绢病病原菌在 15 ～ 35℃ 均能生长，在 25 ～ 30℃ 菌丝生长较快，以 30℃ 最佳；温度低于 5℃ 或高于 40℃ 时，菌丝均不能正常生长，故在冬季及高温干旱地区射干白绢病较少发生。在 PDA 培养基上，病原菌在 pH 4.0 ～ 12.0 时均能生长，菌丝在 pH 5.0 时生长速度达到峰值；在酸性条件下，生长速率均在 2.4cm/d 以上，且菌丝较细密，气生菌丝较多（图 42-2）；随着 PDA 培养基碱性增强，菌落生长速率渐渐减小，且菌丝逐步变粗变稀，形态出现变异。

【发生规律】

白绢病病原菌能以成熟菌核、菌索、菌丝等形态在田间越冬，病原菌存在于土壤中或寄主病残体内，借土壤及水流传播，并以菌丝体在土中扩繁。射干白绢病始发于 6 月中下旬，且在雨后快速蔓

图42-1　射干白绢病症状

图42-2　射干白绢病病原菌菌落及菌核形态

延；7—8月达到发病盛期，植株茎基部有白色菌丝缠绕，偶有棕褐色近圆形菌核，有水渍，拔起易断，并有腐烂迹象，田间发病率达50%左右；8月后田间发病率开始下降，9月植株地上部分开始枯萎，田间密度变稀，发病率明显下降；至10月底，地上部分大多枯萎，偶有新芽自块茎生出，发病情况有所缓解，雨后仍能发现发病的植株及附于茎基部的致病菌菌丝及菌核。

【防控措施】

1.科学选地　射干栽培适宜选择在沙质壤土的平原或向阳的丘陵山坡，忌低洼积水。黏性土块、排水不畅的地块易发病。

2.加强田间管理 忌连作和栽培密度过大，连作年限越长，发病程度越重。射干可与禾本科作物（如玉米等）轮作或间作，忌在前茬为白绢病病原菌寄主的豆科、茄科等作物的地块种植。射干生长期内及时清理发病植株残体，并在周围撒上草木灰或石灰消毒，防止病情扩散。

3.土壤消毒 起畦时，可用50%多菌灵可湿性粉剂7～8g/m²或三元消毒粉（配方为草木灰：石灰：硫黄粉=50：50：2）7 500g/m²进行土壤消毒。

4.药剂防治 一旦发现病害尽早使用药剂进行防治，避免病原菌侵染其他健康植株。可使用29%石硫合剂水剂300～500倍液、10%氟硅唑水乳剂8 000～10 000倍液。3种植物源杀菌剂1%蛇床子素水乳剂1 000～800倍液、20%丁子香酚可溶液剂2 250～3 000g/hm²、0.5%小檗碱水剂1 290～1 800mL/hm²对射干白绢病病原菌也有一定的抑制效果。

第二节　射干软腐病

软腐病是射干生产上危害性极大的细菌性病害之一，在射干道地产区湖北省团风县多次发生。射干一旦感染软腐病，极易导致块茎整体腐烂，植株整株死亡。该病传播快、发病快，田间发病率为15%左右，严重时甚至导致绝产。

【症状】

射干软腐病为害前期，叶片萎蔫，边缘发黄，根状茎发病部位出现软化症状并散发出臭气。随着发病时间的延长，射干根状茎表皮层和木质部分离，根茎软化呈泥状腐烂，茎基部软化呈水渍状腐烂，茎秆及叶片全部枯萎，整株植株死亡（图42-3）。

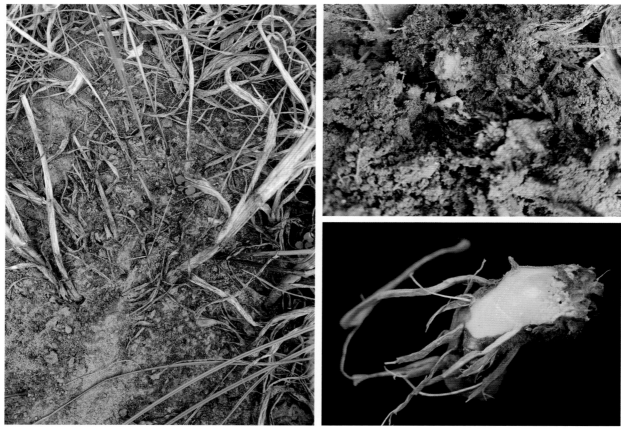

图42-3　射干软腐病症状

【病原】

射干软腐病病原菌为变形菌门（Proteobacteria）狄克氏菌属（*Dickeya*）方中达狄克氏菌（*Dickeya fangzhongdai*）侵染引起（图42-4）。研究表明，射干软腐病病原菌在10～45℃下均能生长，在23～33℃下扩繁生长较快，以28℃为最佳；温度低于10℃或高于45℃时，病原菌扩繁速度显著减慢，故在冬季及高温干旱地区射干软腐病较少发生。在LB培养基上形成圆形菌落，稍突起，有光泽，透明，黄白色。病原菌为革兰氏阴性细菌，菌体短杆状，两端钝圆，大小为（0.5～0.7）μm×（1.0～2.0）μm，周生鞭毛4～6根。病原菌在pH 4.0～12.0时均能扩繁生长，在pH 6.0时生长速度达到峰值，随着培养基碱性的增强，该病原菌扩繁生长速度逐渐减小，但是在pH 12.0时，该病原菌未停止生长，而pH 2.0时，该病原菌停止生长。

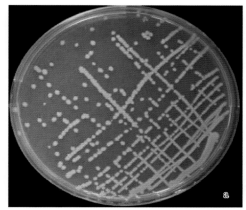 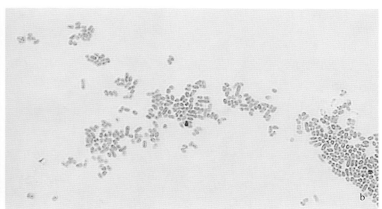

图42-4　射干软腐病病原菌形态
a.培养性状　b.菌体形态

【发生规律】

射干软腐病易发生于春季梅雨季节，且在雨后快速发展；到夏季植株茎基部软化有水渍，拔起易断，并有腐烂迹象，田间发病率在15%左右；秋季田间受侵染，植株地上部分基本全部枯萎死亡，田间密度变稀。未完全腐烂的块茎上有新芽发出，但残留的软腐病病原菌会继续侵染块茎，直至整株块茎完全腐烂死亡。该病害通常5月中旬始发，部分种植基地4月开始发病，6—9月为病害高发期。一般在雨季之后，高温高湿、土壤排水不畅时，会大面积暴发。病原菌在土壤及病残体上越冬，翌年环境适宜时经伤口或自然裂口侵入射干根部，引起初侵染和再侵染。病原菌借雨水飞溅蔓延，高温高湿和通风不良是本病发生的主要条件。

【防控措施】

1.科学选地　射干栽培适宜选择沙质壤土的平原或向阳的丘陵山坡，忌低洼积水。黏性土块、排水不畅的地块易发病。

2.加强田间管理　忌连作和栽培密度过大，连作年限越长，发病程度越重。射干可与禾本科作物（如玉米等）轮作或间作，忌在前茬为软腐病病原菌寄主的甘薯、马铃薯等作物地块种植。射干生长期内及时清理发病植株残体，并在周围撒上草木灰或石灰消毒，防止病情扩散。

3.土壤消毒　射干播种前可以用甲霜·噁霉灵拌肥撒施、多菌灵喷施或者翻晒高温杀菌等方法进行土壤消毒。每亩地可使用2.5～3kg 0.1%甲霜·噁霉灵拌肥撒施，或用多菌灵、代森锰锌等药物均匀喷施在土壤上进行土壤消毒。在夏季高温时，进行翻地、灌水并铺上地膜，密闭1～2周，使土壤表面温度达到70℃以上，能够杀死土壤中的病原菌和虫卵。

4.药剂防治　40%二氯异氰尿酸钠可溶性粉剂900～1 200g/hm²、80%乙蒜素悬浮剂800～1 000

倍液、50％多菌灵可湿性粉剂500倍液、10％多抗霉素水剂500倍液、70％甲基硫菌灵可湿性粉剂500倍液、75％百菌清可湿性粉剂500倍液、200～300倍波尔多液等对射干软腐病具有较好的防控效果。

第三节 射干叶斑病

叶斑病是湖北、江苏、贵州射干种植基地中最常见的叶部病害之一。该病害自叶尖部向叶基茎秆部蔓延，可为害整个叶片，严重影响光合作用，且该病害传播范围广、防治难度大。射干叶斑病发生率为30％～50％，部分道地产区发病严重，发病率可达90％，对射干种植基地生产影响严重。

【症状】

射干叶斑病为害前期，叶片出现黄色或黄褐色，圆形、椭圆形或圆圈形斑点。病原菌一般优先侵染幼嫩叶尖部位，病害发展中期由叶尖幼嫩部位向叶基茎秆部蔓延，后期被侵染叶片完全枯萎（图42-5）。

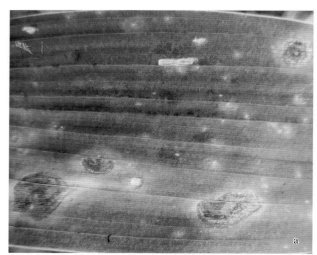

图42-5 射干叶斑病症状

【病原】

射干叶斑病由链格孢属真菌单株或多株复合侵染引起。病原菌包括茄链格孢菌（*Alternaria solani*）、链格孢菌（*Alternaria alternata*）、长柄链格孢菌（*Alternaria longipes*）、细极链格孢菌（*Alternaria tenuissima*）、六出花链格孢菌（*Alternaria alstroemeriae*），其中链格孢菌造成的危害较为严重。链格孢菌气生菌丝密绒状、同心轮纹状，菌丝多而紧实，初为乳白色，随生长时间推移会产生绿褐色色素沉淀。分生孢子梗从主菌丝上直接产生，多为单生，直立或略弯曲，有分隔，淡褐色至黄褐色。成熟的分生孢子都呈淡褐色至黄褐色，倒棍棒形、倒梨形、卵形或近椭圆形、近圆形，具横隔膜、纵隔膜和斜隔膜，大小为（6.46～14.89）μm×（17.67～46.98）μm（图42-6）。

【发生规律】

射干叶斑病通常在3月下旬叶片抽新叶时始发，5—10月为病害高发期。一般在病残体、种子表面及土壤中越冬的病原菌菌丝体和分生孢子会成为来年发病的初侵染源，病原菌借风雨传播，由伤口或自然孔口侵入。孢子萌发的最适条件为温度15～25℃、相对湿度95％以上。连作年限长的地块有利于该病害的发生。

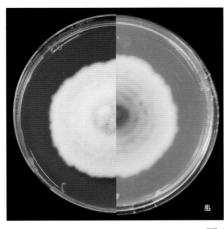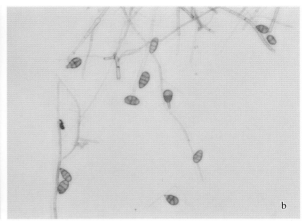

图42-6　链格孢菌形态

a.培养性状　b.分生孢子

【防控措施】

1.科学选地　射干栽培适宜选择在沙质壤土的平原或向阳的丘陵山坡，忌低洼积水。黏性土块、排水不畅的地块易发病。

2.加强田间管理　忌连作和栽培密度过大，连作年限越长，发病程度越重。射干可与禾本科作物（如玉米等）轮作或间作。射干生长期内及时清理发病植株残体，并在周围撒上草木灰或石灰消毒，防止病情扩散。

3.土壤消毒　起畦时，可用50%多菌灵可湿性粉剂7～8g/m^{2}或三元消毒粉（配方为草木灰：石灰：硫黄粉=50：50：2）7 500g/m^{2}进行土壤消毒。

4.药剂防治　一旦发现病害尽早使用药剂进行防治，避免病原菌侵染其他健康植株。可使用药剂有12.5%烯唑醇可湿性粉剂450g～900g/hm^2、70%代森锰锌可湿性粉剂2.25kg/hm^{2}等。

第四节　射干锈病

锈病为射干生育期常见的叶部病害，该病害传播速度快，病原菌侵染能力强，一旦发病遏制难度大。射干锈病发生率一般为20%～40%，但部分道地产区发病严重，发病率可达80%，严重制约射干产业的发展。

【症状】

苗期染病，叶片上产生多层轮状排列的黄褐色斑点（夏孢子堆）。成株期叶片初发病时夏孢子堆为长条状，鲜黄色，椭圆形，与叶脉平行且排列成行，叶背略隆起，扩大后病斑中心色泽加深至淡褐色或褐白色，外围有明显的黄色晕圈。叶背夏孢子堆为橙黄色，着生于叶脉两侧，突出于表皮外，由多数孢子堆聚成大斑（图42-7）。后期夏孢子堆破裂，散出大量夏孢子，感染其他健康植株。除叶部受害外，花托、茎部均可被感染。

【病原】

射干锈病由担子菌门（Basidiomycota）柄锈菌属（*Puccinia*）真菌单株或多株复合侵染引起，其中鸢尾柄锈菌（*Puccinia iridis*）是主要的致病菌。鸢尾柄锈菌夏孢子近球形、倒卵形或椭圆形，大小为（22～31）μm×（20～26）μm，壁厚1.5～2.0μm，肉桂褐色，有刺；芽孔2～3个，散生，偶见腰生（图42-8）。

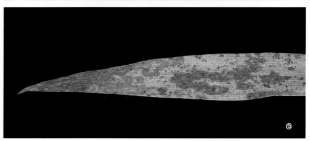

图42-7　射干锈病症状

a、b.田间症状　c.叶片症状

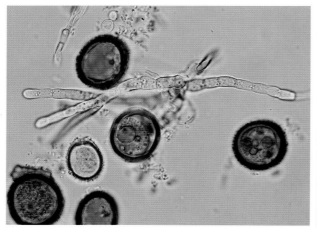
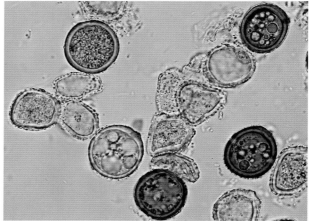

图42-8　鸢尾柄锈菌夏孢子形态

【发生规律】

射干锈病通常5月下旬叶部开始发病，6—8月发生严重，柄锈菌属真菌孢子主要靠风传播，也有的借雨水飞溅传播。春、秋两季为锈病多发期。病害发生与空气湿度密切相关，空气相对湿度连续数天在80%以上，尤其是达到饱和湿度后发病严重。孢子在水滴或水膜中才能萌发，多雨、多露或大雾天气，田间湿度大，易造成病害流行。

【防控措施】

1.科学选地　射干栽培适宜选择在沙质壤土的平原或向阳的丘陵山坡，忌低洼积水。黏性土块、排水不畅的地块易发病。

2.加强田间管理　忌连作和栽培密度过大，连作年限越长，发病程度越重。射干可与豆科作物（如大豆等）轮作或间作。射干生长期内及时清理发病植株以及枯萎的植株残体，并在周围撒上草木灰或石灰消毒，将病残体深埋或销毁，防止病情扩散。

3.**土壤消毒**　起畦时，可用50%多菌灵可湿性粉剂7 ～ 8g/m² 或三元消毒粉（配方为草木灰∶石灰∶硫黄粉=50∶50∶2）7 500g/m² 进行土壤消毒。

4.**化学防治**　一旦发现病害尽早使用药剂进行遏制，避免病原菌侵染其他健康植株。发病初期，喷洒15%三唑酮可湿性粉剂1 000倍液，或12.5%烯唑醇可湿性粉剂3 000倍液，每7 ～ 10d喷施1次，连喷1 ～ 2次。成株期用25%萎锈灵可湿性粉剂250倍液，或25%丙环唑乳油3 000倍液，隔5 ～ 7d喷1次，连喷2 ～ 3次。

第五节　射干偶发性病害

表42-1　射干偶发性病害特征

病害（病原）	症　状	发生规律
叶枯病（病原暂未鉴定）	从叶缘、叶尖侵染发生，病斑由小到大不规则状，红褐色至灰褐色，病斑连片成大枯斑，干枯面积达叶片的1/3 ～ 1/2，病斑边缘有一较病斑深的带；病健界线明显	4月始发，5—9月为高发期。雨季之后，高温高湿、土壤排水不畅时易大面积暴发
花叶病（病原暂未鉴定）	初期叶片上出现褪绿角状病斑，最后变为褐色；病叶出现浅绿与常绿相间的花叶；严重时叶片变形、黄化	4月始发，5—9月为高发期。雨季之后，高温高湿、土壤排水不畅时易大面积暴发
斑枯病（病原暂未鉴定）	初期在叶正面出现褐色圆形小斑，后渐扩大为近圆形大斑，为灰白色或浅褐色，边缘深褐色，斑内散生或轮生小黑点	4月始发，5—9月为高发期。雨季之后，高温高湿、土壤排水不畅时易大面积暴发

白金凯，2003.中国真菌志.北京：科学出版社.

陈君，丁万隆，程惠珍，2019.药用植物保护学.北京：电子工业出版社.

傅俊范，2007.药用植物病理学.北京：中国农业出版社.

国家药典委员会，2020.中华人民共和国药典(一部).北京：中国医药科技出版社.

何运转，谢晓亮，刘廷辉，等，2019.35种中草药主要病虫害原色图谱.北京：中国医药科技出版社.

洪健，李德葆，周雪平，2001.植物病毒分类图谱.北京：科学出版社.

谢辉，2005.植物线虫分类学.北京：高等教育出版社.

曾令祥，2017.药用植物病虫害.贵州：贵州科学技术出版社.

周如军，傅俊范，2014.药用植物病害原色图鉴.北京：中国农业出版社.

Agrios G N，2009.Plant pathology.北京：中国农业大学出版社.